Software Design［別冊］

今さら聞けない

暗号技術＆認証・認可

Web系エンジニア必須のセキュリティ基礎力をUP

技術評論社

今さら聞けない

暗号技術&認証・認可

Web系エンジニア必須のセキュリティ基礎力をUP

CONTENTS

本書について

現代においてインターネットが社会や経済を支える基盤であることに異論を唱える人はいないでしょう。コミュニケーション、エンターテインメント、ショッピング、金融、教育、行政などに関する多くの情報のやりとりがインターネット上に構築されたWebシステムで実現されています。

そのWebシステムを安心して使えるのはセキュリティ技術のおかげです。とくに暗号技術や認証・認可の技術はセキュリティ技術の根幹とも言えるもので、通信内容を盗聴や改ざんから守り、通信相手が正しいことを確認し、通信相手に応じたシステムの利用権限を与えます。Webシステムの開発／運用に携わるITエンジニアは、多かれ少なかれこれらの技術を利用することになるでしょう。基本的な用語やしくみ、よく使われる規約やプロダクトについては大まかにでも理解しておきたいものです。

本書はIT月刊誌『Software Design』の暗号技術、認証・認可に関する過去記事を厳選して収録した書籍です。暗号技術の理論からそれを応用した各種の規約やプロダクトの使い方までをこの1冊で取り扱います。Web系のエンジニアに必要なセキュリティ知識を効率的に学ぶ手段としてご活用ください。

初出一覧

章	タイトル	初出
第1章	今さら聞けない暗号技術	Software Design 2022年3月号 第1特集
第2章	実務に活かせるSSL/TLS入門	Software Design 2021年4月号 第2特集
第3章	今さら聞けないSSH	Software Design 2022年9月号 一般記事
		Software Design 2022年10月号 一般記事
第4章	今さら聞けない認証・認可	Software Design 2020年11月号 第1特集
第5章	挫折しないOAuth/OpenID Connect入門	Software Design 2021年10月号 第2特集

本書のサポートページ

本書に関する補足情報、訂正情報、サンプルファイルのダウンロードは、下記のWebサイトで提供いたします。なお、サンプルファイルの提供先につきましては各記事をご参照ください。

https://gihyo.jp/book/2023/978-4-297-13354-2

ネットワーク上の脅威の代表選手として「盗聴」「改ざん」「なりすまし」が挙げられます。
これらのリスクを解消するために使われているのはどんな技術でしょうか。そう、暗号技術です。
暗号技術は、情報の秘匿を目的とした機密性を実現する技術としてよく知られています。
しかし、そのほかにも、データが正確であることを示す完全性や、対象データの証跡を残す否認防止、
改ざんやなりすましがないかを示す真正性といった機能も保持しており、
それぞれの目的でさまざまな暗号アルゴリズムが活用されています。
本章で、これらの暗号技術の理論を改めて基礎から学び直してみましょう。

第1章

今さら聞けない暗号技術

セキュア通信を実現する公開鍵暗号のしくみ

第1章 今さら聞けない暗号技術
セキュア通信を実現する公開鍵暗号のしくみ

1-1 全体像、しくみ、活用場面をおさらい
ネット社会を支える暗号化のキホン

暗号化は、情報システムを運用するうえで避けて通れないリスクの1つである「盗聴」を防ぐための代表的な手法です。データの機密性や完全性を維持するための技術として使われています。では、具体的に「暗号技術」とはどういったもので、どのようなアルゴリズムがあるのでしょうか。本節でその基本をおさらいしましょう。

Author 大竹 章裕(おおたけ あきひろ)
株式会社ラック セキュリティアカデミー
日本ネットワークセキュリティ協会(JNSA)　デジタルアイデンティティWGメンバー
URL https://www.lac.co.jp/service/education/instructor.html#Akihiro_Otake

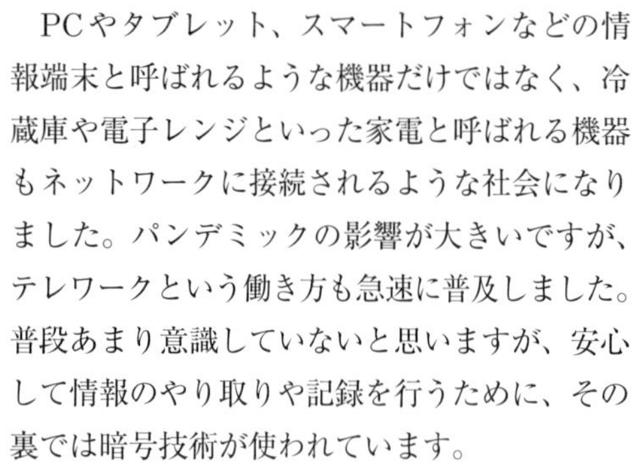

はじめに

PCやタブレット、スマートフォンなどの情報端末と呼ばれるような機器だけではなく、冷蔵庫や電子レンジといった家電と呼ばれる機器もネットワークに接続されるような社会になりました。パンデミックの影響が大きいですが、テレワークという働き方も急速に普及しました。普段あまり意識していないと思いますが、安心して情報のやり取りや記録を行うために、その裏では暗号技術が使われています。

暗号技術というとなんだか難しい分野だという印象を持たれる方が多いと思います。確かに現在利用されている暗号技術は複雑な数学的演算を中心に構築されています。とはいえ、エンジニアとして基本的な考え方は押さえておきたいところです。

本節では、暗号技術の全体像、基本的な暗号アルゴリズムとそのしくみ、活用場面について解説します。

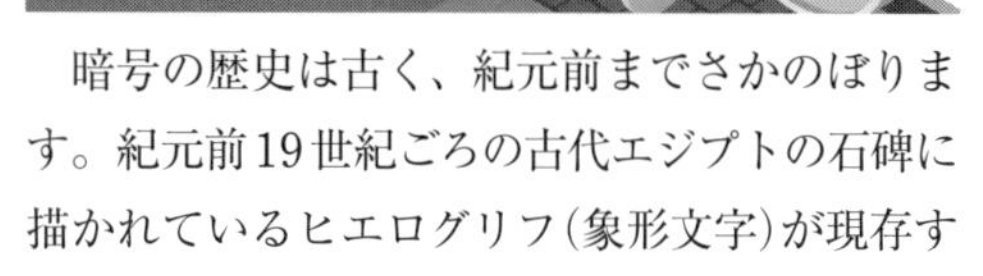

暗号の歴史と現在の暗号技術

暗号の歴史は古く、紀元前までさかのぼります。紀元前19世紀ごろの古代エジプトの石碑に描かれているヒエログリフ(象形文字)が現存する最古の暗号文だとされています。紀元前5世紀ごろには、棒と革ひもを使ったスキュタレー暗号、紀元前1世紀ごろには、ユリウス・カエサルが使ったとされるシーザー暗号(シーザーはカエサルの英語読み)が登場します(**表1**)。日本でも奈良時代の蜘蛛(くも)の経路や上杉暗号と呼ばれる暗号が使われた記録が残っています。

第二次世界大戦中にドイツ軍で使われていた暗号機「エニグマ」は有名です。これも換字式暗号の一種で、ローター(暗号円盤)と呼ばれる装置が暗号に変換する電気機械式暗号機です。当時、エニグマは解読が不可能な暗号機と言われていました。その1つの要因として、仮にエニグマが敵の手に落ちても鍵がわからなければ通信内容は解読できないようにするという考えのもとに作られていたからです。結果的には、イギリス軍によって解読に成功されましたが、暗号の安全性を「暗号のしくみ(暗号アルゴリズム

▼表1　おもな歴史上の暗号

暗号	方式
ヒエログリフ(象形文字)	標準とは異なるヒエログリフを用いることで一般の人には読めないようにした。換字式暗号の一種
スキュタレー暗号	棒(スキュタレー)に巻き付けることによって読み解けるように革ひもに文字を書き、革ひもだけでは読み取れなくした。転置式暗号の一種。棒の太さが鍵になる
シーザー暗号	もとのアルファベットから文字をずらして暗号文を作成する。単一換字暗号の一種でシフト暗号とも呼ばれる。ずらす数が鍵になる

など)を秘密にしておくこと」に頼らない考え方は現在の暗号技術の考え方につながっています。

このあたりの暗号の歴史に興味がある方は、『暗号解読(上・下)』[4]をお勧めします。

現在利用されている暗号の安全性の証明は非常に難しく、一部の人だけの評価で判断するのではなく、広く一般にアルゴリズムを公開して、誰でもその安全性を検討できるようにするべきとされています。そしてこれは、暗号アルゴリズムが広く普及するための要件ともされています。その中で、使われている暗号アルゴリズムをすでに知っていても、暗号文が入手できた場合に平文や鍵を推測することがどれぐらい難しいか、また、平文とそれに対応する暗号文が入手できた場合の攻撃への耐性などが、安全性の高さとして評価されています。

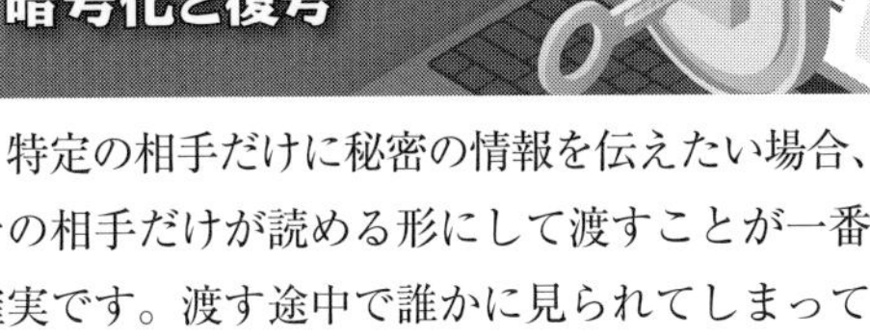

暗号化と復号

特定の相手だけに秘密の情報を伝えたい場合、その相手だけが読める形にして渡すことが一番確実です。渡す途中で誰かに見られてしまっても読めなければ内容が知られてしまうことがないからです。この、相手だけが読める形にしたものが「暗号」になります。つまり、暗号とは、情報を第三者が見てもわからないように変換したもののことです。

もとの情報を平文、変換したものを暗号もしくは暗号文と呼びます。平文から暗号文に変換することを暗号化、暗号文から平文に戻すことを復号と言います。復号は行為を表しているので、復号化とは言わないことに注意しましょう注1。そして、暗号化や復号の処理を行う際の手順を暗号アルゴリズムと言います(**図1**)。また、暗号化や復号の際に使う平文とは独立した情報を鍵と言い、その際に使える鍵の種類の多さを表すものが鍵空間となります。現代の暗号技術はコンピュータ上で実現されていますので、内部的にもとの情報(平文)は符号化され、暗号や鍵も含めビット列で処理されています。

暗号技術の用語を**表2**にまとめました。

▼表2　暗号技術のおもな用語

用語	説明
平文	もとの情報
暗号(暗号文)	第三者が見てもわからないように変換したもの
暗号化	平文から暗号へ変換すること
復号	暗号から平文に戻すこと
暗号アルゴリズム	暗号化／復号のしくみ、または手順
鍵	暗号化／復号の際に用いる平文とは独立した情報
鍵空間	使用できる鍵の種類の多さ
鍵長	鍵の長さ。一般にビット(bit)で表す

▼図1　暗号化と復号の関係

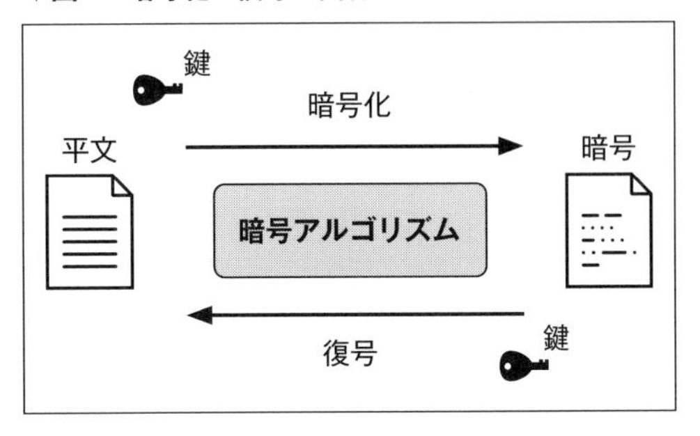

暗号アルゴリズムの種類

暗号アルゴリズムは大きく分けると、暗号化と復号に同じ鍵を使う共通鍵暗号方式と、暗号化と復号にそれぞれ別の鍵を使う公開鍵暗号方

注1)　暗号化という言葉に合わせて、前置きしたうえで復号化と使っている書籍もあります。

暗号技術と符号化

コンピュータの画面で表現されている文字や画像の情報は、コンピュータの内部では0と1のビット列で処理されています。たとえばアルファベットのAであれば、ASCIIコードで065、ビット表現では01000001となります。

このようにビット列に対応付けることを符号化(encoding)と言います。現代暗号は、符号化されているもとの情報(平文)に対して暗号化し、ビット列の暗号文を作り出しています。

▼表3　暗号アルゴリズムの例

分類		おもなアルゴリズム
共通鍵暗号方式	ストリーム暗号	RC4(Rivest Cipher 4)
	ブロック暗号	DES(Data Encryption Standard)
		AES(Advanced Encryption Standard)
公開鍵暗号方式		RSA暗号
		ElGamal暗号
		DSA(Digital Signature Algorithm)
		楕円曲線暗号

式があります。共通鍵暗号方式にはさらに、RC4などのストリーム暗号方式とDESやAESなどに代表されるブロック暗号方式に分類できます。公開鍵暗号方式には、RSA暗号や楕円(だえん)曲線暗号などのアルゴリズムがあります(**表3**)。

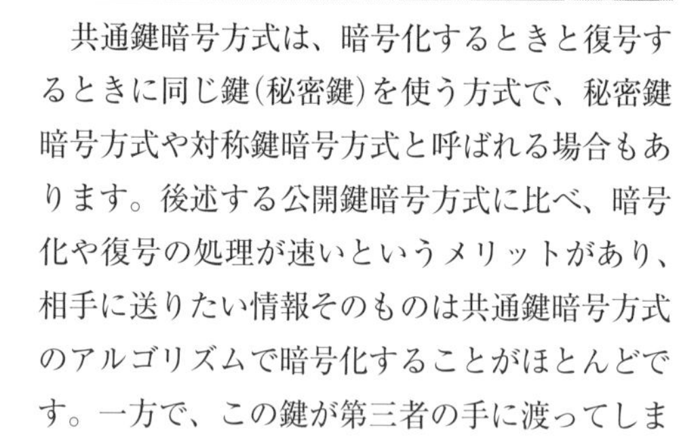

共通鍵暗号方式

共通鍵暗号方式は、暗号化するときと復号するときに同じ鍵(秘密鍵)を使う方式で、秘密鍵暗号方式や対称鍵暗号方式と呼ばれる場合もあります。後述する公開鍵暗号方式に比べ、暗号化や復号の処理が速いというメリットがあり、相手に送りたい情報そのものは共通鍵暗号方式のアルゴリズムで暗号化することがほとんどです。一方で、この鍵が第三者の手に渡ってしまうと復号できてしまうため、暗号化する側と復号する側で安全な手段で鍵を共有する必要があります。

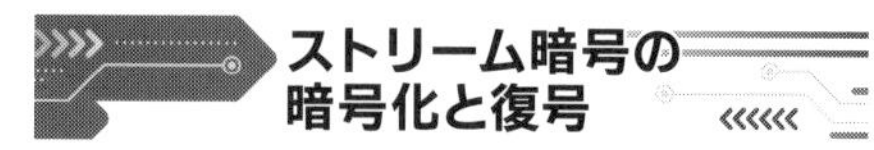

ストリーム暗号の暗号化と復号

ストリーム暗号は、データを1ビットもしくは1バイトの細かい単位で逐次暗号化していくという実装方式です。復号処理も同様に細かい単位で行えるため、受け取った側がすぐに復号できます。送信側と受信側で擬似乱数生成器と擬似乱数を発生するためのシード(鍵)を共有することで実現します(**図2**)。

送信側は、シードを使いキーストリームと呼ぶ擬似乱数を発生させます。そして、送信したい平文とキーストリームで1ビットずつ排他的論理和[注2]の計算を行い暗号化し、受信側に送ります。平文のデータが終わるまでキーストリームも次々と生成され、暗号処理を行いながら受け手に送信していきます。

一方で、受け手側は、受け取った暗号を逐次復号していきます。擬似乱数発生器を共有していますので、同じシードからは同じキーストリームが生成されます。暗号化され送られてきたビッ

注2)　排他的論理和については1-2節で解説します。

▼図2　ストリーム暗号方式の例

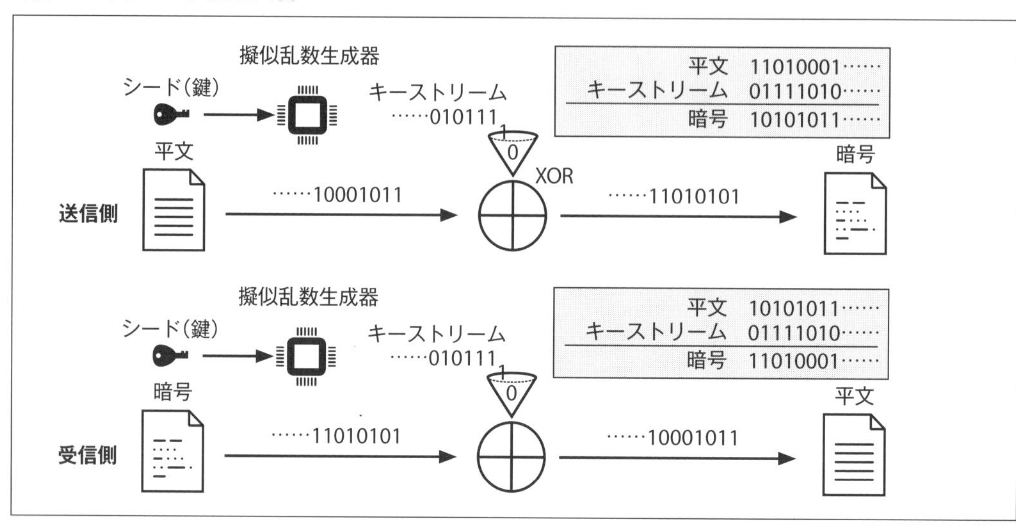

▼表4　ブロック暗号の代表的な構造

構造	説明
ファイステル構造	DESをはじめ、最も多用されている構造。ブロックを半分に分け、XOR演算を行う処理を繰り返すことで暗号化する
SPN構造	バイトごとの置換、行の規則的なシフト処理、ビット演算による値の変換、ラウンド鍵とXORを1ラウンドとして繰り返し処理する。AESに使用されている

ト列とキーストリームの排他的論理和を行うことによって復号できます。

代表的なストリーム暗号にRC4があります。無線LANのWEPやTLS/SSLなどで使用されていましたが、解読するための攻撃手法が見つかっており安全性を満たせないということで現在では利用が推奨されていません。

ブロック暗号のラウンドとモード

ブロック暗号は、平文をある決まった長さに切り分けて暗号化する暗号方式です。この切り分けたデータをブロックと言い、そのブロック単位で暗号処理を行います。代表的なブロック暗号であるDESやAESでは、ラウンドと呼ばれる暗号化のステップを何度も繰り返す処理を行います。ブロック暗号の構造によってラウンドの処理内容が変わります(**表4**)。

ブロック暗号は、切り分けたブロックを全体としてどのように処理を行うかについても考慮が必要です。単純に切り分けたブロックを暗号化して、もう一度順番に結合し暗号文全体を作る方法がシンプルな方法[注3]ですが、この方法ですとブロックを入れ替えることで復号可能な改ざんができてしまいます。また同じ平文ブロックがあった場合に同じ暗号ブロックが複数出現することになり、解読の手がかりになることも考えられます。そこで前後のブロックで内容を混ぜ合わせるなど、暗号文全体を作るためのいくつかの手法があり、それらをモードと言います。代表的なモードは**表5**のとおりです。

鍵交換と公開鍵暗号方式

共通鍵暗号方式では、情報の送り手が暗号化

注3）このシンプルな方式がECBモードです。

COLUMN

乱数と擬似乱数生成器

乱数とは、規則性がなく、かつ出現の確率が同じくらいになるように並べられた数字の列のことです。暗号技術にとって乱数は、鍵や鍵ペアの生成、初期値の生成などで重要な役割を担っています。

乱数の性質は次の3つに分類できます。

- **再現不可能性：同じ配列を再現できない**
- **予測不可能性：過去の数列から次の数を予測できない**
- **無作為性：統計的な偏りがない**

再現不可能性の性質を持っていれば、予測不可能性と無作為性は包含されています。予測不可能性の性質を持っていると、無作為性は包含されますが、再現不可能性は包含されません。無作為性は予測不可能性と再現不可能性のどちらも包含されません。

コンピュータは、与えられたアルゴリズムに従って厳密に同じ結果を返すという性質があるため、再現不可能な乱数列を生成することが非常に苦手です。そのため実際は、シード(種)と呼ばれる値を使って、アルゴリズムによって一見乱数に見える乱数列を出力します。そのアルゴリズムや装置を擬似乱数生成器、生成された列を擬似乱数と言います。

なお、最近のコンピュータは、回路中の熱雑音という自然現象を使い、再現不可能性を持った乱数を生成できる乱数生成器を内蔵しているものもあります。

▼表5　ブロック暗号のモード

モード	説明
ECB(Electric CodeBook)	ブロックごとに分けて順番に暗号化
CBC(Cipher Block Chaining)	1つ前の暗号ブロックとXORをとったのち暗号化
CFB(Cipher-FeedBack)	1つ前の暗号ブロックを暗号化しXOR演算
OFB(Output-FeedBack)	初期ベクトルの暗号化をブロック数分繰り返し、ブロックごとのキーストリームを生成。ブロックごとにキーストリームとXOR演算
CTR(CounTeR)	生成された初期値をカウンタとして、ブロックごとにカウントアップしたものを暗号化しキーストリームを生成。ブロックごとにキーストリームとXOR演算

する際に使った鍵を安全に受け手に渡す必要があります。この復号するための鍵を受け手に渡さなければならないという問題を鍵配送問題と呼びます。暗号化した情報を送る経路と同じ経路で鍵を送るわけにはいきません。なぜなら盗聴される可能性があるから暗号化しているわけで、その経路で鍵を送ってしまうとその鍵を使って復号される恐れがあるからです。もう1つ、共通鍵暗号方式には、やり取りする相手の数だけ鍵を用意する必要があるという課題があります(**図3**)。相手の数が増えると、相手ごとに鍵を管理し、かつ安全に鍵を受け渡すことが困難になります。

これらの課題を解決する方法として考えられたものが公開鍵暗号方式です。

公開鍵暗号方式

公開鍵暗号とは、暗号化(復号)する際に、「公開鍵」と「秘密鍵」と呼ばれる異なる鍵を使う暗号方式です。公開鍵と秘密鍵のペアをキーペアと呼び、公開鍵は文字どおり、誰でも自由に利用できるように公開しておき、一方の秘密鍵は鍵の持ち主がしっかり管理をします。また、公開鍵は広く公開するため、公開鍵から秘密鍵を求めることが困難であることを満たす必要があります。

公開鍵暗号方式には目的によっていくつか利用方法があります。

暗号化(秘匿)を目的とした利用方法

まず、暗号の大きな目的の1つである、第三者に見られないようにして情報を送る場合です。

▼図3　鍵の管理

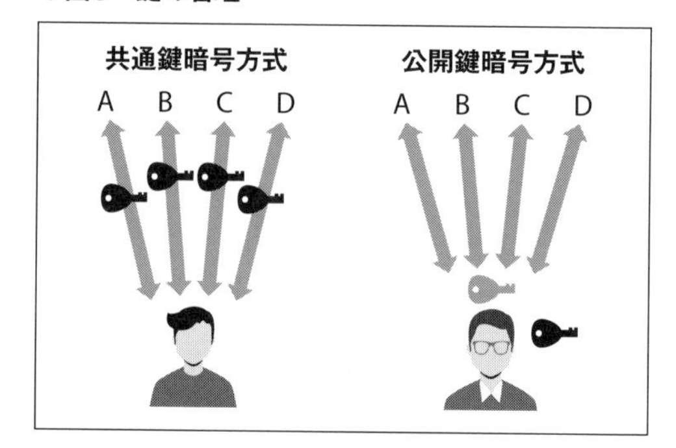

この利用方法はPKE(Public Key Encryption)と呼ばれます。RSA暗号がその代表です。

情報を送りたいと考えた送信者は、相手、つまり受信者の公開鍵を入手します。その公開鍵を使って、情報(平文)を暗号化し、暗号文を作成し、送信します(**図4**)。受信者は、受け取った暗号文を自分の秘密鍵を使って復号します。暗号化した情報(暗号文)が第三者の手に渡ってしまっても、秘密鍵がなければ復号することができません。

受信者が秘密鍵をしっかりと管理していれば、情報を安全にやり取りできます。相手ごとに異なる鍵を用意しなくても、公開鍵と秘密鍵のキーペアがあれば安全に情報のやり取りができます。

鍵交換(共有)を目的とした利用方法

秘匿されていない通信経路、つまり盗聴される可能性がある経路でも、安全に秘密情報をやり取りするしくみを鍵交換と言います。有名なのは、DH(Diffie-Hellman、ディフィー・ヘルマン)鍵共有方式です。

▼図4　暗号化を目的とした利用方法

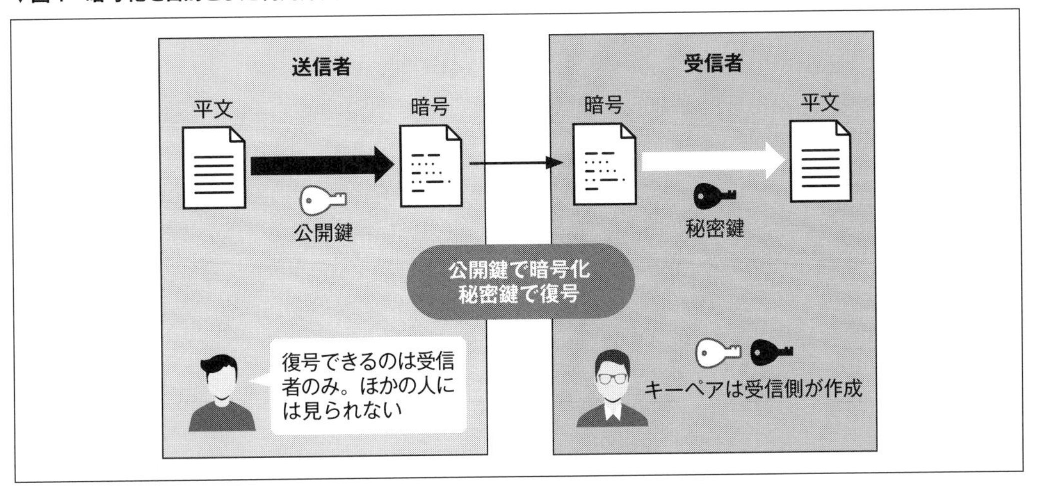

▼図5　認証を目的とした利用方法

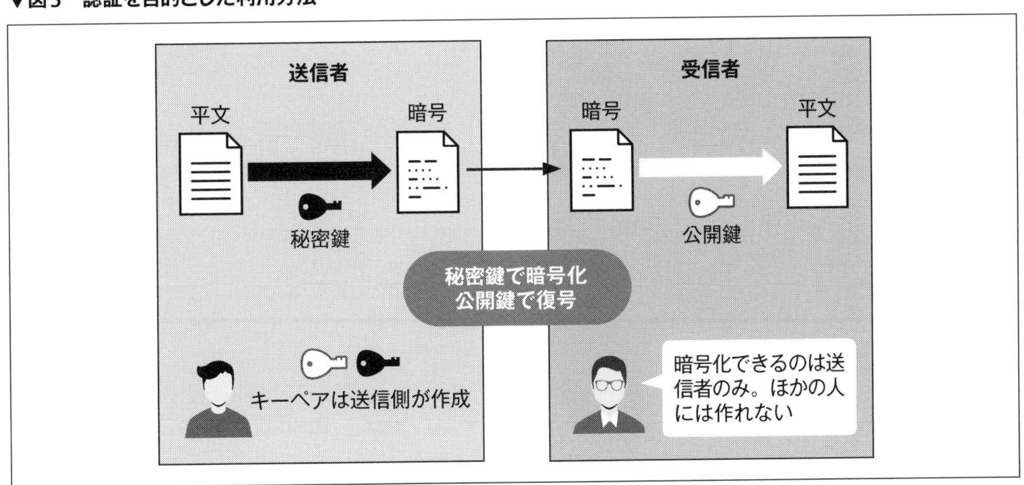

送信者と受信者の間でやりとりする鍵(公開できる鍵)とお互いにそれぞれ秘密にしておく鍵を用意します。公開できる鍵と送信者の秘密鍵、同様に公開できる鍵と受信者の秘密鍵を使って共有する鍵を導き出します。

認証(真正性)を目的とした利用方法

認証を目的とした利用方法(図5)もあります。もとの情報(平文)に対して作成した本人が秘密鍵で暗号化し、相手に送ります。一方で、受け取った側は、送信者が公開している公開鍵を使って復号できれば、送信者本人が送ってきた改ざんされていないものだと検証することができます。

電子署名は秘密鍵(署名鍵)と公開鍵(検証鍵)のしくみを利用していますが、実際はもとのデータを復号するのではなく、秘密鍵で署名されたデータの検証に公開鍵が使われています。厳密には、この鍵のやり取りだけでは成り立たない部分がありますので、あとに説明する認証局などのPKIのしくみに則って運用されています。

おもな公開鍵暗号方式のアルゴリズム

いろいろな公開鍵暗号方式が開発されていますが、ここでは、RSA暗号とDH鍵共有、楕円曲線暗号について少しだけ紹介しておきます。詳細については1-2節以降に記載します。

RSA暗号

RSA暗号は、大きな数字の素因数分解の難しさを利用した暗号アルゴリズムです。平文をm、暗号文をcとした場合に、mをE回掛けて、その結果をNで割った余りが暗号文cとなります。

$$c = m^E \bmod N$$

ここで出てきたEとNがRSA暗号での公開鍵となります。

復号する際は、暗号文cをD回掛けて、その結果をNで割り、余りを計算します。

$$m = c^D \bmod N$$

Dが秘密鍵となります。なお、Nは暗号化のときに使ったNと同じものです。

RSA暗号では、この公開鍵E、Nと秘密鍵Dをキーペアとして生成します。最初に大きな素数を2つ(pとq)用意し、$N = p \times q$とします。次に、$p-1$と$q-1$の最小公倍数Lを求めます。そして、このLと最大公約数が1となる数E(ただし、Eは$1 < E < L$を満たす)を求めます。これで、公開鍵が生成できました。秘密鍵Dは、$E \times D \bmod L = 1$(ただし、Dは$1 < D < L$)を満たす数として求めます。

秘密鍵Dは、素数pとqから算出した値Lを使って生成しています。ですので、この素数pとqも知られてはならない数字であり、ほぼ秘密鍵と同じものです。では、「公開鍵の1つであるNから素数pとqが計算できるのではないか」ということになりますが、今のところ大きな数の素因数分解を効率よく計算できる方法が発見されていないため計算に時間がかかる、ということが安全性の根拠になっています。

DH鍵共有

送信者は、PとGの2つの素数を用意して、受信者に送ります。PとGは秘密にしておく必要はなく、盗聴されても問題ありません。次に送信者と受信者はそれぞれ乱数を用意します(ここでは送信者の乱数をA、受信者の乱数をB)。この乱数はそれぞれ秘密にしておきます。

送信者は、$G^A \bmod P$を計算し[注4]、受信者へ送り、逆に受信者は、$G^B \bmod P$を計算し、送信者へ送り、値を共有します。この計算結果も秘密にしておく必要はありません。

送信者は、受信者から送られてきた値をA乗して$\bmod P$を計算します。これが鍵となります。

$$(G^B \bmod P)^A \bmod P = G^{B \times A} \bmod P$$

受信者は、同様に送信者から送られてきた値をB乗して$\bmod P$を計算します。

$$(G^A \bmod P)^B \bmod P = G^{A \times B} \bmod P$$

このやり取りによって、送信者と受信者が鍵を共有できたことになります(**図6**)。

$$G^{A \times B} \bmod P = G^{B \times A} \bmod P$$

注4) 余剰演算子(mod)は、余りを求めるときに使う演算子です。

▼図6 DH鍵交換

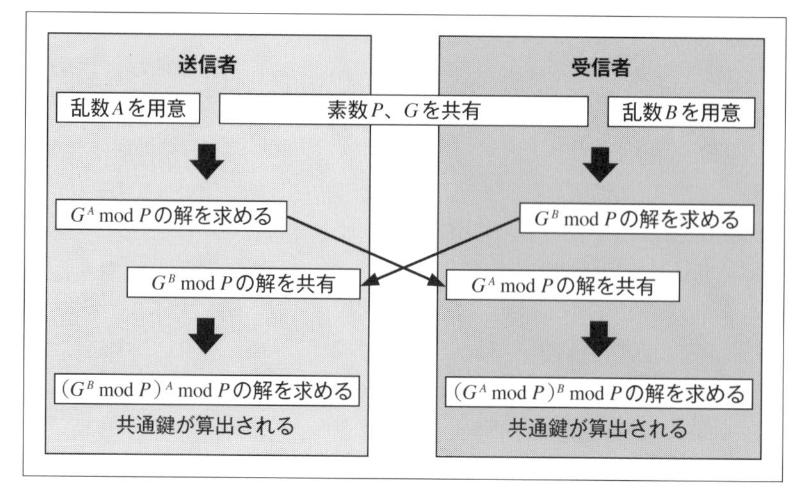

▼表6　共通鍵暗号方式と公開鍵暗号方式の比較

方式	長所	短所
共通鍵暗号方式	暗号化および復号の処理が高速	安全な鍵配送が困難
公開鍵暗号方式	公開鍵による安全な鍵の配送が可能	処理に時間がかかる

送信者と受信者で共有した、P、G、$G^A \bmod P$、$G^B \bmod P$の4つの数字からAとBを求めることは非常に困難であるという性質が安全性の根拠となっています。

楕円曲線暗号

楕円曲線暗号(Elliptic Curve Cryptography、ECC)は楕円曲線と呼ばれる曲線を利用した暗号方式の総称で、PKEだけでなく、鍵交換や電子署名などにも使われています。楕円曲線というと楕円形をイメージしてしまいますが、数学的に次の方程式で表せるもののことです。

$$y^2 = x^3 + ax + b$$

a、b、c、dを係数とした曲線を定め、その曲線上の点に対して、特殊な「加法」を定義します。楕円曲線暗号方式は、この加法の逆演算が難しいことを利用します。数学的に複雑ですが、RSA暗号より鍵長(ビット数)が短くても暗号強度が高いと考えられています。

ハイブリッド暗号

ここで、共通鍵暗号方式と公開鍵暗号方式の長所と短所を整理してみましょう(**表6**)。やり取りしたい情報を公開鍵暗号方式ですべて暗号化すればよいのですが、計算が複雑なこともあり処理に時間がかかります。

一般的に、共通鍵暗号方式は公開鍵暗号方式に比べて、暗号化／復号の処理が高速に行えます。そこで、暗号化に使う共通鍵暗号の秘密鍵を公開鍵暗号を利用して相手と共有し、その共有した鍵を使って平文を暗号化してやりとりをするという使い方をします。

このように、共通鍵暗号方式と公開鍵暗号方式のそれぞれの短所を、それぞれの長所でカバーしたものがハイブリッド暗号です(**図7**)。Webの暗号通信で使われているTLS/SSLなど、身近なところで利用されていました。なお現在利用されているバージョンのTLS/SSLは別の方式が採用されています。

▼図7　ハイブリッド暗号方式

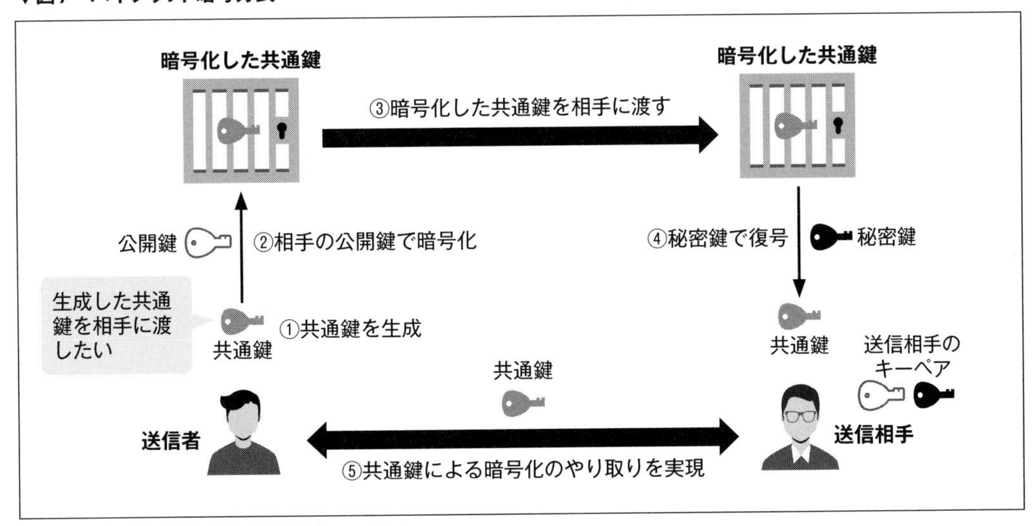

そのほかの暗号技術

ハッシュ関数

完全性を担保する際に使われているハッシュ関数も暗号技術の一種です。切り刻んで混ぜるというハッシュドポテトやハッシュドビーフのハッシュから名付けられています。

ハッシュ関数は、任意の長さのデータを一定の手順で計算を行い、あらかじめ決められた固定長の出力を得る関数です。メッセージダイジェスト関数とも言われます。得られた値をハッシュ値と言い、同じデータであれば、常に同じハッシュ値が得られます。とくにセキュリティのために利用するハッシュ関数は、一方向性ハッシュ関数(暗号学的ハッシュ関数)と呼ばれ次のような性質を持ちます。

- もとのデータと計算の結果得られたハッシュ値の間に規則性がない
- 入力値が少しでも違うとまったく別のハッシュ値になる
- ハッシュ値からもとのデータを効率よく求めることができない
- 同じハッシュ値となる元データが容易に見つけられない

これらの性質から、パスワード認証や電子署名などに利用されます。また、フリーソフトのダウンロードサイトでも、ダウンロードしたファイルが改ざんされていないか確認用に使われます。

MD5(Message Digest 5)

MIT(マサチューセッツ工科大学)のRonald Rivest教授によって1991年に作られたハッシュアルゴリズムです。与えられた入力に対して、128ビットの値を生成します。パスワードの保護や保存などに多く使われていましたが、現在では、同じハッシュ値を持つもとのデータを作り出す攻撃(衝突攻撃)が可能となっており、使用すべきではないとされています。

SHA-1(Secure Hash Algorithm 1)

NIST(米国標準技術研究所)で作られ1995年にアメリカの連邦情報処理標準規格FIPS PUB 180-1として発表されたハッシュアルゴリズムです。多くのアプリケーションやプロトコルで利用されていましたが、MD5と同様に衝突攻撃の成功が示され、こちらも使用すべきではないとされています。

SHA-256(Secure Hash Algorithm 256-bit)

NSA(米国家安全保障局)が考案し、NISTによって連邦情報処理標準としてSHA-2規格で定義されているハッシュアルゴリズムです。SHA-2には、SHA-224(ハッシュ値の長さが224ビット)、SHA-384(同384ビット)、SHA-512(同512ビット)なども定義されています。

なお、SHA-2の後継であるSHA-3には、Keccakというハッシュアルゴリズムが採用されています。

メッセージ認証コード(MAC:Message Authentication Code)

送信したいデータと送信者と受信者で共有する鍵をもとに固定ビット長の出力(MAC値)を計算し、データが改ざんされていないか、送信者がなりすましされていないかを検証するしくみです。鍵を使う点がハッシュ関数と異なります。

ブロック暗号を使って実現するCMACは、もとのデータをCBCモードで暗号化し、最後のブロックをMAC値として、残りは破棄します。最後のブロックの暗号化には、1つ手前までのブロックと鍵の影響を受けるので改ざんとなりすましの確認ができます。

ハッシュ関数を使ったメッセージ認証コードも鍵付きハッシュ関数(HMAC)と呼ばれ利用されています。ハッシュ値を計算する際に共有する鍵を加えることで、鍵を持っていない第三者

▼図8　PKIの概要

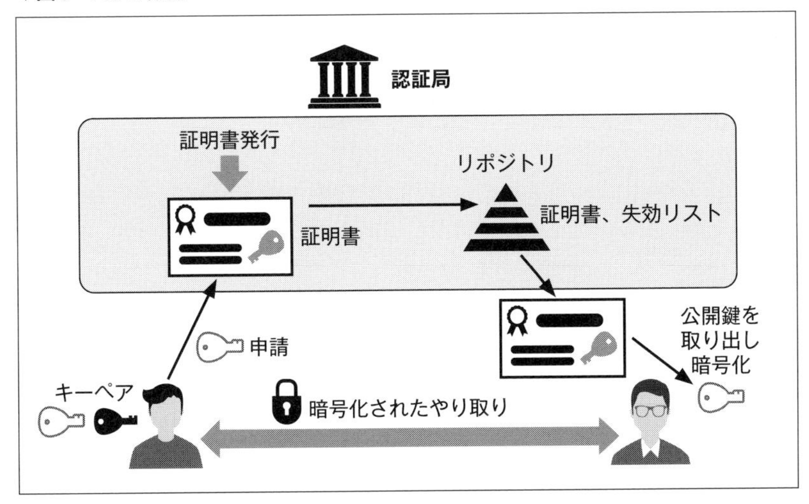

が正しいハッシュ値（この場合はMAC値）を求められないことで改ざんとなりすましがされていないことの確認ができます。

PKI（公開鍵基盤）とは

ここまで説明してきた公開鍵暗号方式で使う公開鍵は、鍵だけでは鍵の所有者を確認することはできません。そこで登場するのがPKIです。PKIとは、Public Key Infrastructureの頭文字を取った略語で、公開鍵暗号の公開鍵を運用するための規格や仕様の総称です（**図8**）。

公開鍵暗号を使いたい人は、公開鍵と秘密鍵のペアを生成し、認証局（Certificate Authority）に証明書を発行してもらいます。認証局は、公開鍵と公開鍵の所有者の情報を含んだものを証明書として発行します。この証明書には、公開鍵と所有者情報だけでなく発行した認証局の電子署名も付与されていて、有効期限も設けられています。

一方で、秘密鍵をうっかり公開してしまうなどにより、外部にばれてしまう場合があります。その場合は、公開鍵を無効にする必要があります。この無効化された公開鍵の一覧が書かれたリストを失効リスト（CRL）と言います。公開鍵を使う前に、この失効リストを確認することによって、誤って無効な公開鍵を使用してしまうことを防ぎます。

このように証明書の受け取り手は、失効リストも含め認証局と認証局の電子署名が正しいことを確認して、公開鍵が信頼できるものか判断します。このような環境を提供するしくみがPKIです。

暗号の強度と安全性

暗号技術は暗号解読の歴史ともいえます。いかに第三者に知られずに情報のやり取りをするか、情報の信頼性を高めるか、研究がされてきた一方で、いかに通信を盗聴するか、入手した暗号文を解読するか、という研究もされてきました。とくに、軍事利用の場面では敵側の暗号を解読する技術は国防のための重要な研究でした。現在では、暗号技術の安全性を客観的に評価するための目的としても重要な研究です。

暗号の強度は、一般的に鍵のビット数（長さ）が大きいほど高くなります。総当たりで鍵を確かめる場合、鍵の長さが長くなればそれだけ確かめなければならない鍵の数が増えるからです。ところが、鍵が長くなればそれだけ暗号処理の時間が多く必要になり、使い勝手が悪くなります。したがって現在のコンピュータの処理能力と使う鍵の長さのバランスも考慮する必要があります。

NISTでは、暗号の強度をセキュリティ強度（ビット単位）という指標で表しています。解読の計算量が2^kだった場合、セキュリティ強度kビットと表現します。**表7**のkは2つの素数で作られる値のビット長、Lは公開鍵のサイズ、N

▼表7　NIST SP800-57 Part 1 Revision 5によるセキュリティ強度（抜粋）

セキュリティ強度	AES	RSA	DH
128ビット	AES-128	k＝3,072	L＝3,072 N＝256
192ビット	AES-192	k＝7,680	L＝7,680 N＝384
256ビット	AES-256	k＝15,360	L＝15,360 N＝512

は秘密鍵のサイズを表しています。

暗号解読と危殆化

危殆化(きたいか)とは、状況の変化などにより、対象が危険に晒されるようになることを言います。暗号技術の世界での危殆化とは、暗号解読の方法が発見されるなどにより、その暗号アルゴリズムの安全性のレベルが低下した状況のことです。暗号アルゴリズムが組み込まれているシステムの安全性が脅かされている場合も同様です。

現在の暗号アルゴリズムの多くは、暗号解読に膨大な計算量が必要となることを安全性の根拠としています。しかしながら、コンピュータは日々進歩しており、処理能力は常に向上しています。したがって暗号強度は相対的に日々下がっていることになります。

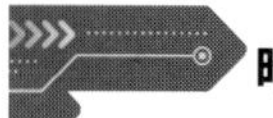

COLUMN 量子コンピュータと暗号

公開鍵暗号方式で紹介したRSA暗号と楕円曲線暗号は、量子コンピュータのしくみによって簡単に解読されてしまうことが数学的に証明されています。そこで、これらの暗号アルゴリズムの危殆化に備えてNISTでは耐量子計算機暗号の標準化プロジェクトが進められており、世界中で研究開発が行われています。格子探索問題と呼ばれる数学的問題を利用した格子暗号はその候補として注目されています。現状、量子コンピュータの実用化までには時間がかかるので当面は大丈夫だと言われています。

同時に、暗号アルゴリズムは研究者により、常に暗号解読の手法を研究されています。共通鍵暗号アルゴリズムのDESは、1977年に米国の標準暗号として採用されましたが、1990年代には総当たりで計算するよりも少ない計算量で解読する手法が次々と発表され、その後、1999年1月にはDES暗号の解読コンテストにおいて、約22時間で解読されてしまいました。今まで安全だと考えられて利用していた暗号アルゴリズムも、暗号解読の手法が発見されることによって急に安全性が担保できなくなるということが起きます。

暗号解読の攻撃手法は、解読する際に利用する情報や前提条件などによって分類されています。おもな攻撃手法を**表8**、**表9**に示します。

CRYPTRECと推奨暗号

CRYPTREC（CRYPTography Research and Evaluation Committes）とは、電子政府推奨暗号の安全性の評価・監視、暗号技術の適切な実装法・運用法を調査・検討するプロジェクトの名称です。暗号技術の安全性評価を中心とする技術的検討を行う暗号技術評価委員会、暗号技術における国際競争力の向上や運用面での安全性向上に関する検討を行う暗号技術活用委員会で構成されています。

暗号アルゴリズムや使う鍵の長さなども含め、ここで検討された暗号技術がCRYPTREC暗号リスト[注5]として公表されています。もしシステムに採用する暗号技術を選ぶことがあれば、CRYPTREC暗号リストを参照して検討してください。

暗号技術の利用

普段使われているシステムやアプリケーションの安全性を維持するためにさまざまなところで暗号技術が利用されています。テレワークの

注5）https://www.cryptrec.go.jp/list.html

▼表8　暗号解読の攻撃モデル

攻撃手法	説明
暗号文単独攻撃(Ciphertext-Only Attack)	既知暗号文攻撃(Known-Ciphertext Attack)とも呼ばれ、暗号文から平文や秘密鍵を求める攻撃。換字式暗号における暗号文の文字の出現頻度を分析して解読する手法も暗号文単独攻撃の一種
既知平文攻撃(Known-Plaintext Attack)	平文に対応する暗号文のペアが入手できているという条件で、平文と暗号文の関係をヒントに鍵を算出し、全体の情報を復号する攻撃。通信プロトコルの暗号化では、ヘッダー情報が固定値だった場合この攻撃手法の対象となる。鍵のパターンをすべて試して、力ずくで解読するブルートフォース攻撃も最低1対の平文と暗号文が必要なため、既知平文攻撃の一種
選択平文攻撃(Chosen-Plaintext Attack)	任意の平文に対応する暗号文が得られるという条件で、暗号文から平文を求める攻撃手法。公開鍵暗号方式では、公開鍵を用いて平文を暗号化することができるため、選択平文攻撃に対して耐性を持っている必要がある
選択暗号文攻撃(Chosen-Ciphertext Attack)	解読対象の暗号文以外の暗号文に対して、平文が入手できるという条件で、解読対象の暗号文を解読する攻撃

▼表9　暗号処理に対する攻撃手法

攻撃手法	説明
サイドチャネル攻撃	数学的な理論だけでなく、暗号化や復号の処理を実際に行っているICチップや装置の状況を外部から観察し、暗号解読を試みる攻撃手法。デバイスの処理時間や消費電力、ノイズの発生パターンなどの情報を利用して解析する。これらの攻撃に対して防御することを耐タンパ性を持つという
中間者攻撃(Man-In-The-Middle Attack)	通信経路の途中に入り込み、送信者に対しては受信者、受信者に対しては送信者になりすまして攻撃する手法。公開鍵暗号方式で、なりすましたあとの公開鍵をそれぞれに送ることによって、機密性を侵害できる。この攻撃に対して、公開鍵が本物か検証できるしくみがPKI

普及を支えるVPNやご自宅の無線LAN機器も通信経路は暗号化されていますし、各種サービスを利用する際の認証時にも真正性を検証するため暗号技術が使われています。Webアプリケーションでのクライアントとサーバ間の通信も証明書を使って暗号化することが普通になりました。また、仮想通貨もブロックチェーンという暗号技術の応用による決済のしくみです。最近注目されているゼロ知識証明も暗号技術の応用分野です。

暗号といっても、情報を秘匿する目的(機密性)だけではなく、セキュリティの構成要素でいうところの、完全性、真正性、否認防止の場面でも利用されています(**表10**)。

ここまで、暗号技術の歴史や基本的な暗号の考え方、主要な暗号アルゴリズムなど、暗号の世界の全体像を解説しました。1-2節以降は、それぞれの暗号アルゴリズムの特徴や計算の考え方、安全性について詳細に解説します。SD

▼表10　セキュリティの構成要素と暗号技術

セキュリティ要素	暗号技術
機密性	共通鍵暗号
	公開鍵暗号
完全性	ハッシュ関数
	メッセージ認証コード
	電子署名
真正性(認証)	メッセージ認証コード
	電子署名
否認防止	電子署名

参考文献

[1]結城 浩 著、『暗号技術入門 第3版 秘密の国のアリス』、SBクリエイティブ、2015年
[2]光成 滋生 著、『暗号と認証のしくみと理論がこれ1冊でしっかりわかる教科書』、技術評論社、2021年
[3]菊池 浩明、上原 哲太郎 著、『ネットワークセキュリティ』、オーム社、2017年
[4]サイモン シン 著、青木 薫 訳、『暗号解読(上下)』、新潮文庫、2007年

1-2 HTTPS通信に欠かせない 公開鍵暗号と共通鍵暗号のしくみ

本節では、代表的な暗号技術である公開鍵暗号と共通鍵暗号について、暗号化／復号のアルゴリズムや鍵共有のしくみを、実際の計算過程を交えて解説します。普段何気なく利用しているHTTPS通信がどのような計算のうえに成り立っているのか、流れを追ってみましょう。

Author 瀬戸口 聡（せとぐち さとし）
株式会社ラック　デジタルペンテストサービス部

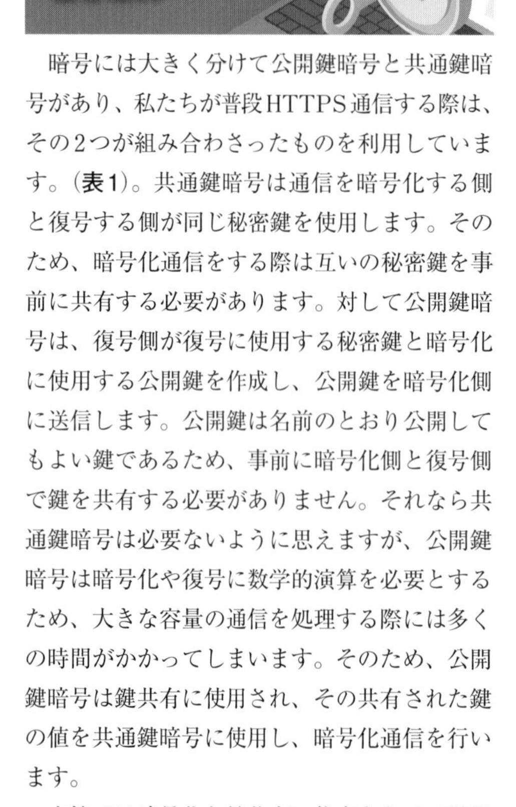

はじめに

暗号には大きく分けて公開鍵暗号と共通鍵暗号があり、私たちが普段HTTPS通信する際は、その2つが組み合わさったものを利用しています。（**表1**）。共通鍵暗号は通信を暗号化する側と復号する側が同じ秘密鍵を使用します。そのため、暗号化通信をする際は互いの秘密鍵を事前に共有する必要があります。対して公開鍵暗号は、復号側が復号に使用する秘密鍵と暗号化に使用する公開鍵を作成し、公開鍵を暗号化側に送信します。公開鍵は名前のとおり公開してもよい鍵であるため、事前に暗号化側と復号側で鍵を共有する必要がありません。それなら共通鍵暗号は必要ないように思えますが、公開鍵暗号は暗号化や復号に数学的演算を必要とするため、大きな容量の通信を処理する際には多くの時間がかかってしまいます。そのため、公開鍵暗号は鍵共有に使用され、その共有された鍵の値を共通鍵暗号に使用し、暗号化通信を行います。

本節では暗号化と鍵共有に焦点をあてて説明をしていきます。その他の重要なしくみであるディジタル署名やメッセージ認証コードなどについては1-3節で解説します。

公開鍵暗号とは

公開鍵暗号とはペアとなる2つの鍵e、dがあったとき、一方の鍵で変換された暗号文はもう一方の鍵では簡単に復号できるが、暗号化に使用した鍵では復号できないような暗号方式です。現代ではSSL/TLSで使われるRSA（後述）がよく知られています。

公開鍵暗号の必須知識

法と合同

暗号の説明では度々、下記のような式を見かけることがあると思います。

$$a \equiv b \pmod{n}$$

これは「aはnを法としてbと合同」と読みます。法というのは簡単に説明すると割る数のこ

▼表1　公開鍵暗号と共通鍵暗号の比較

	鍵の数	鍵交換	スピード
公開鍵暗号	公開鍵と秘密鍵の2つ	必要なし	共通鍵暗号に比べると遅い
共通鍵暗号	事前に安全な方法で交換しておくことが必要	1つ（ただし、通信相手ごとに必要）	速い

▼**図1　法の計算を時計で表した例**

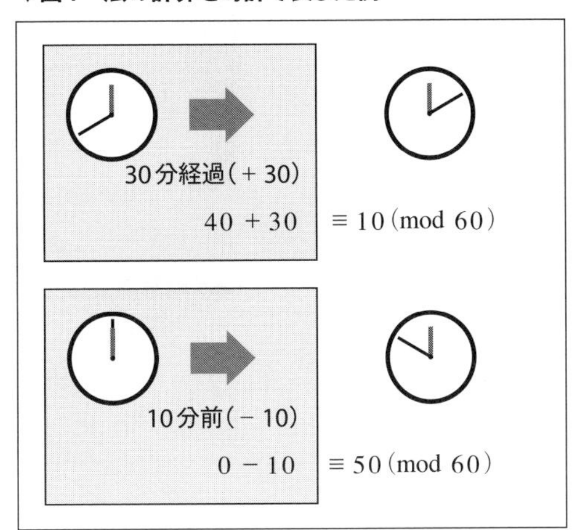

とを言います。したがってこの式は、nで割ったときの余りが同じであれば、aとbは同じ値として扱うことを意味します。少し難しいと感じるかもしれませんが、みなさんは普段の生活で無意識にこの考えを利用しています。時計を想像してみてください(**図1**)。今時計の長針が40分を指している状態で、30分経過した際に長針が何を指すか考えます。その際、時計の長針は60で一周するので60を法とした世界です。つまり、

$$40 + 30 \equiv 10 \pmod{60}$$

となり、10を指すことがわかります。

反対に長針が0分を指しているとき、10分前は何を指しているでしょうか。答えは

$$0 - 10 \equiv 50 \pmod{60}$$

です。このように負の数には法の値を足し合わせる(この場合、－10に60を足す)ことで正の数になおすことができます。

公開鍵暗号では十進数で数百桁というとても大きな整数を法とした世界で演算を行います。

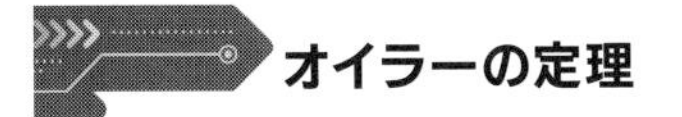

オイラーの定理

後述するRSA暗号を理解するためには必ず知っていないといけないのが、オイラーの定理です。レオンハルト・テイラーは1760年にフェルマーの小定理を一般化して、次のような定理を発表しました。

自然数x、nが互いに素[注1]であるとき、
$x^{\phi(n)} \equiv 1 \pmod{n}$

ここで$\phi(n)$はnのオイラー関数といい、n以下の自然数でnと互いに素であるものの個数を表します。たとえばnが素数pであるとき、pより小さい自然数はすべてpと互いに素ですので、

$$\phi(p) = p - 1$$

となります。

RSAでは大きな素数p、qの積のオイラー関数の値を使用します。$n = p \cdot q$とすると

$$\phi(p) = p - 1$$
$$\phi(q) = q - 1$$

より、

$$\phi(n) = (p - 1)(q - 1)$$

です。

ユークリッドの互除法と拡張ユークリッドの互除法

ユークリッドの互除法とは2つの正の整数の最大公約数を求めることができる方法で、下記の性質を用いて計算していきます。

$a = bq + r$において、
aとbの最大公約数＝bとrの最大公約数

ここでaとbは任意の正の整数(ただし$a > b$)で、qはaをbで割ったときの商、rは余りです。この性質を用いて演算を繰り返し行い、余りが0になったときの除数がaとbの最大公約数となります。aとbが大きい数であっても、少ない計算で最大公約数を求めることができます。$a = 133$、$b = 31$としたときの計算例を**図2**に示します。余りが0のときの除数は1ですので、aとbの最大公約数$gcd(a,b)$は1です。

注1) ある2つの整数をともに割り切る正の整数が1のみ、つまり最大公約数が1ということ。

▼図2　ユークリッドの互除法

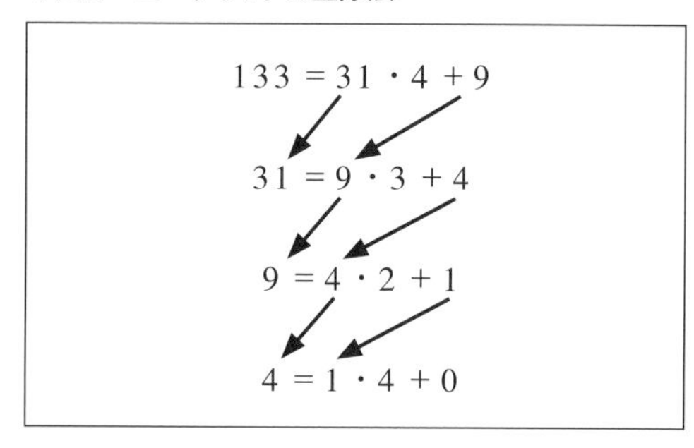

これを応用して、整数a、bの最大公約数を$gcd(a,b)$と表すとき、$ax + by = gcd(a,b)$の解となる整数x、yの組を計算することもできます。この応用を拡張ユークリッドの互除法といいます。$a = 133$、$b = 31$、$gcd(a,b) = 1$のときに$ax + by = gcd(a,b)$を満たすx、yを求めます。ユークリッドの互除法の際、計算過程で出てきた式を変形し、代入していくだけですので簡単です。

$$
\begin{aligned}
gcd(a,b) &= 1 = 9 - 4 \cdot 2 \\
&= 9 - (31 - 9 \cdot 3) \cdot 2 \\
&= -31 \cdot 2 + 9 \cdot 7 \\
&= -31 \cdot 2 + (133 - 31 \cdot 4) \cdot 7 \\
&= 133 \cdot 7 - 31 \cdot 30
\end{aligned}
$$

したがって、$x = 7$、$y = -30$となります。

RSA暗号では鍵生成時に秘密鍵の値を求めるためにこの拡張ユークリッドの互除法を利用します。

公開鍵暗号のアルゴリズム

RSA暗号

RSAは1977年にRivest、Shamir、Adlemanらによって、大きな素数同士の合成数は素因数分解が困難であることに注目して発明された公開鍵暗号です。開発者らの頭文字をとってRSAと命名されました。

RSA暗号のアルゴリズム

RSA暗号は大きく分けて鍵の生成、暗号化、復号の3つの手順で成り立っています。

鍵の生成手順は下記のとおりです。

- 手順1：2つの異なる大きな素数p、qをランダムに選択し、その積$n = p \cdot q$を計算する
- 手順2：$n = p \cdot q$のオイラー関数$\phi(n) = (p-1)(q-1)$に対し、これと互いに素となるような整数e（$e = 65537$がよく使用される）を選択する
- 手順3：$e \cdot d$を$\phi(n)$で割ったときの余りが1となる、つまり、$e \cdot d \equiv 1 \pmod{\phi(n)}$となるような正の整数$d$を計算する。正の整数$d$は拡張ユークリッドの互除法により求める[注2]

この手順で生成したe、nは公開鍵であり、通信を暗号化する側に渡します。秘密鍵であるdと、dを生成するために使用した素数p、qは自分以外の第三者に公開してはいけません。

上記手順で公開鍵と秘密鍵を生成することができました。平文をm、暗号文をcとすると暗号化、復号は下記の式で求めることができます。

- 暗号化：$c \equiv m^e \pmod{n}$
- 復号：$m \equiv c^d \pmod{n}$

暗号化と復号の式がとても似ていますね。本当にこれで復号できるのか不思議に思うかもしれませんが、先ほど説明したオイラーの定理を利用することで元の平文に戻ることがわかります。

$$
\begin{aligned}
c^d &= m^{ed} = m^{k\phi(n)+1} = (m^{\phi(n)})^k \cdot m \\
&\equiv m \pmod{n}
\end{aligned}
$$

$e \cdot d \equiv 1 \pmod{\phi(n)}$ですので、適当な正の整数$k$に対して$e \cdot d = k\phi(n) + 1$が成り立ちます。また、オイラーの定理より$m^{\phi(n)} \equiv 1 \pmod{n}$と表せます[注3]。

RSAによる暗号化／復号を試してみる

ここで簡単な数字を例に、本当にRSAで暗号

注2）ちなみにeと$\phi(n)$が互いに素であれば、このようなdは1つのeに対して必ず1つだけ存在します。

注3）ただしm、nが互いに素である必要があります。

化、復号が可能なのか鍵の生成から試してみましょう。

まず、任意の素数p、qを選択します。本来はとても大きな素数(十進数で数百桁ほど)を選択しなければなりませんが、誌面の都合上今回は$p = 11$、$q = 19$とします。したがって、

$$n = p \cdot q = 209$$
$$\phi(n) = (p-1)(q-1) = 10 \cdot 18 = 180$$

とし、eはオイラー関数$\phi(n)$と互いに素となるような値を選択します。今回は$e = 13$とします。ユークリッドの互除法より、

$$180 = 13 \cdot 13 + 11$$
$$13 = 11 \cdot 1 + 2$$
$$11 = 2 \cdot 5 + 1$$
$$2 = 1 \cdot 2 + 0$$

余りが0のときの除数は1ですので$\phi(n)$とeの最大公約数$gcd(\phi(n),e)$は1、つまり$\phi(n)$とeは互いに素です。これらnとeが公開鍵となります。

次に秘密鍵dを計算します。拡張ユークリッドの互除法により$\phi(n)x + ey = gcd(\phi(n),e)$を満たす$x$、$y$は$\phi(n) = 180$、$e = 13$、$gcd(\phi(n),e) = 1$より、

$$\begin{aligned} gcd(\phi(n),e) &= 1 = 11 - 2 \cdot 5 \\ &= 11 - (13 - 11 \cdot 1) \cdot 5 \\ &= -13 \cdot 5 + 11 \cdot 6 \\ &= -13 \cdot 5 + (180 - 13 \cdot 13) \cdot 6 \\ &= 180 \cdot 6 - 13 \cdot 83 \end{aligned}$$

$\phi(n) = 180$、$e = 13$より、

$$\phi(n) \cdot 6 - e \cdot 83 = 1$$

よって$x = 6$、$y = -83$となります。

ここで秘密鍵dは$e \cdot d \equiv 1 (\mathrm{mod}\ \phi(n))$を満たすということを思い出してください。$\phi(n) = 180$を法とすると$-83 \equiv 97$、$\phi(n) \equiv 0$ですので、

$$e \cdot 97 \equiv 1 (\mathrm{mod}\ \phi(n))$$

したがって、秘密鍵$d = 97$と求まります。

鍵の生成が完了したので、暗号化と復号を試してみましょう。電卓で計算するのは大変ですので、フリーの計算サイト[注4]などを使って確かめてみてください。

平文$m = 36$とすると、$n = 209$、$e = 13$より暗号化は、

$$c = 36^{13} \equiv 16 (\mathrm{mod}\ 209)$$

という式で行うことができ、復号すると、

$$m = 16^{97} \equiv 36 (\mathrm{mod}\ 209)$$

のように元の平文に戻ることがわかります。

鍵共有アルゴリズム

DH(Diffie-Hellman)鍵共有

Diffie-Hellman鍵共有は1976年にDiffieとHellmanによって提案されました。先ほど紹介したRSAと同様に、攻撃者が盗聴している可能性のある危険なネットワーク上でも、事前に秘密を共有することなく秘密鍵を共有する方法として利用されます。Diffie-Hellman鍵共有は、本項の後半で詳しく触れる離散対数問題の困難性を安全性の根拠にしています。

突然ですが、下記の計算をしてみてください。

$$2^{50} (\mathrm{mod}\ 41) = ?$$

どうでしょうか。法を使った計算においてはべき乗計算を行ってから剰余を求めても、都度剰余を行いながらべき乗計算をしても結果は同じです。そのため、

$$2^2 \equiv 4 (\mathrm{mod}\ 37)$$
$$2^4 = (2^2)^2 \equiv 16 (\mathrm{mod}\ 37)$$
$$2^8 = (2^4)^2 = (16)^2 \equiv 34 (\mathrm{mod}\ 37)$$
$$2^{16} = (2^8)^2 = (34)^2 \equiv 9 (\mathrm{mod}\ 37)$$
$$2^{32} = (2^{16})^2 = (9)^2 \equiv 7 (\mathrm{mod}\ 37)$$

注4) https://keisan.casio.jp/calculator

$2^{50} = 2^{32} \cdot 2^{16} \cdot 2^{2} = 7 \cdot 9 \cdot 4 \equiv 30 \pmod{37}$

のように少ない回数で簡単に計算することができます。

対して次の式はどうでしょうか。

$2^{?} \equiv 19 \pmod{37}$

37を法としたとき、2を何乗すると19になるでしょうか。これ、実はとても難しい問題です。単純に計算してみると、

$2^{1} \equiv 2 \pmod{37}$
$2^{2} \equiv 4 \pmod{37}$
$2^{3} \equiv 8 \pmod{37}$
≀
$2^{6} \equiv 27 \pmod{37}$
$2^{7} \equiv 17 \pmod{37}$
$2^{8} \equiv 34 \pmod{37}$
≀
$2^{35} \equiv 19 \pmod{37}$

となり、あたかも乱数のように変化するため計算結果を予測するのが困難です。このように$g^{x} \equiv a \pmod{p}$のときgを何乗したらaになるかという問題のことを離散対数問題といいます。上記の例では法が37と小さい数だったため、単純な35回の計算で求めることができましたが、Diffie-Hellman鍵共有では法を数百桁あるような大きい数にし、たとえ効率的な方法を用いたとしても一生計算しきれないようにします。

DH鍵共有のアルゴリズム

では実際にDiffie-Hellman鍵共有のアルゴリズムを試してみましょう。鍵共有を行いたいAliceとBobがいるとします。1-1節でも図で示しましたが、次のような手順になります。

- 手順1：大きな素数p、法pにおける生成元g $(1<g<p)$を用意し、公開する
- 手順2：Aliceは$a(1<a<p-1)$、Bobはb $(1<b<p-1)$を生成する
- 手順3：Aliceは$A = g^{a} \pmod{p}$を計算し、Bobに送信する。Bobは$B = g^{b} \pmod{p}$を計算し、Aliceに送信する
- 手順4：Aliceは受け取ったBから$B^{a} \pmod{p}$を計算する。Bobは受け取ったAから$A^{b} \pmod{p}$を計算する。$B^{a} \equiv A^{b} \equiv g^{ab} \pmod{p}$より、AliceとBobは同じ値$g^{ab} \pmod{p}$を共有できる

この手順におけるp、g、A、Bは公開しても問題ない値です。反対にaとbはAliceとBobそれぞれで秘密にしておく値です。公開されているp、g、A、Bからa、bを求めることが困難なことは先ほど説明したとおりです(もちろんg^{ab}を求めるのも困難です。AとBから計算できそうですが、$A \cdot B \equiv g^{(a+b)} \pmod{p}$であることに注意してください)。

DH鍵共有を試してみる

では簡単な数字を例に試してみましょう。まず、素数pを選択します。本来はとても大きな素数(十進数で数百桁ほど)を選択しなければなりませんが、誌面の都合上、今回は$p = 11$とします。法11における生成元$g = 2$とします。**表2**より2が11を法としたとき、生成元であることがわかります。

次に乱数a、bを生成します。今回は$a = 7$、$b = 9$とします。するとAliceの計算するAは、

$A = 2^{7} \equiv 7 \pmod{11}$

Bobの計算するBは

$B = 2^{9} \equiv 6 \pmod{11}$

となります。Aをb乗、Bをa乗すると

▼表2　$g=2$、法を11とした場合のg^{x}の演算結果

x	1	2	3	4	5	6	7	8	9	10
g^{x}	2	4	8	5	10	9	7	3	6	1

$$A^9 = 2^{7 \cdot 9} \equiv 8 \pmod{11}$$
$$B^7 = 2^{9 \cdot 7} \equiv 8 \pmod{11}$$

のようにAliceとBobは秘密裏に同じ値を共有することができます。

現在では動的に公開鍵を作って使い捨てるDHE(Diffie Hellman Ephemeral)が主流となっています。

楕円曲線Diffie-Hellman鍵共有(ECDH)

先ほど紹介したDiffie-Hellman鍵共有を楕円曲線上の点に置き換えて行う方法です。暗号で用いられる楕円曲線は、

$$y^2 = x^3 + ax + b \pmod{p}$$
※素数$p(>3)$、$0 \le a,b < p$、$4a^3 + 27b^2 \neq 0$

というような式で定義されています。鍵共有に利用してよい楕円曲線はあらかじめ決められており、たとえばsecp256r1という名前の楕円曲線の場合、上記のパラメータa、b、pは、

a = 0x ffffffff 00000001 00000000 00000000 00000000 ffffffff ffffffff fffffffc
b = 0x 5ac635d8 aa3a93e7 b3ebbd55 769886bc 651d06b0 cc53b0f6 3bce3c3e 27d2604b
p = 0x ffffffff 00000001 00000000 00000000 00000000 ffffffff ffffffff ffffffff

と、とても大きな数が定義されています。

さっそくですが、楕円曲線Diffie-Hellman鍵共有の手順を説明しましょう。鍵共有を行いたいAliceとBobがいるとします。

- 手順1:使用する楕円曲線(パラメータa、b、p)とベースポイントGを公開する。ここでGは使用する楕円曲線上の点$G = (G_x, G_y)$であり、使用する楕円曲線ごとにあらかじめ決められている[注5]
- 手順2:Aliceはc、Bobはdを生成する
- 手順3:Aliceは$A = c \cdot G$を計算し、Bobに送信する。Bobは$B = d \cdot G$を計算し、Aliceに送信する
- 手順4:Aliceは受け取ったBから$c \cdot B$を計算する。Bobは受け取ったAから$d \cdot A$を計算する。$c \cdot B = d \cdot A = c \cdot d \cdot G$のためAliceとBobは楕円曲線上の同じ点$c \cdot d \cdot G$を共有することができる

注5) たとえばsecp256r1の場合、G =(0x6b17d1f2e12c4247f8bce6e563a440f277037d812deb33a0f4a13945d898c296, 0x4fe342e2fe1a7f9b8ee7eb4a7c0f9e162bce33576b315ececbb6406837bf51f5)

この手順におけるa、b、p、G、A、Bは公開しても問題ない値です。反対にcとdはAliceとBobそれぞれで秘密にしておく値です。このように通常のDiffie-Hellman鍵共有にとてもよく似ていますね。そこでみなさんはこう思うはずです。公開されているG、A、Bからcとdを求めることは簡単ではないかと。

いいえ、それが実は簡単にはできないのです。楕円曲線上ではそれらを求めるのが難しくなるような特殊な演算を行います。詳しい解説と実装については1-4節をご参照ください。

共通鍵暗号とは

共通鍵暗号とは暗号化と復号に同じ鍵を用いる暗号のことをいいます。現代ではSSL/TLSで使われるDES、AES、ChaCha20がよく知られていますが、シーザー暗号などの古典暗号も共通鍵暗号の一種といえます。1-1節で説明したように、共通鍵暗号にはブロック暗号とストリーム暗号があります。ブロック暗号とは平文をあるビット長ごとに分けて処理を行う暗号化方式です(**図3**)。このビット長のことをブロック長といいます。ストリーム暗号はキーストリームと呼ばれる擬似乱数を生成し、それを平文と排他的論理和(以下XOR演算)することで暗号化を行います。復号はその逆で暗号文に同じ値のキーストリームでXOR演算を行います。

DES、AESはブロック暗号、ChaCha20はストリーム暗号です。

▼図3　ブロック暗号

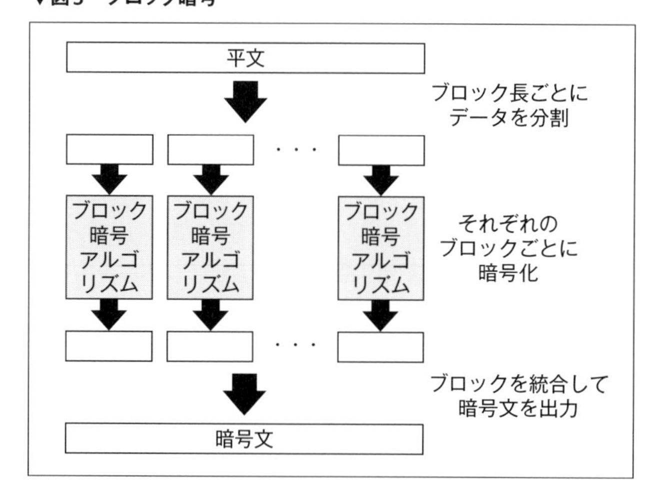

共通鍵暗号の必須知識

共通鍵暗号は平文全体を一気に処理するわけではなく、いくつかの処理を組み合わせ、それを何回も繰り返すことで暗号化を行います。ここでは使われる処理を整理してみましょう。

XOR演算

XOR演算とは**表3**のような結果となる演算のことを言います。

たとえば、今ここに2進数表記でA = 01010101、B = 10101111というようなデータがあるとすると、

A XOR B = 11111010

となります。

また、XOR演算には同じ値どうしを演算すると0になるというおもしろい特性があり、

A XOR B XOR B = 01010101 = A

というような演算を行うとBの値が打ち消されてAと同じ値が出力されます。そのため、Aを平文、Bを秘密鍵のようなものと考えるとA XOR Bで暗号化、A XOR B XOR Bで復号を行うことができます(**表4**)。このような特性はストリーム暗号で利用されています。

▼表3　XOR演算

XOR	0	1
0	0	1
1	1	0

▼表4　ビット列にXOR演算を行った例

A	01010101
B	10101111
A XOR B	11111010
A XOR B XOR B	01010101

▼表5　換字処理の例

入力	0	1	2	3
出力	2	0	3	1

換字処理

換字処理とはある値が入力されると別の値に変換して出力するような処理のことを言います。暗号の世界ではよく全単射関数(すべての要素が1対1で対応している関数)が使われます。たとえば、2ビットのデータ(0〜3)を**表5**のように変換する処理などです。入力の要素(0、1、2、3)と出力の要素(2、0、3、1)が1対1で対応していますね。

表5の換字処理では2が入力されると3、3が入力されると1が出力されます。

▼図4　転置処理の例

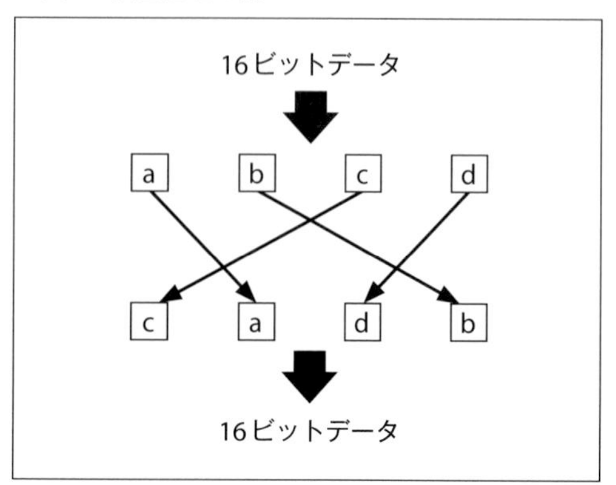

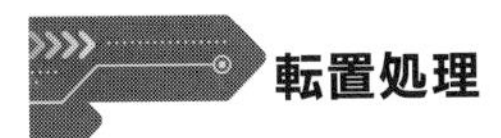

転置処理

転置処理とは元のデータの順番を入れ替えたり、行列計算を行うことでデータをバラバラにしたりする処理を言います。たとえば**図4**のような処理です。

図4の例では16ビットのデータが入力されると、それを4ビットごとに上位からa、b、c、dと分割してc、a、d、bと順番を入れ替えた16ビットデータを出力します。

共通鍵暗号アルゴリズム

DES

DES(Data Encryption Standard)とは1977年にNIST(National Institute of Standards and Technology)によって公表されたブロック暗号の一種です。世界で初めて標準化されました。鍵長が56ビット、ブロック長が64ビットと強度が低いため、現在ではすでに危殆化しており、使用を推奨されていません。

IBMが開発したLuciferと呼ばれる暗号化アルゴリズムをベースとしています。

AES

AESはブロック長が128ビット、鍵長は128ビット、192ビット、256ビットから選択可能なブロック暗号です。AESのアルゴリズムを**図5**に示します。AESは平文を入力した直後のAddRoundKey処理とラウンド関数で構成されています。ラウンド関数はSubBytes処理、ShiftRows処理、MixColumns処理、AddRoundKey処理で構成されており、このラウンド関数が複数回繰り返されることで平文がかき混ぜられ、暗号文が出力されます。

繰り返される回数は鍵長によって異なり、128ビットの場合は10回、192ビットの場合は12回、256ビットの場合は14回です。ただし**図5**のとおり、最終ラウンドのみ構造が少し異なることに注意してください。

では各処理の内容を見てみましょう。

▼図5　AESのアルゴリズム。⊕は鍵とデータのXOR(排他的論理和)演算を表す

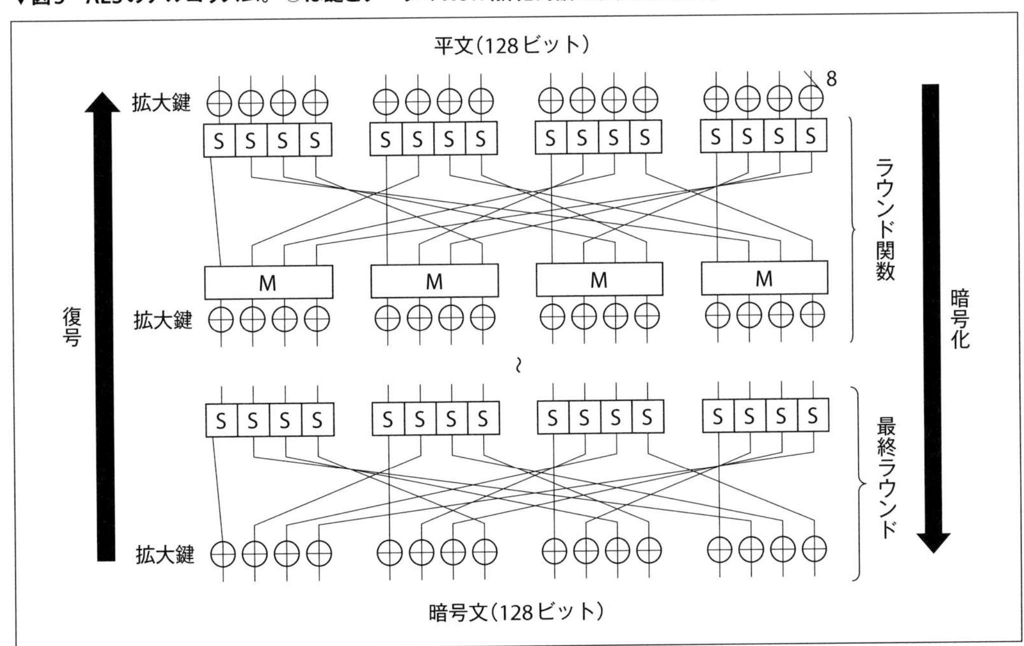

▼表6 S-box

入力値	0x00	0x01	0x02	0x03	～	0x77	～	0xfd	0xfe	0xff
出力値	0x63	0x7c	0x77	0x7b		0xfb		0x54	0xbb	0x16

SubBytes処理

SubBytes処理では入力された128ビットデータを8ビットごとに16分割し、S-box(図5ではSと表記)と呼ばれる全単射関数で換字処理を行います。S-boxは8ビット入出力ですので、0x00から0xffが入力されたとき、0x00から0xffのどれかが出力されます。S-boxの変換テーブルを**表6**に示します(誌面の都合上、一部のみ掲載)。たとえば0x02が入力されると0x77が出力されます。かといって、0x77が入力されても0x02が出力されるわけではないことに注意してください。

0x00～0xffのすべての対応表を見たい方はAESの仕様書[注6]の16ページめを参考にしてください。仕様書では16×16の表でS-boxの出力値が記載されています。縦軸が入力値の上位4ビット、横軸が入力値の下位4ビットの値を表しています。

Shift Row処理

入力された128ビットデータを8ビットごとに16分割し、位置の入れ替えを行います。16分割されたデータを上位から0、1、2、…、14、15とすると、データは**図6**のように0、5、10、…、6、11と並べ替えられ、出力されます。

注6) URL https://nvlpubs.nist.gov/nistpubs/FIPS/NIST.FIPS.197.pdf

▼表7 2を法としたときの加法と減法

+	0	1
0	0	1
1	1	0

-	0	1
0	0	1
1	1	0

MixColumns処理

MixColumns処理では入力された128ビットデータを32ビットごとに4分割し、行列計算によるデータの攪拌(かくはん)を行います。**図5**ではMと表記しています。32ビット入力データを(m_0,m_1,m_2,m_3)、32ビット出力データを(z_0,z_1,z_2,z_3)とすると、**図7**のような処理を行います。ここでm_0、…、m_3、z_0、…、z_3はそれぞれ8ビットデータであり、それぞれ多項式$a_7x^7+a_6x^6+\cdots+a_0$で表現されます。たとえば0x8Cを例にすると

▼図7 MixColumns処理

$$\begin{pmatrix} z_0 \\ z_1 \\ z_2 \\ z_3 \end{pmatrix} = \begin{pmatrix} x & x+1 & 1 & 1 \\ 1 & x & x+1 & 1 \\ 1 & 1 & x & x+1 \\ x+1 & 1 & 1 & x \end{pmatrix} \begin{pmatrix} m_0 \\ m_1 \\ m_2 \\ m_3 \end{pmatrix}$$

▼図6 Shift Row処理

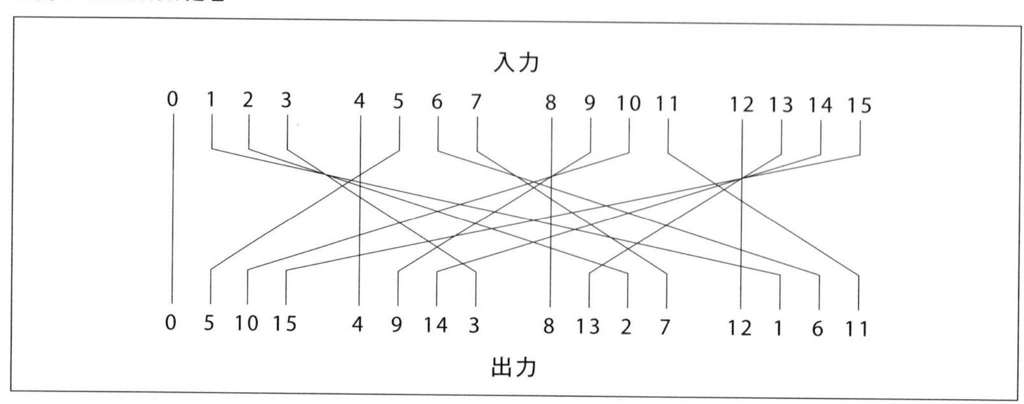

$0x8C = x^7 + x^3 + x^2$となります注7。また、係数a_7、a_6、…、a_0は2を法とすることに注意してください。そのため加法と減法の結果は**表7**のようになります。

どちらもXOR演算と同じ結果ですね。たとえば、

$$(x^2 + x) + (x - 1) = x^2 + 2x - 1$$
$$= x^2 + 0x + 1$$
$$= x^2 + 1$$

となります。

また、既約多項式$x^8 + x^4 + x^3 + x + 1$を法とする多項式環注8上で演算を行います。そのため演算の結果、多項式の次数が8以上になった場合は$x^8 + x^4 + x^3 + x + 1$で剰余する必要があります。z_0、…、z_3はそれぞれ8ビットデータであるためです。次数が8以上だと8ビットを超えてしまうので、次数を8より小さくする必要があります。**図8**に、$m_0 = 0x10$、$m_1 = 0x20$、$m_2 = 0x40$、$m_3 = 0x80$とした場合の演算結果を示します。

途中、$x^8 + x^5 + x^4$と次数が8以上の式があるため、$x^8 + x^4 + x^3 + x + 1$で剰余をとっています(**図9**)。

先ほど「2を法とする」と説明したとおり、$-1 \equiv 1 \pmod 2$ですので、

$$x^5 + x^3 + x + 1$$

となります。$x^8 + x^6 + x^4$についても同様です。

AddRoundKey処理

AddRoundKey処理ではデータとラウンド鍵とのXOR演算を行います。ラウンドごとに異なるラウンド鍵をXOR演算するため、たとえば128ビット鍵長のAESではラウンド関数を10回繰り返すことから、平文を入力した直後のものも含めると計11個のラウンド鍵k_0、k_1、k_2、…、k_9、k_{10}が必要になります。**図10**に秘密鍵が128ビットの場合の鍵スケジュール部(拡大鍵を出力する部分)の関数を示します注9。128ビット鍵長のAESの場合k_0＝秘密鍵そのものであり、k_1は**図10**に示す鍵スケジュール部の関数にk_0を入力することで出力されます。同様にk_1を入力すればk_2が得られます。これを繰り返すことでk_{10}までのラウンド鍵を生成することが可能です。つまり、k_{10}を得るまでこの関数を10回繰り返し利用します。

図10の処理を説明します。128ビットのラウンド鍵k_iを32ビットごとに分割し、それぞれを

▼図8　MixColumns処理の例

$$\begin{pmatrix} x & x+1 & 1 & 1 \\ 1 & x & x+1 & 1 \\ 1 & 1 & x & x+1 \\ x+1 & 1 & 1 & x \end{pmatrix}\begin{pmatrix} 0x10 \\ 0x20 \\ 0x40 \\ 0x80 \end{pmatrix}$$

$$\Rightarrow \begin{pmatrix} x & x+1 & 1 & 1 \\ 1 & x & x+1 & 1 \\ 1 & 1 & x & x+1 \\ x+1 & 1 & 1 & x \end{pmatrix}\begin{pmatrix} x^4 \\ x^5 \\ x^6 \\ x^7 \end{pmatrix}$$

$$= \begin{pmatrix} x \cdot x^4 + (x+1)x^5 + x^6 + x^7 \\ x^4 + x \cdot x^5 + (x+1)x^6 + x^7 \\ x^4 + x^5 + x \cdot x^6 + (x+1)x^7 \\ (x+1)x^4 + x^5 + x^6 + x \cdot x^7 \end{pmatrix}$$

$$= \begin{pmatrix} x^7 \\ x^4 \\ x^8 + x^5 + x^4 \\ x^8 + x^6 + x^4 \end{pmatrix}$$

$$= \begin{pmatrix} x^7 \\ x^4 \\ x^5 + x^3 + x + 1 \\ x^6 + x^3 + x + 1 \end{pmatrix} = \begin{pmatrix} 0x80 \\ 0x10 \\ 0x2B \\ 0x4B \end{pmatrix}$$

▼図9　次数が8以上の場合の例

$$\begin{array}{r} 1 \\ x^8+x^4+x^3+x+1 \overline{\big) \; x^8+x^5+x^4 \qquad\qquad} \\ -\big) \; x^8 \qquad +x^4+x^3+x+1 \\ \hline x^5 \qquad -x^3-x-1 \end{array}$$

注7)　0x8Cは2進数表記で10001100であることを考えるとイメージしやすいと思います

注8)　数学の専門的な内容に立ち入る必要があり、本稿の解説範囲を超えるため、ここでは用語の説明は省略します。

注9)　秘密鍵の鍵長により鍵スケジュール部の構造が少し異なります。ほかの鍵長については誌面の都合上省略します。

▼図10　128ビット鍵長AESの鍵スケジュール部

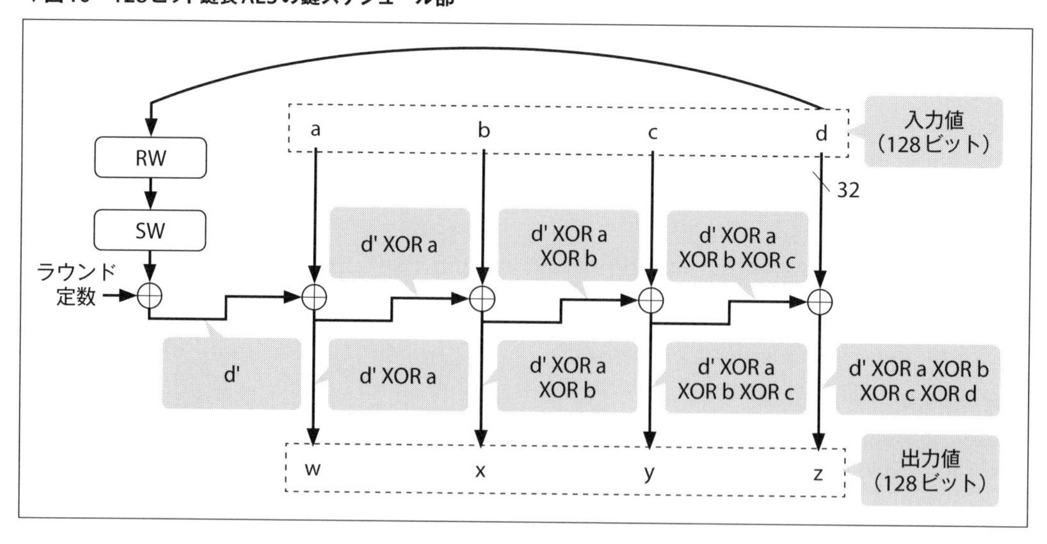

a、b、c、dとおきます。また、dに対してRotWord(RW)、SubWord(SW)、ラウンド定数とのXOR演算を行った32ビットデータをd'とします。それぞれのデータを**図10**の遷移どおりにXOR演算を行い、4つの32ビットデータw、x、y、zを得ます。これらを結合したものがラウンド鍵k_{i+1}となります。

RotWord

RotWordでは32ビットデータdを8ビットごとに4分割し、位置の入れ替えを行います。分割された8ビットデータを上位からd_0、d_1、d_2、d_3とすると、左巡回シフト注10を行いd_1、d_2、d_3、d_0と並べ替え、出力します。

SubWord

SubWordではRotWordから出力されたデータに対してSubByte処理、つまりS-boxによる換字処理を行います。処理の内容は、前述の「SubBytes処理」項を参考にしてください。

ラウンド定数とのXOR演算

ラウンド定数とは、ラウンドごとに決められた定数です。ここでのラウンドとは**図10**の鍵スケジュール部の関数が繰り返される回数のことをいいます。先述のとおり、128ビット鍵長のAESではk_{10}まで得るために**図10**の関数を10回繰り返し利用します。そのため、RC_1、RC_2、…、RC_{10}の10個の値が定義されています。大きさは32ビットです。**表8**に値を記載します。

データを復号する場合は暗号化処理の逆順になります。つまり、**図5**の下のほうから暗号文を入力し、上で平文が出力されます。ただし、それぞれの処理は逆関数となることに注意してください。

SubBytes処理の逆関数

変換テーブルの入力と出力を反対向きに適用

▼表8　ラウンド定数

RC_1	0x01000000
RC_2	0x02000000
RC_3	0x04000000
RC_4	0x08000000
RC_5	0x10000000
RC_6	0x20000000
RC_7	0x40000000
RC_8	0x80000000
RC_9	0x1b000000
RC_{10}	0x36000000

注10）ビットを左にずらして、あふれたビットを反対側に付加する処理のこと。

します。たとえば、0x54が入力されると0xfdが出力されます(**表9**)。AESの仕様書注11では22ページ目に記載されています。

Shift Row処理の逆関数

データ遷移を反対向きに適用します。**図11**の遷移のとおりです。

MixColumns処理の逆関数

逆行列を用い、MixColumns処理と同様に行列計算を行います。逆行列は**図12**のとおりです。

AddRoundKey処理の逆関数

AddRoundKey処理と同様にデータとラウンド鍵とのXOR演算を行います。ラウンド鍵の生成方法もAddRoundKey処理と同様です。ただし、ラウンド鍵を適用する順番は反対になることに注意してください(つまり、128ビット鍵長のAESではk_{10}、k_9、…、k_1、k_0と適用します)。

注11) URL https://nvlpubs.nist.gov/nistpubs/FIPS/NIST.FIPS.197.pdf

ChaCha20

ChaCha20は2008年にDaniel J. Bernsteinによって提案された、鍵長256ビットのストリーム暗号です。2016年からTLSでも利用できるようになりました。TLSではメッセージ認証符号であるPoly1305と組み合わせて使用されます。

ChaCha20のアルゴリズムを**図13**に示します。ChaCha20は入出力512ビットであり列ラウンド関数と対角線ラウンド関数と加算で構成されています。128ビットの定数$Con = (con_0, con_1, con_2, con_3)$、256ビットの秘密鍵$K = (k_0, k_1, k_2, k_3, k_4, k_5, k_6, k_7)$、32ビットのカウンター$c_0$、96ビットのnonce$N = (n_0, n_1, n_2)$を入力とし、32ビットを単位とする16個の要素で構成され

▼表9　S-boxの逆関数

出力値	0x00	0x01	0x02	0x03	～	0x77	～	0xfd	0xfe	0xff
入力値	0x63	0x7c	0x77	0x7b	～	0xfb	～	0x54	0xbb	0x16

▼図11　Shift Row処理の逆関数

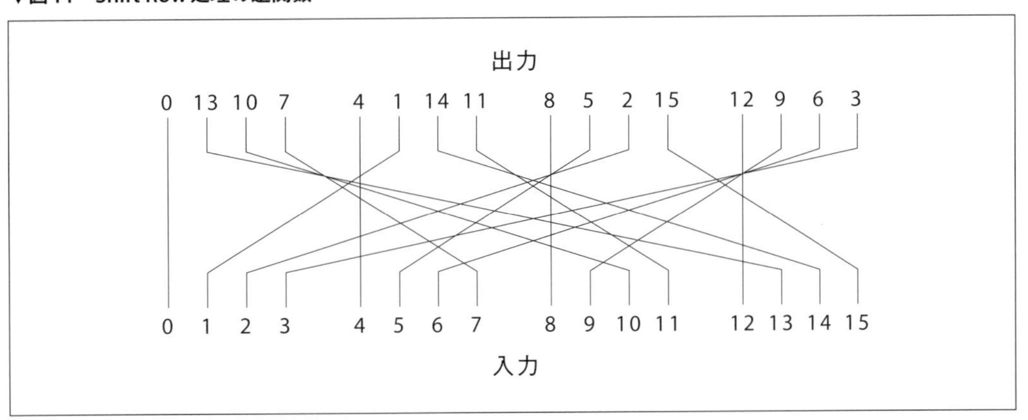

▼図12　MixColumns処理の逆関数

$$
\begin{pmatrix}
x^3+x^2+x & x^3+x+1 & x^3+x^2+1 & x^3+1 \\
x^3+1 & x^3+x^2+x & x^3+x+1 & x^3+x^2+1 \\
x^3+x^2+1 & x^3+1 & x^3+x^2+x & x^3+x+1 \\
x^3+x+1 & x^3+x^2+1 & x^3+1 & x^3+x^2+x
\end{pmatrix}
$$

た4×4の行列Xで表すと、**図14**のようになります。ここで、

con_0 = 0x61707876
con_1 = 0x3320646e
con_2 = 0x79622d32
con_3 = 0x6b206574
カウンターc_0の初期値は0x00000001

入力値が列ラウンド関数と対角線ラウンド関数で処理されたあと、最後に初期状態の入力値と2^{32}を法とした各要素の加算が行われることで、512ビットのキーストリームが出力されます(**図13**)。列ラウンド関数と対角線ラウンド関数は交互に10回ずつ(つまり、計20回)繰り返し適用されます。これがChaCha20の名前の由来です。

暗号化をする際は出力されたキーストリームと平文をXOR演算します。また、暗号化の際に使用した同じキーストリームを暗号文にXOR演算することで復号できます。

列ラウンド関数

列ラウンド関数では、行列Xの列の要素ごとにクォーターラウンド関数の処理を適用し、値を更新します(**図15**)。

対角線ラウンド関数

対角線ラウンド関数では、行列Xの対角線の

▼図13 ChaCha20のアルゴリズム。⊞は2^{32}を法とした32ビットごとの加算であることを示す

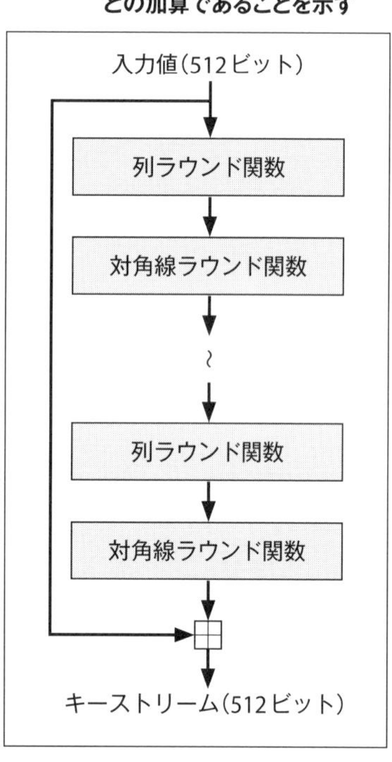

▼図15 列ラウンド関数

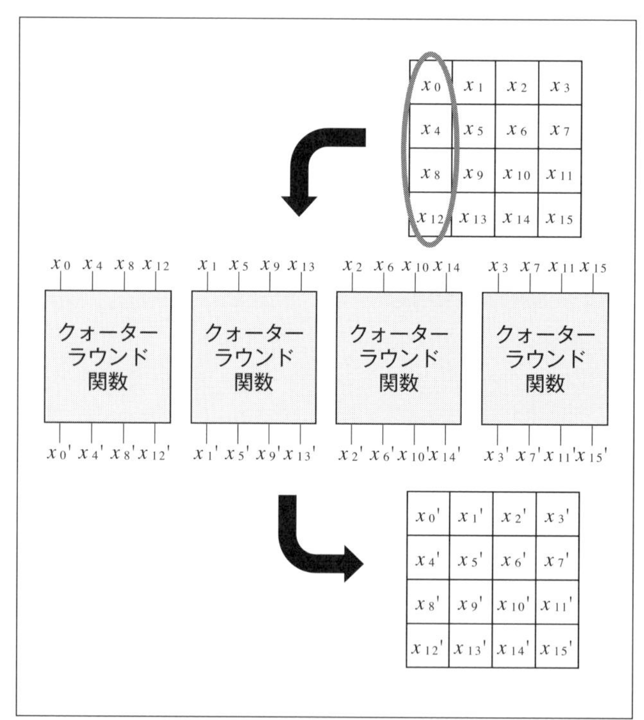

▼図14 ChaCha20の入力

$$\begin{pmatrix} con_0 & con_1 & con_2 & con_3 \\ k_0 & k_1 & k_2 & k_3 \\ k_4 & k_5 & k_6 & k_7 \\ c_0 & n_0 & n_1 & n_2 \end{pmatrix}$$

要素ごとにクォーターラウンド関数の処理を適用し、値を更新します(**図16**)。

クォーターラウンド関数

クォーターラウンド関数は、加算(⊞)、XOR演算(⊕)、左巡回シフト(<<<)で構成されており、入力値を*a*、*b*、*c*、*d*とすると**図17**のように表せます。加算は2^{32}を法として演算を行います。擬似コードで下記のように記載できます。

```
a=a+b; d=d⊕a; d=d <<< 16;
c=c+d; b=b⊕c; b=b <<< 12;
a=a+b; d=d⊕a; d=d <<< 8;
c=c+d; b=b⊕c; b=b <<< 7;
```

暗号アルゴリズムごとの安全性

暗号アルゴリズムにおける安全性は、その暗号アルゴリズムで使用される鍵長で決定されます。コンピュータの性能や解読技術は年々向上しているため、現在安全な鍵長でも将来的には安全でなくなる可能性があることに注意してください。**表10**に暗号アルゴリズムごとの鍵長と暗号強度の比較を示します。FFCのLは公開鍵の鍵長、Nは秘密鍵の鍵長です。NISTの資料によれば2030年までは112ビット以上を推奨、2031年以降は128ビット以上が推奨とされています。SD

▼表10　暗号アルゴリズムごとの鍵長と暗号強度の比較

セキュリティのビット数	共通鍵暗号	IFC(RSA)	FCC(DHなど)	ECC(ECDHなど)
80	80	1,024	L＝1,024 N＝160	160〜223
112	112	2,048	L＝2,048 N＝224	224〜255
128	128	3,072	L＝3,072 N＝256	256〜383
192	192	7,680	L＝7,680 N＝384	384〜511
256	256	15,360	L＝15,360 N＝512	512＋

▼図16　対角線ラウンド関数

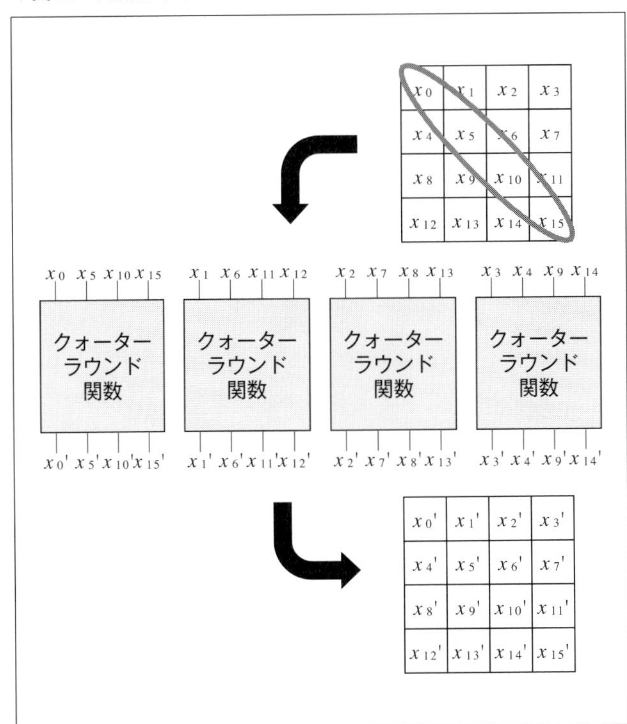

▼図17　クォーターラウンド関数

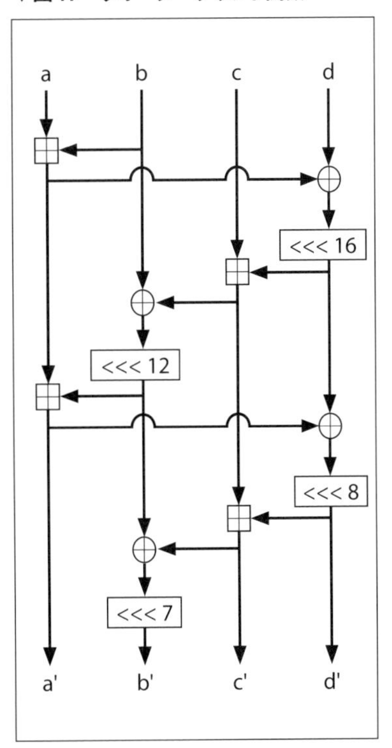

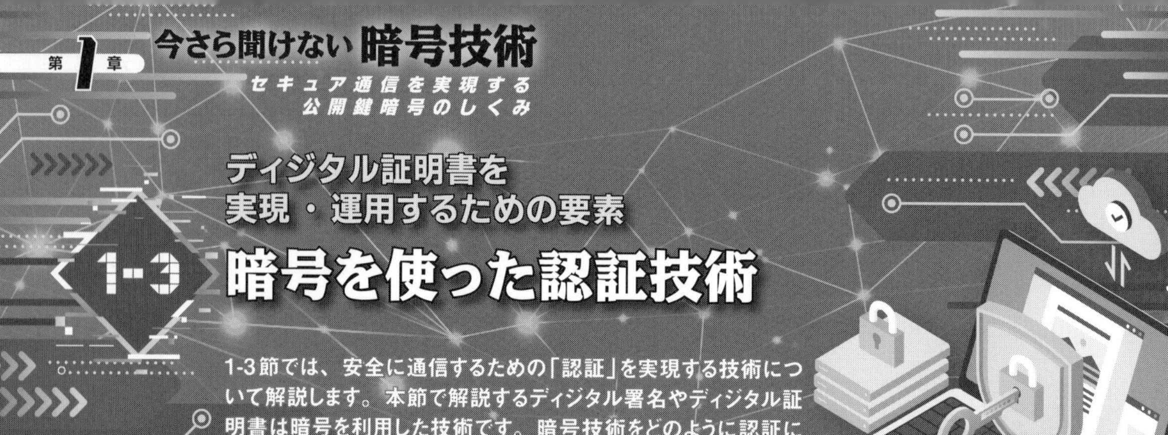

ディジタル証明書を実現・運用するための要素
1-3 暗号を使った認証技術

1-3節では、安全に通信するための「認証」を実現する技術について解説します。本節で解説するディジタル署名やディジタル証明書は暗号を利用した技術です。暗号技術をどのように認証に活用するのか、学んでいきましょう。

Author 庄司 勝哉（しょうじ かつや）
株式会社ラック
サイバー・グリッド・ジャパン
次世代セキュリティ技術研究所

デジタル社会に欠かせない認証技術

「暗号」を使うと、何ができるでしょうか。多くの方は「何らかのデータを対象者以外にわからないようにする」ということを真っ先に思いつくでしょう。つまり、機密性を確保する技術です。しかし、暗号で実現できることはそれだけではありません。前節で解説した暗号の特徴を活かせば認証を実現できます。本節では、暗号を使った認証技術について解説します。

認証の必要性

この節で扱う「認証」という単語について、確認します。認証を一言で説明すると「真正性を確かめること」です。たとえば、あるWebサービスを利用する利用者が正規の利用者であることを確かめることは、認証です。この場合は本人認証、利用者認証、ユーザー認証などと呼ぶこともあるでしょう。

本節では、おもに通信相手の認証について解説します。たとえば、オンラインショッピングサイト大手のAmazonで買い物をしたいとします。AmazonのWebサイトにアクセスしますが、そのWebサイトは本当にAmazonのものでしょうか。Amazonに見せかけた偽のWebサイトに誘導された可能性はないでしょうか。偽のWebサイトへの誘導は、ドメイン名とIPアドレスのひも付けを改ざんするなどにより、実際に行われる可能性があります。もし、偽のWebサイトに個人情報やクレジットカード情報を入力してしまったら、十中八九悪用されてしまうでしょう。そのため、通信相手を認証するしくみが必要になります。通信相手が間違いなくAmazonのWebサイトだと認証できれば、安心して利用できるでしょう。

本節で解説する技術要素

本節の内容について、全体像を示します(**表1**)。まず、通信相手を認証する技術がディジタ

▼表1　本節で扱う技術要素

技術要素	概要
公開鍵暗号	公開鍵と秘密鍵により暗号化を行う暗号方式
メッセージダイジェスト関数	データを短い値に要約する技術
ディジタル署名	データに署名を付けて署名主とデータの完全性を証明する技術
ディジタル証明書	公開鍵の持ち主を証明する技術
PKI（公開鍵基盤）	ディジタル証明書を運用するしくみ（規格や仕様）
SSL/TLS	認証や改ざん検知が可能な、最も利用されている暗号通信のフレームワーク

▼図1　技術要素の関連

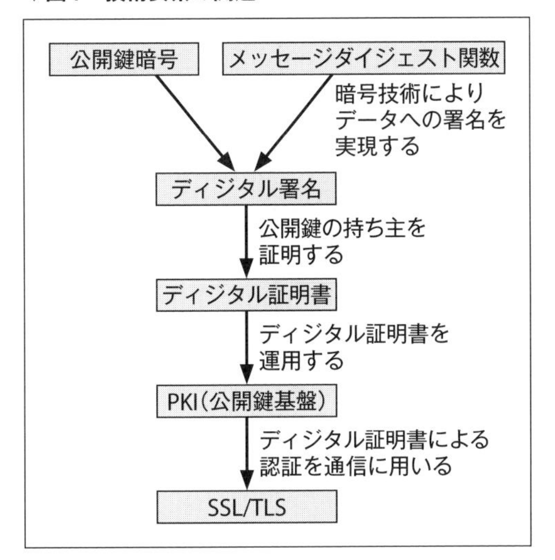

ル証明書です。そして、ディジタル証明書を実現する技術として、公開鍵暗号、メッセージダイジェスト関数、ディジタル署名があります。さらに、ディジタル証明書を実際に運用するためのPKI(公開鍵基盤)やディジタル証明書の実用例としてSSL/TLSがあります。本節では、これらの技術要素について解説していきます(公開鍵暗号については1-2節をご参照ください)。

各技術要素の関連を**図1**に示します。ディジタル証明書は公開鍵の持ち主をディジタル署名で証明します。そして、ディジタル署名は公開鍵暗号とメッセージダイジェスト関数を用いて実現します。さらにディジタル証明書による認証の信頼性を得るため、PKIを構成します。SSL/TLSはPKIによって通信相手の認証を実現します。

メッセージダイジェスト関数によるメッセージの要約

メッセージダイジェスト関数(message digest function)とは、一言でいえば、データを短い値に要約する関数(入力に対して何かしらを出力する一連の処理)です。メッセージダイジェスト関数に入力するデータはメッセージ、出力された値はメッセージダイジェストと呼ばれます。つまり、メッセージダイジェスト関数は名前のとおり、メッセージ(message)を要約(digest)する関数(function)です。メッセージ要約関数、一方向ハッシュ関数、暗号的ハッシュ関数とも呼ばれますが、本節ではメッセージダイジェスト関数に統一します。

メッセージダイジェスト関数はメッセージの完全性(データが改ざんされていないこと)を検証するためによく用いられます。2つのメッセージダイジェストを比較し、同じであれば元のメッセージが同じであると判断できるからです(**図2**)。元のメッセージを使わずに間接的にメッセージを比較することができるため、メッセージダイジェスト関数はパスワード認証における

▼図2　メッセージダイジェスト関数

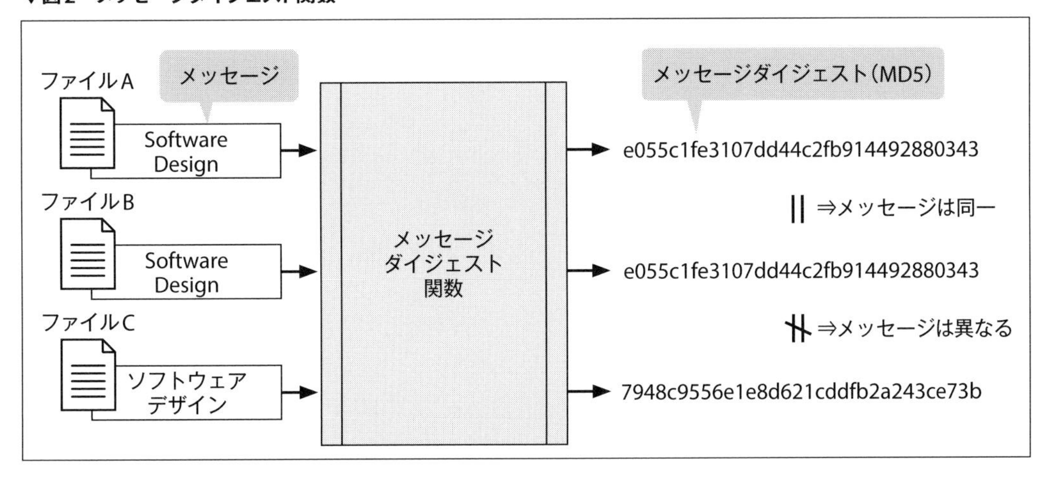

パスワード情報の保管に利用されます。パスワードそのものではなく、パスワードをメッセージダイジェストにして保管し、利用者が入力したパスワードのメッセージダイジェストと比較することでパスワードが一致したかを確認します。もし保管されたメッセージダイジェストが漏洩(ろうえい)しても、メッセージダイジェストから元のメッセージを見つけることが困難であれば、すぐに悪用されることはありません。

メッセージを要約する理由

ここで、あることに疑問を持つ人もいると思います。「どうせ比較するならメッセージを比較すれば良いのではないか？」という疑問です。確かに、メッセージ同士を比較すれば、それらが同じであるか検証できます。メッセージダイジェストが「要約」であることを考えると、むしろ、より正確に検証できるようにも感じます。わざわざ要約して比較するのはなぜでしょうか。それは要約したほうが便利な場面があるからです。

前述のパスワード情報の保管がそのような場面の一例ですが、ほかにもあります。たとえば、作業前に、あるファイルが改ざんされていないことを確認したい場合、メッセージダイジェスト関数を使わないとどうなるでしょう。別のストレージにバックアップしたファイルと比較するという案が考えられます。そうすれば、確かにファイルが改ざんされていないことはわかるでしょう。しかし、これはバックアップしたファイルが改ざんされていないファイルであるという前提があります。つまり、改ざんを確認しなくてもバックアップしたファイルをコピーして作業すれば良い、ということになります。また、ファイルサイズが大きくなるほど、バックアップ用のストレージ容量が必要になりますし、ファイルの比較に時間がかかるという問題もあります。

メッセージダイジェスト関数は一定サイズの短いメッセージダイジェストを出力します。前述の例では、メッセージダイジェストを別のストレージにメモしておき、あらためて出力したメッセージダイジェストと比較することでファイルの改ざん有無を確認することができます。これで、大きなストレージ容量は不要になりますし、比較も高速になります。

メッセージダイジェスト関数の性質

メッセージダイジェスト関数を使ってディジタル署名を作成するにあたって、メッセージダイジェスト関数が持っているべき性質があります。

- メッセージは任意長であり、メッセージダイジェストは固定長(アルゴリズムごとに長さは異なる)である
- 高速に計算できる
- あるメッセージダイジェストと同じメッセージダイジェストとなるメッセージを見つけることが困難である(原像計算困難性)
- メッセージダイジェストが一致するメッセージを見つけ出すことが困難である(衝突発見困難性)

ディジタル署名の解説の中で述べますが、原像計算困難性と衝突発見困難性の性質が十分に得られない場合、ディジタル署名の安全が脅かされることになります。メッセージダイジェスト関数にはいくつかの種類があり、安全に認証するためには、安全とされるメッセージダイジェスト関数を使う必要があります。

次に、原像計算困難性と衝突発見困難性について、解説します。

原像計算困難性

原像計算困難性とは、「あるメッセージダイジェストと同じメッセージダイジェストとなるメッセージを見つけることが困難である」という性質です(**図3**)。これは、メッセージダイジェストから元になったメッセージを見つけることだけを言っているのではありません。任意長であるメッセージよりも固定長のメッセージダイジェストのほうが表現できるデータの数が明らかに少ないため、あるメッセージダイジェスト

▼図3　原像計算困難性

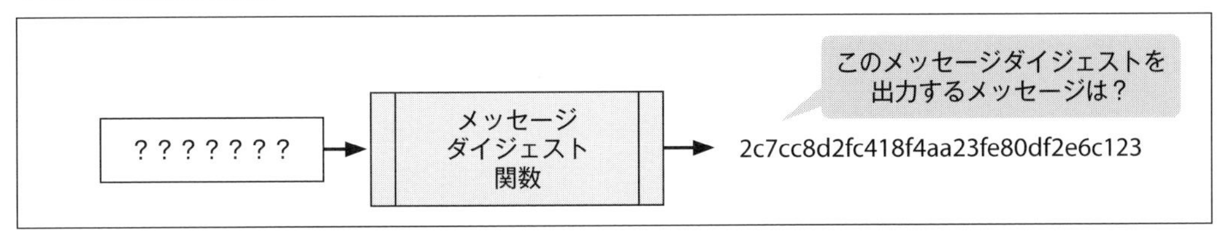

を出力するメッセージは1つとは限りません。あるメッセージダイジェストを出力する複数のメッセージの中から1つでも見つけ出すことが困難であることが求められます。

▼図4　衝突発見困難性

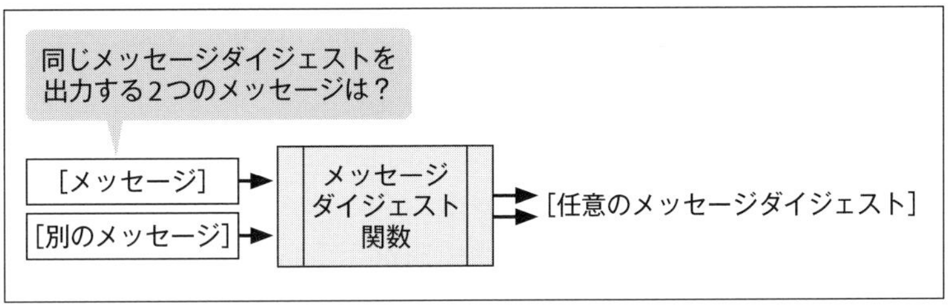

同じメッセージダイジェストを
出力する2つのメッセージは？
[メッセージ]
[別のメッセージ]
メッセージ
ダイジェスト
関数
[任意のメッセージダイジェスト]

衝突発見困難性

衝突発見困難性とは、「メッセージダイジェストが一致するメッセージを見つけ出すことが困難である」という性質です（**図4**）。繰り返しになりますが、あるメッセージダイジェストを出力するメッセージは1つとは限りません。異なるメッセージが同じメッセージダイジェストを出力することがあり、それは「衝突」と呼ばれます。衝突発見困難性は、特定のメッセージダイジェストにこだわらず、衝突するメッセージを見つけ出すことが困難であることを示す性質です。

さまざまなメッセージダイジェスト関数

原像計算困難性や衝突発見困難性が破られる方法が見つかれば、そのメッセージダイジェスト関数はたちまち安全ではなくなってしまいます。そのため、より原像計算困難性や衝突発見困難性に優れたアルゴリズムが次々に考案されています。以下に代表的なメッセージダイジェスト関数を紹介します。

MD4（Message Digest 4）、MD5（Message Digest 5）

MD4とMD5はマサチューセッツ工科大学のRonald Linn Rivest教授が考案したアルゴリズムです。与えられたメッセージに対し、128ビットのメッセージダイジェストを出力します。どちらも衝突発見困難性が破られており、安全なメッセージダイジェスト関数とは言えません。CRYPTREC暗号リスト（1-1節をご参照ください）には記載がなく、推奨されないという扱いになっています。

SHA-1（Secure Hash Algorithm-1）

SHA-1はNIST（National Institute of Standards and Technology）が考案したアルゴリズムです。与えられたメッセージに対し、160ビットのメッセージダイジェストを出力します。衝突発見困難性が破られており、安全なメッセージダイジェスト関数とは言えません。CRYPTREC暗号リストにおいては運用監視暗号リストに入っており、互換性維持以外の目的による利用は推奨されていません。

SHA-2（Secure Hash Algorithm-2）

SHA-2もNISTが考案したアルゴリズムです。SHA-2には、SHA-224、SHA-256、SHA-512/224、SHA-512/256、SHA-384、SHA-512という6種類があります（**表2**）。256ビットのメッセージを出力するSHA-256と512ビットの

▼表2　SHA-2の種類と出力サイズ

SHA-2アルゴリズム	出力サイズ
SHA-224	224ビット
SHA-256	256ビット
SHA-512/224	224ビット
SHA-512/256	256ビット
SHA-384	384ビット
SHA-512	512ビット

メッセージを出力するSHA-512以外は、SHA-256、SHA-512の出力を切り詰めて実現しています。SHA-2に有効な攻撃方法は見つかっておらず、現時点では安全に使えると言えるでしょう。CRYPTREC暗号リストにおいてもSHA-256、SHA-384、SHA-512が電子政府推奨暗号リストに入っており、利用を推奨されています。

RIPEMD-160(RACE Integrity Primitives Evaluation Message Digest)

RIPEMD-160はHans Dobbertin氏、Antoon Bosselaers氏、Bart Preneel氏が考案したアルゴリズムです。与えられたメッセージに対し、160ビットのメッセージダイジェストを出力します。ほかにもRIPEMD-128、RIPEMD-256、RIPEMD-320という種類があり、それぞれ128ビット、256ビット、320ビットのメッセージダイジェストを出力します。RIPEMD-160に有効な攻撃方法は見つかっておらず、現時点では安全に使えると言えるでしょう。ただし、CRYPTREC暗号リストにおいては運用監視暗号リストに入っており、互換性維持以外の目的による利用は推奨されていません。RIPEMD-160はSHA-256とともにビットコインの実装に利用されていることで知られています。

SHA-3(Secure Hash Algorithm-3)

SHA-3はNISTがコンペティション形式で選出したアルゴリズムです。応募があった64のアルゴリズムの中から選ばれたKeccakというアルゴリズムがSHA-3として採用されました。SHA3-224、SHA3-256、SHA3-384、SHA3-512、SHAKE128、SHAKE256の6種類があります。SHAKE128とSHAKE256の出力は可変長であり、それ以外は末尾の数字がビット長です。SHA-3に有効な攻撃方法は見つかっておらず、現時点では安全に使えると言えるでしょう。CYPTREC暗号リストにおいては推奨候補暗号リストに入っており、今後推奨される可能性があります。

代表的なメッセージダイジェストを紹介してきましたが、本節ではアルゴリズムの内容については解説を省略します。いずれもアルゴリズムは公開されているため、興味のある方は調べてみてください。

ディジタル署名による改ざん検知

メッセージダイジェスト関数を利用すると、ディジタル署名を実現できます。ディジタル署名は、一言でいえば、データに署名を付けて署名主とデータの完全性を証明する技術です。

ディジタル署名があると何ができるでしょうか。契約書を通じた契約について考えます。現実世界では、2部用意した契約書にお互い署名(サイン)やハンコを押して、割り印して1部ずつ持つ、といったことが行われます。そうすれば、簡単に書類を改ざんすることも捏造(ねつぞう)することもできません。署名の筆跡やハンコを再現することは難しく、スキャナで電子化して修正する場合でもボールペンやハンコのインクを再現することは難しいと考えられます(よく売られているハンコであれば、同じものを入手することもできますが、そのようなハンコを契約に使うべきではないでしょう)。

では、デジタル世界で同じことをしようとするとどうなるでしょうか。電子データはコピーも修正も簡単です。契約書データを跡を残さず改ざんすることができ、両者が持つ契約書データのどちらが改ざんされたのかを第三者が判別することはできません。タブレットで入力した

▼図5　ディジタル署名の作成と検証（RSAを利用した場合）

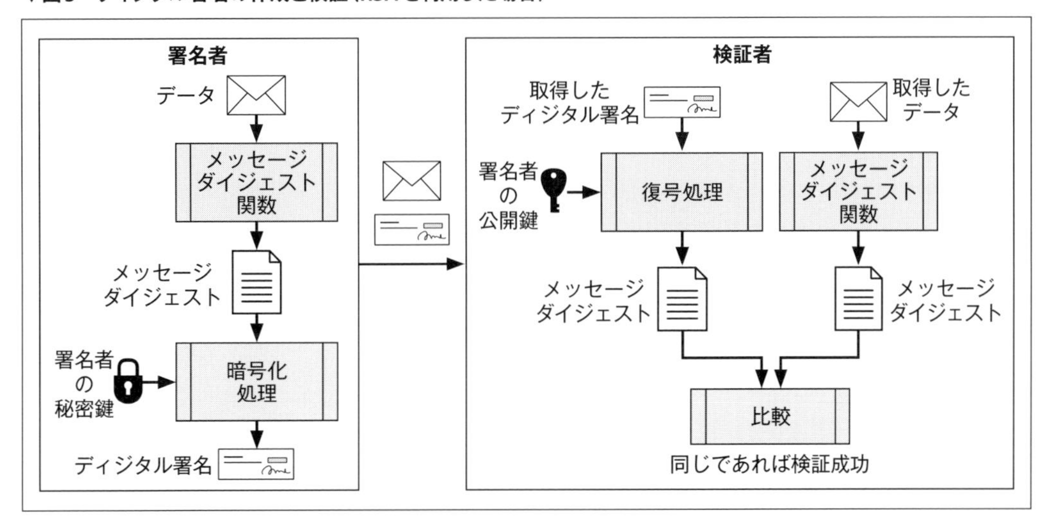

署名などは単なる画像データとして扱えますから、署名を流用して新しい契約書データを捏造することができるでしょう。捏造ができるということは、「その契約書データは捏造されたものだ」と契約を一方的になかったことにしようとする人も出てきます。……滅茶苦茶な状態ですね。ディジタル署名を使えば、契約書データが改ざんされていないことの確認と、契約書データをやりとりした相手の認証を当人だけでなく第三者でも検証できます。また、それは契約を交わしていないと否定することができない（否定の根拠がない）ことも意味します。ちなみに、このように「～していない」と否定の主張をできない状況にすることを否認防止と呼びます。

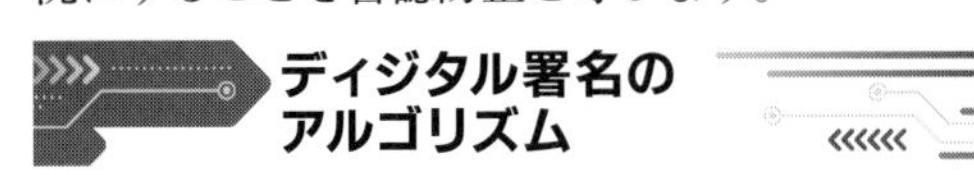

ディジタル署名のアルゴリズム

「データに署名を付ける」と言うのは簡単ですが、どのように実現するのでしょうか。RSAを利用した場合のディジタル署名の作成方法と検証方法を解説します（**図5**）。

まずは署名の作成方法です。署名者は署名したいデータをメッセージダイジェスト関数に入力してメッセージダイジェストを得ます。そして、そのメッセージダイジェストを公開鍵暗号方式で暗号化したものがディジタル署名です。暗号化には署名者の秘密鍵を使います。ディジタル署名は「データに署名を付けて署名主とデータの完全性を証明する技術」と述べましたが、厳密に言えば、署名者の秘密鍵で暗号化したメッセージダイジェストがディジタル署名です。ディジタル署名を検証することで署名主とデータの完全性を証明することができます。

次に署名の検証方法です。検証者は署名の元となったデータとディジタル署名を取得します。取得したディジタル署名は署名者の公開鍵で復号します。取得したデータは署名を作成したときと同じメッセージダイジェスト関数に入力してメッセージダイジェストを得ます。ディジタル署名を復号した結果とデータのメッセージダイジェストを比較し、同じであれば検証は成功です。取得したデータは改ざんされておらず、かつ署名者が署名したデータであることが証明されます。

検証に失敗するパターン

ディジタル署名の検証に失敗するのはどういうときか考えます。1つは、検証者が取得したデータが改ざんされている場合です。取得したデータが変われば、そのメッセージダイジェストは元のデータのメッセージダイジェストとは異なります。そうなると、取得したディジタル署名から得たメッセージダイジェストと同じにはならず、検証に失敗します。このことから、ディジタル署名はデータが改ざんされていないことを確認できます。

復号に使う鍵が間違っている場合も検証に失敗します。ディジタル署名を署名者の秘密鍵に対応する公開鍵以外で復号すると、暗号化前のメッセージダイジェストは得られません。そうすると、前述と同様に、取得したデータから得たメッセージダイジェストと同じにはならず、検証に失敗します。署名者しか知り得ない秘密鍵に対応する公開鍵でなければ検証に失敗するということは、データが間違いなく署名者によって署名されたものであることを証明できるということです。

メッセージダイジェスト関数の重要性

メッセージダイジェスト関数の解説の中で、原像計算困難性と衝突発見困難性の性質が十分でなければディジタル署名が安全ではなくなると述べました。それぞれの性質が得られないときの問題について解説します。

原像計算困難性が得られない場合、つまり、特定のメッセージダイジェストを出力するメッセージを見つけることができる場合を考えます。結論から言うと、この場合はデータの改ざんが可能になります。署名済みのデータを改ざんするとき、署名済みのデータから得られるメッセージダイジェストと同じメッセージダイジェストを出力するデータに改ざんします(**図6**)。すると、検証者がデータから得るメッセージダイジェストは、改ざんがあったにもかかわらず、署名したデータのメッセージダイジェストとまったく同じになります。そのため、ディジタル署名の検証に成功します。

衝突発見困難性の性質が得られない場合、つまり、メッセージダイジェストが同じになる2つのメッセージを見つけることができる場合はどうでしょうか。その場合もデータの改ざんが問題になります。攻撃者はメッセージダイジェストが同じになる2つのメッセージを事前に見つけておきます。そして、メールで誘導するなどして署名者をだまし、見つけておいたメッセージの片方でディジタル署名を作らせます。攻撃者は署名したデータをもう片方のメッセージに改ざんします。この場合も、ディジタル署名の検証に成功しますが、データは改ざんされています。ただし、署名者にディジタル署名を作成させなければならないこと、攻撃者が求める内容のメッセージを得るために手間がかかることから、原像計算困難性が得られない場合よりも攻撃方法は複雑になります。攻撃者が求める内容のメッセージを得る方法の詳細はここでは説明しません。興味があれば、「誕生日攻撃」や「衝突攻撃」をキーワードに調べてみてください。簡単に言えば、改ざん前と改ざん後のデータを大量に用意し、メッセージダイジェストが同じになるメッセージを見つけるという手法です。

メッセージダイジェスト関数で問題が起きるならデータそのものを暗号化してディジタル署名を作れば良いのではないかという疑問を持つ方もいると思います。しかし、それには運用上の問題があります。1つは暗号化と復号に時間

▼図6 署名済みデータの改ざん

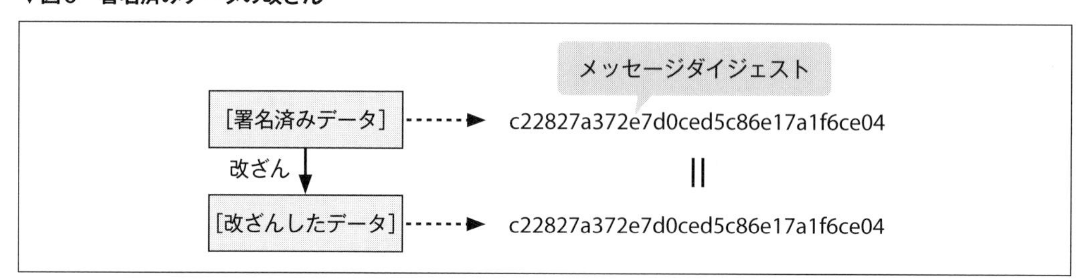

がかかるということです。公開鍵暗号方式は処理に時間がかかるため、データが大きくなるとディジタル署名の作成にも検証にも時間がかかります。さらに、データサイズも問題です。データが大きくなるほどディジタル署名のサイズが大きくなります。ディジタル署名を保存する容量が必要になりますし、通信に時間がかかってしまいます。

ディジタル署名に利用する公開鍵暗号

ディジタル署名の作成と検証には、さまざまな種類がある公開鍵暗号アルゴリズムのいずれかを利用します。公開鍵暗号アルゴリズムの中にはディジタル署名にのみ使われるものもあります。ここではディジタル署名に使われる公開鍵暗号アルゴリズムの代表例を紹介します。

RSA

現在最も普及していると言える公開鍵暗号アルゴリズムです。大きい数を高速に素因数分解することが難しいことを安全性の根拠としています。詳細は1-2節をご参照ください。

DSA(Digital Signature Algorithm)

ディジタル署名にのみ使われる公開鍵暗号アルゴリズムの一種です。離散対数問題[注1]を高速に解くことが難しいことを安全性の根拠としています。

ECDSA(Elliptic Curve Digital Signature Algorithm)

ディジタル署名にのみ使われる公開鍵暗号アルゴリズムの一種です。楕円曲線暗号を用いています。詳細は1-4節をご参照ください。

ここで紹介した公開鍵暗号アルゴリズムは、ディジタル署名に用いる公開鍵暗号として、CRYPTREC暗号リストの電子政府推奨暗号リストに入っており、利用を推奨されています。

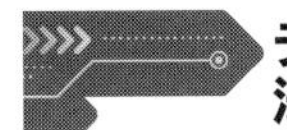

ディジタル署名の法的効力

ディジタル署名は、署名主とデータが改ざんされていないことを証明できることを示しましたが、ディジタル署名は法的に有効なのでしょうか。答えは「YES」です。日本では、電子署名および認証業務に関する法律(電子署名法)の中で、人の知覚によって認識できない方式であっても、署名者を証明でき、データが改ざんされていないことを確認できるものであれば、法的に有効であることが示されています。ディジタル署名はその条件を満たすので、現実世界の署名やハンコと同様の効力があります。

ディジタル署名で認証はできないのか

ディジタル署名は認証を行う技術でしょうか。繰り返しになりますが、ディジタル署名は、署名主とデータが改ざんされていないことを証明できます。つまり、署名に使った秘密鍵の持ち主が署名したことを認証できますし、データを認証(改ざんされていない正規のデータであることを証明)できます。しかし、実際に使うには不十分な面があります。それは、「署名したのは○○さんである」というように、署名主が誰であるかを証明できないことです。言い換えると、○○さんが署名者であるということを認証できないということです。この問題は、ディジタル証明書で解決できます。

ディジタル証明書による認証

ディジタル証明書とは、一言でいえば、公開鍵の持ち主を証明する技術です。より正確に表現すると、公開鍵に対応する秘密鍵の持ち主を証明します(ややこしいので、以後は「公開鍵の持ち主」と表記します)。ディジタル証明書を適切に利用すると、通信相手が正規の相手(本当に

注1) 素数pと定数aが与えられたとき、下記式のyからxを求める問題です。
$y = a^x \bmod p$
効率的に解く方法が見つかっておらず、素数pが大きな数である場合、解答に時間がかかります。

通信したい相手)であるとわかります。現実世界で言えば、運転免許証などの身分証明書のようなものだと考えれば良いでしょう。

ディジタル証明書の構造

ディジタル証明書はディジタル署名を利用した技術です。公開鍵にディジタル署名を付け、シリアル番号、署名者や公開鍵の持ち主の情報、有効期限などが付加されたものがディジタル証明書です(**図7**)。ディジタル証明書によって、公開鍵とその持ち主の情報がひも付けられます。さらに、ディジタル署名が付けられているため、公開鍵の改ざんはできません。そのため、公開鍵の持ち主が誰であるかを認証できます。たとえば、ディジタル証明書で証明された公開鍵とそれに対応する秘密鍵を利用したディジタル署名は、「○○さんが署名したもの」というように署名者を確認することができます。ディジタル証明書に含める情報や形式については標準規格に定められており、X.509という標準規格が最も利用されています。

さて、ディジタル証明書により公開鍵の持ち主を認証できることを解説しましたが、実はここまで解説した内容では、不完全です。どういうことかというと、ディジタル証明書はツールを使って誰でも作ることができるため、公開鍵の持ち主の情報は捏造できます。つまり、なりすましができるため、信頼できないということです。現実世界で言えば、自作の名刺のようなものです。身分証明に使うことはできません。ディジタル証明書を適切に管理・運用し、信用できる身分証明を可能にするためにはPKIを構成します。

▼図7　ディジタル証明書の内容(イメージ)

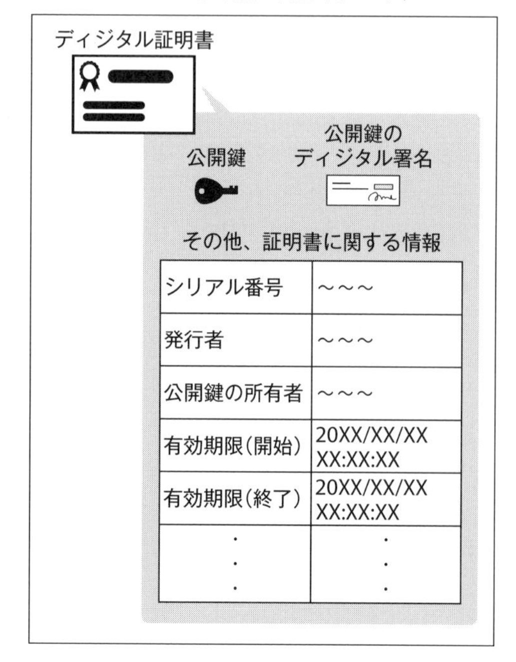

シリアル番号	～～～
発行者	～～～
公開鍵の所有者	～～～
有効期限(開始)	20XX/XX/XX XX:XX:XX
有効期限(終了)	20XX/XX/XX XX:XX:XX
・ ・ ・	・ ・ ・

PKI(公開鍵基盤)

現実世界において、運転免許証を身分証明書として信頼できるのはなぜでしょうか。運転免許証は、都道府県の公安委員会という公的機関が発行します。公的機関が発行しているというだけで安心感がありますね。また、発行や記載事項変更の際には、運転免許センターや警察署で住民票の写しや本人確認書類による記載事項の確認を行います。偽の情報では発行できず、勝手に変更することもできないということです。「信頼された機関がディジタル証明書を適切に管理する」ことが実現できれば、ディジタル証明書は運転免許証のように信頼できるようになります。それを実現するのがPKI(Public-Key Infrastructure：公開鍵基盤)です。

PKIにおいて重要な役割を果たすのが認証局(CA：Certification Authority)とリポジトリです。認証局では、公開鍵の登録やディジタル証明書の発行・失効、本人の認証など、ディジタル証明書の管理と運用を担います。公開鍵の登録と本人の認証は登録局(registration authority)に分担することもあります。リポジトリ(repository)は、ディジタル証明書と、失効されたディジタル証明書のリストである証明書失効リスト(Certificate Revocation List)を保存している場所です。なお、証明書失効リストは英語の頭文字をとってCRLと呼ばれます。本節でもCRLと表記します。

ある利用者がPKIを用いて通信相手を認証する際の基本の流れを解説します(以降の①〜⑤は**図8**内の番号に対応します)。通信相手は事前に認証局に公開鍵の登録とディジタル証明書の発行を申請します(①)。認証局はディジタル証明書を発行し、リポジトリに登録します(②)。利用者は、リポジトリからディジタル証明書と認証局の公開鍵、CRLを取得します(③)。利用者は、そのディジタル署名を認証局の公開鍵で検証します(ディジタル署名は認証局の秘密鍵で作成されています)。さらに、ディジタル証明書の有効期限が切れていないか、CRLに載っていないかを検証します(④)。検証に成功すれば、ディジタル証明書に含まれる公開鍵で通信します(⑤)。

▼図8　PKIを利用した通信相手の認証

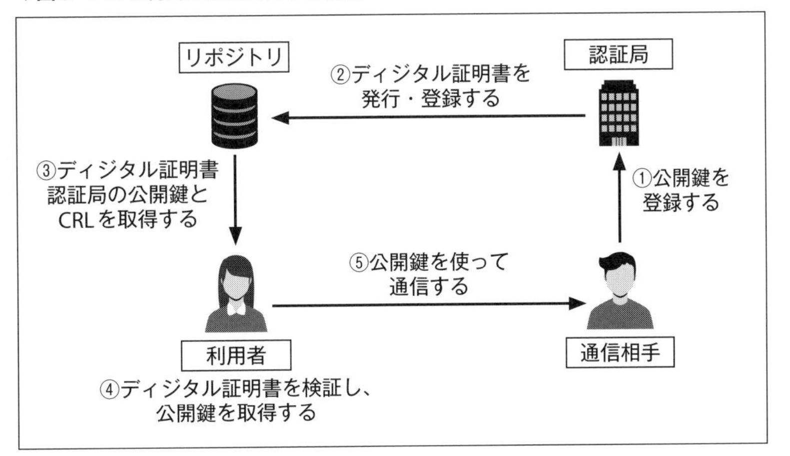

▼図9　OCSPによるディジタル証明書の失効状態確認

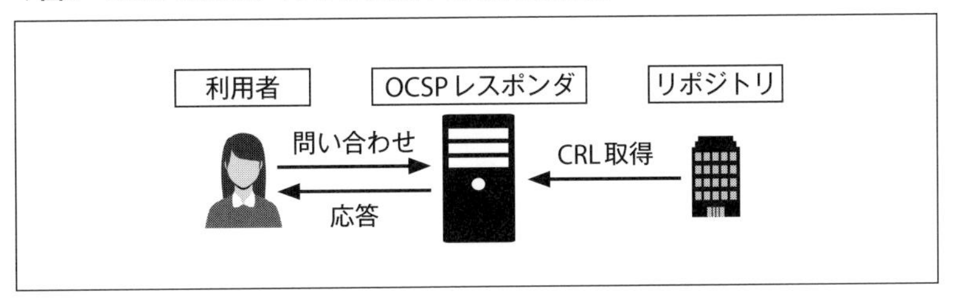

秘密鍵が漏洩し、安全性が失われた場合などには、ディジタル証明書を失効します。ディジタル証明書を失効する際は、ディジタル証明書の所有者(**図8**でいうと通信相手)が認証局に失効を申請します。認証局はリポジトリのCRLにそのディジタル証明書のシリアル番号を登録します。

OCSP

利用者が直接CRLを検証する場合、CRLのサイズが大きく利用者の数が多いと、次のような問題が起きます。

- 利用者のハードディスクやメモリを圧迫する
- ネットワーク帯域を圧迫する
- リポジトリの負荷が高くなる

これらの問題を解決するのがOCSP(Online Certificate Status Protocol)です。OCSPはディジタル証明書の失効状態を確認する通信プロトコルです。OCSPを使う場合、利用者はOCSPレスポンダと呼ばれるサーバにディジタル証明書の失効状態を問い合わせします(**図9**)。OCSPレスポンダはリポジトリから取得したCRLを確認し、ディジタル証明書が失効していない(good)か、失効している(revoked)か、OCSPレスポンダが知らないディジタル証明書である(unknown)か、のいずれかを応答します。OCSPを利用すれば、利用者がCRLを取得する必要はなくなり、リポジトリへのリクエスト量が減るため、前述の問題が解消します。

利用者がOCSPレスポンダと通信しなくても済むOCSPステープリング(OCSP Stapling)というしくみもあります。OCSPステープリングでは、通信相手のサーバがOCSPレスポンダに問い合わせを行い、その応答を利用者に返します。これにより、利用者とOCSPレスポンダ間の通信が発生せず、OCSPレスポンダの負荷軽減やOCSPレスポンダとの通信がボトルネックになることの回避、OCSPレスポンダに通信先の情報が伝わることの回避が可能になります。

認証局による認証の連鎖

PKIでは、公開鍵のディジタル署名を認証局の秘密鍵で発行し、認証局の公開鍵で検証します。認証局が信頼できることがディジタル証明書の信頼性につながります。それでは、認証局の公開鍵が「本当にその認証局の公開鍵である」ことはどのように証明すればいいのでしょうか。認証局は、自身の公開鍵をほかの認証局にディジタル証明書を発行してもらうことで検証できます（**図10**）。そして、認証局のディジタル証明書を発行した認証局は、さらにほかの認証局にディジタル証明書を発行してもらうことができます。

この認証の連鎖の終点となる認証局はルート認証局（ルートCA）と呼ばれます。ルート認証局の公開鍵については、ルート認証局自身がディジタル証明書を発行します。このように自分自身の公開鍵に対するディジタル証明書は自己署名証明書と呼ばれます。ルート認証局の自己署名証明書はルート証明書とも呼ばれます。さらに、ルート認証局以外の認証局は中間認証局（中間CA）、中間認証局自身のディジタル証明書は中間証明書と呼ばれます。

▼図10　認証局による認証の連鎖

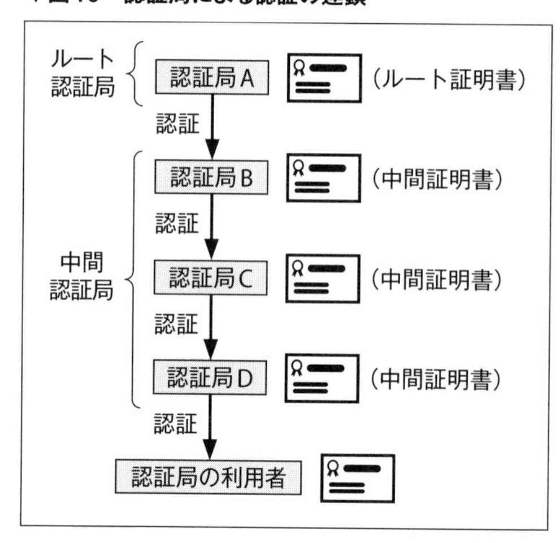

ディジタル証明書の具体例SSL/TLS

Webページにアクセスする際によく利用されるHTTPS（HTTP over SSL/TLS）は、HTTPプロトコルによる通信をSSL/TLS（Secure Socket Layer/Transport Layer Security）によって暗号化し、安全に通信できるようにしたプロトコルです。SSL/TLSでは通信相手の認証にディジタル証明書を利用しています。ここではディジタル証明書を利用した技術の1つとしてSSL/TLSを簡単に紹介します。

SSL/TLSのしくみ

SSL/TLSは、通信データの暗号化だけでなく、データ改ざんの検知や通信相手の認証を行います。ここでは、データ改ざんの検出にメッセージ認証符号、鍵交換にRSAを用いる場合について説明します。

- 通信データの暗号化
  ⇒共通鍵暗号
- データ改ざんの検知
  ⇒メッセージ認証符号（MAC：Message Authentication Code）
- 通信相手の認証
  ⇒ディジタル証明書とPKI

メッセージ認証符号については説明していませんでした。メッセージ認証符号は、通信相手と共有した共通鍵、およびデータ（メッセージ）を使って計算した値です。メッセージ認証符号を使うと、データの改ざんを検知できます。まず送信者は、送信するデータのメッセージ認証符号を計算し、データとともに送信します。受信者は受信したデータのメッセージ認証符号を計算し、受信したメッセージ認証符号と比較す

▼図11 SSL/TLSの概略図

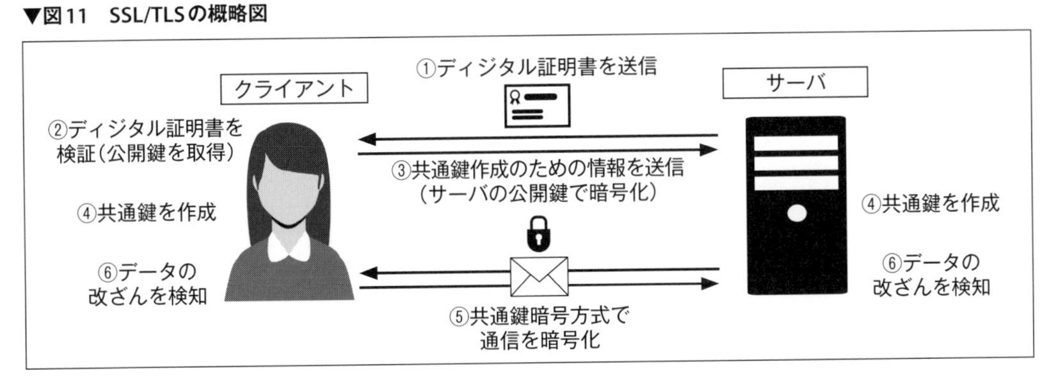

ることでデータの改ざんを検知します。

SSL/TLSに話を戻します(以降の①〜⑥は図11内の番号に対応します)。SSL/TLSでは、まずディジタル証明書による通信相手の認証を行い(①)、通信相手の公開鍵を入手します(もしくは通信相手に公開鍵を渡します。②)。次に公開鍵暗号方式で同じ共通鍵を作成するための情報を共有し(③)、暗号化に使う共通鍵とメッセージ認証符号に使う共通鍵をお互いに作成します(④)。作成した共通鍵を使用して、通信データを暗号化し(⑤)、データ改ざんを検知します(⑥)。

ところで、SSL/TLSの「SSL」と「TLS」はそれぞれどのようなものでしょうか。TLSはSSLの新しいバージョンです。SSL 3.1がTLS 1.0にあたります。ちなみに、現時点での最新はTLS 1.3です。

SSL/TLSへの攻撃

SSL/TLSに対するサイバー攻撃の代表的なものを紹介します。

HeartBleed脆弱性を狙った攻撃

HeartBleed脆弱性は、2014年にOpenSSLという最も普及している暗号通信ライブラリで見つかった脆弱性です。HeartBleed脆弱性はSSL/TLS自体の脆弱性ではなく、OpenSSLの実装不備による脆弱性です。しかし、多くの利用者がいたことから、大きな話題になった脆弱性です。この脆弱性を悪用するとメモリ内のデータを盗み見ることができるため、秘密鍵などの重要な情報が漏洩する危険性があります。

POODLE(Padding Oracle On Downgraded Legacy Encryption)攻撃

POODLE攻撃はSSL 3.0の脆弱性を突いた攻撃です。SSL 3.0に暗号通信の仕様の欠陥があり、攻撃者がその欠陥を利用して通信内容を解読します。この攻撃が見つかったことから、SSL 3.0はすでに安全ではありません。

FREAK(Factoring RSA Export Keys)攻撃

FREAK攻撃は、クライアントとサーバの間に攻撃者が割り込み、強度が弱い公開鍵暗号アルゴリズムを使わせるよう誘導する攻撃です。その公開鍵暗号アルゴリズムを使うと、ほかのアルゴリズムと比べて容易に、公開鍵から秘密鍵を割り出すことができます。秘密鍵がわかれば、暗号化する共通鍵を作り出すための情報が筒抜けになり、攻撃者が通信内容を復号できます。

これらのほかにも、ディジタル署名に使うメッセージダイジェスト関数や公開鍵暗号アルゴリズム、共通鍵暗号アルゴリズムなどに脆弱性が見つかれば、それを利用するSSL/TLSでも悪用されてしまいます。安全な通信を実現するためには、安全なアルゴリズムや鍵長を選択する必要があることに注意します。SD

電子署名のプロセスを体験

1-4 Pythonによる楕円曲線暗号の実装

SSHやTLS、ブロックチェーンなどには、楕円曲線を使った暗号技術が実装されています。この方法は、RSA暗号と比べて短い鍵長で同等の安全性を確保できます。本節では、楕円曲線を使った「鍵共有」と「署名」の実装を通して、暗号技術への理解を深めます。

Author 光成 滋生（みつなり しげお）
サイボウズ・ラボ株式会社
Twitter @herumi GitHub @herumi

はじめに

この節では楕円曲線を用いた鍵共有や署名をPythonで実装します。実装するために必要な数学は随時解説します。動作確認はPython 3.8.10で行いました。コードは動作原理を理解するためのものであり、細かいエラー処理などはしていません。プロダクト製品などで利用できるものではないことをご了承ください。

用語のおさらい

楕円曲線暗号の位置づけ

最初に用語の確認をします。「暗号」は複数の意味で使われます。1つは「データを秘匿化するために、他人に読めない形にする暗号化(Encryption)」です。もう1つは、暗号化だけでなく、鍵共有や署名などの真正性や認証などを含む暗号技術全般を指す暗号(Cryptography)です。同様に公開鍵暗号も複数の意味で使われ、「公開鍵を使って暗号化し、秘密鍵で復号する」公開鍵暗号(Public Key Encryption、PKE)や「公開情報と秘密情報を組み合わせた暗号技術全般」を指す公開鍵暗号(Public Key Cryptography、PKC)などがあります。両者を区別したいときはPKEを公開鍵暗号方式、PKCを公開鍵暗号技術などと言うことがありますが、確定しているとは言えません。楕円曲線暗号は英語ではElliptic Curve Cryptography(ECC)と言い、楕円曲線(Elliptic Curve、EC)を使った暗号技術全般を指します。TLSやSSH、FIDO2、ブロックチェーンなどでは楕円曲線を使った鍵共有や署名が使われます。

意外かもしれませんが身近なところで楕円曲線が「暗号化」を意味するPKEで使われることはほとんどありません。CRYPTREC(CRYPTography Research and Evaluation Committees)[注1]が提示している電子政府推奨暗号リスト[注2]を見ても、公開鍵暗号の守秘(暗号化)で推奨されているのはRSA暗号ベースのRSA-OAEPだけで楕円曲線ベースのものはありません。楕円曲線を使った署名の説明で「暗号化」の言葉が出てきたらそれは通常間違っているのでご注意ください。

この節で実装するのは鍵共有と署名です(**図1**)。

DH鍵共有

1-2節で説明したDH鍵共有をPythonを使いながら復習します(**リスト1**)。

アリスとボブで鍵共有をする場合、あらかじめ利用する素数pと整数gを決めておきます。ここでは$p = 65537$と$g = 3$としましょう。そして

注1) https://www.cryptrec.go.jp/
注2) https://www.cryptrec.go.jp/list.html

▼図1　暗号技術の分類

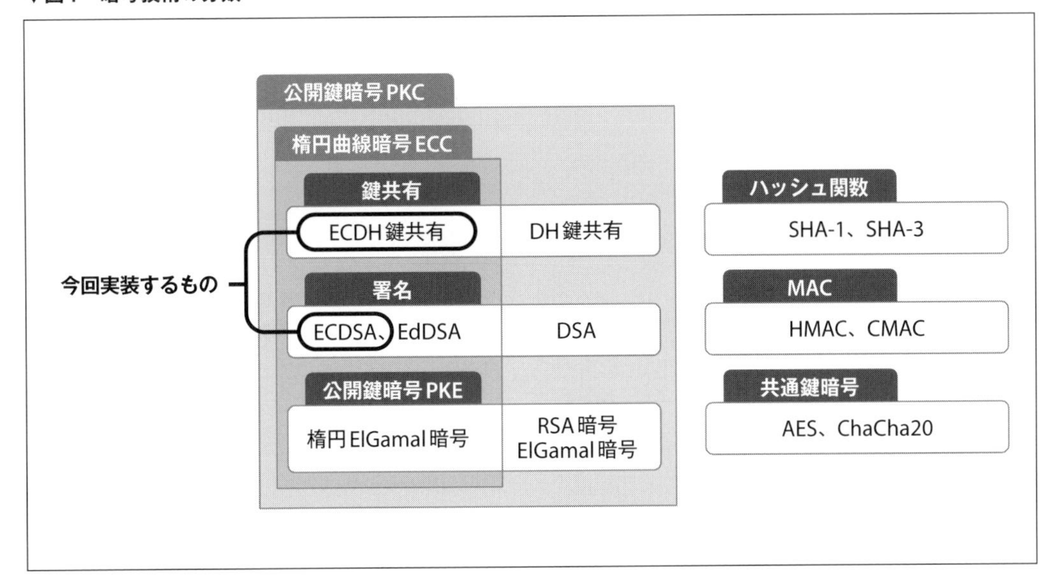

▼リスト1　DH鍵共有（dh.py）

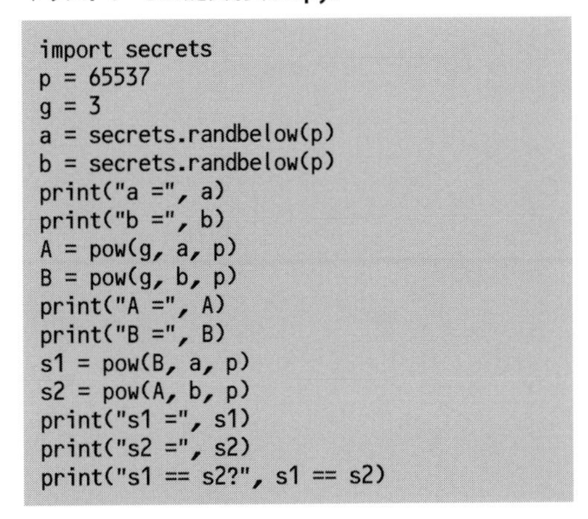

```
import secrets
p = 65537
g = 3
a = secrets.randbelow(p)
b = secrets.randbelow(p)
print("a =", a)
print("b =", b)
A = pow(g, a, p)
B = pow(g, b, p)
print("A =", A)
print("B =", B)
s1 = pow(B, a, p)
s2 = pow(A, b, p)
print("s1 =", s1)
print("s2 =", s2)
print("s1 == s2?", s1 == s2)
```

アリスとボブがそれぞれ秘密の値aとbをランダムに選びます。Pythonではsecrets.randbelow(p)で0以上p未満の乱数を取得できます。secretsは暗号学的に安全な乱数を生成するモジュールです。

次にアリスとボブはそれぞれ$A = g^a \bmod p$と$B = g^b \bmod p$を計算します。mod pはpで割った余りを表します。掛け算やべき乗のmod pを求めるのは容易です（**図2**）。Pythonではpow(g, a, p)を使うとAを計算できます。powの第3引数はその数で割った余りを求めます。

▼図2　べき乗（mod pは省略）

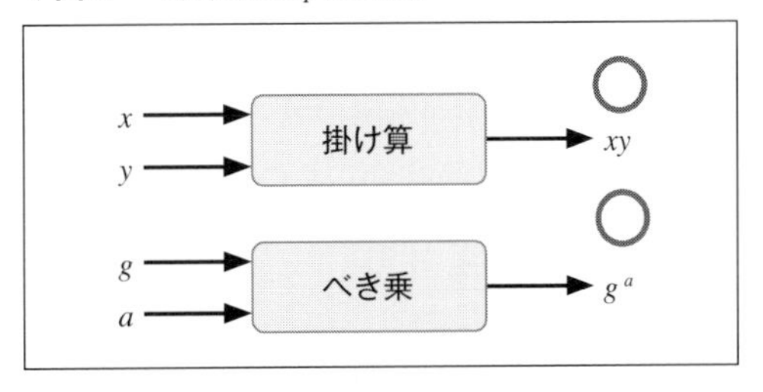

▼図3　実行例（実行するたび変わります）

```
a = 37562
b = 4823
A = 64643
B = 38750
s1 = 59475
s2 = 59475
s1 == s2? True
```

アリスがAをボブに、ボブがBをアリスに渡して$s_1 = B^a \bmod p$と$s_2 = A^b \bmod p$を計算するとそれらが一致することで鍵共有が行われるのでした（**図3**）。

DH鍵共有の安全性

DH鍵共有の通信を盗聴している攻撃者は素数pや整数gとAやBも入手できます。したがってまずgとpと$A = g^a \bmod p$から秘密の値aが求

▼図4　DLPとDHPの困難性

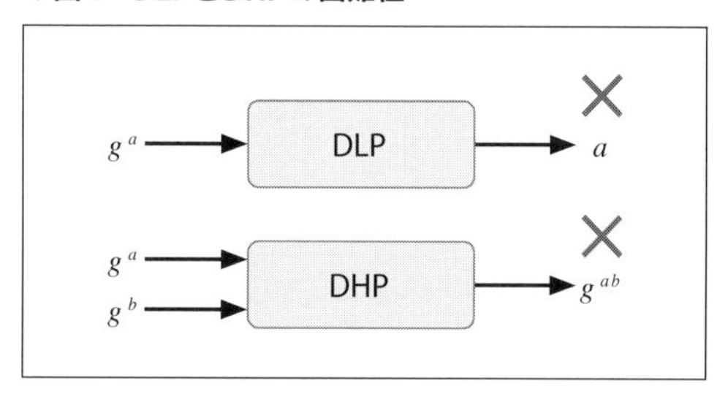

▼図5　楕円曲線とその上の点

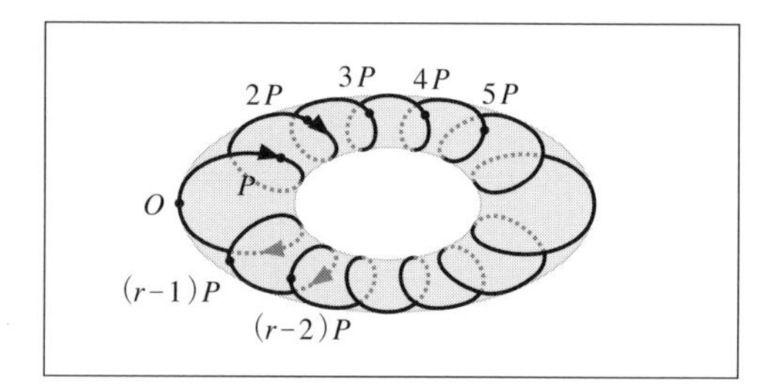

▼図6　楕円曲線の点の演算

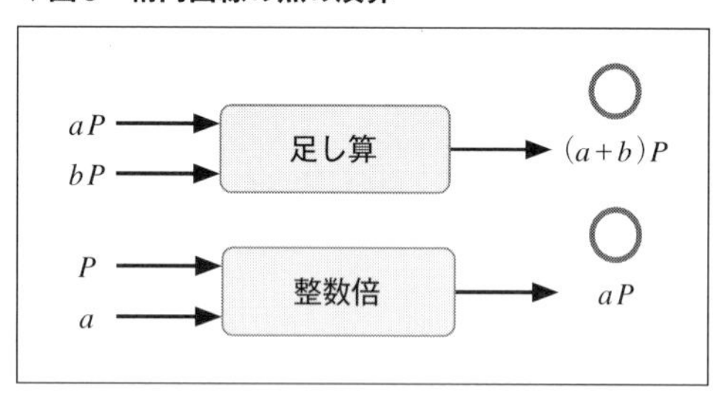

▼図7　ECDLPとECDHPの困難性

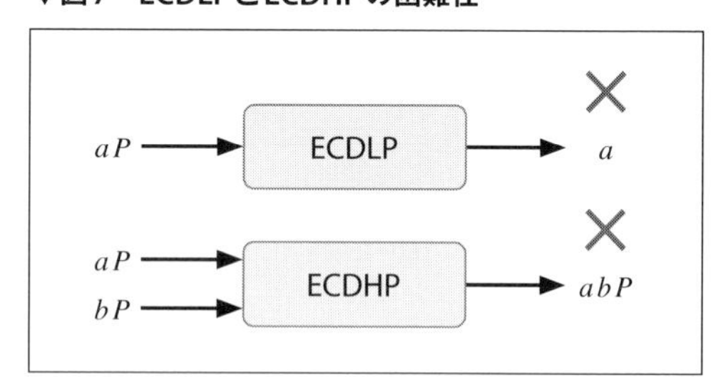

められては困ります。この性質をDLP(Discrete Logarithm Problem、離散対数問題)の困難性といいます。次にDLPが解けなくてもgとpとAとBから$g^{ab} \bmod p$が求められても困ります。この性質をDHP(DH Problem、DH問題)の困難性といいます。安全にDH鍵共有をするにはDHPの困難性が求められます(**図4**)。

楕円曲線暗号

楕円曲線

前項で紹介したようにDH鍵共有はDLPやDHPなどの困難性を利用した方式でした。似た性質を持つ困難性があれば、それを利用して暗号を作れる可能性があります。その1つが近年普及している楕円曲線です。

楕円曲線のイメージは浮輪の表面(これをトーラスと言います)です。そのトーラスには糸が巻きついていて、r個のO、P、$2P$、$3P$、…、$(r-1)P$という印(点)があります。rPはOに戻って巻きついた糸は1つの輪になっています(**図5**)。そしてこれらの点に対して$aP + bP = (a + b \pmod r)P$という演算が定義されています($a$、$b$は整数)。

ECDLPとECDHP

楕円曲線上でDLPやDHPに相当する問題を考えます。DLPやDHPは掛け算やべき乗算で表現されていましたが、楕円曲線上では点の足し算や整数倍で表現します(**図6**)。

点PとaPが与えられたときにaを求める問題をECDLP(楕円離散対数問題)といいます。同様にPとaPとbPが与えられたときにabPを求める問題をECDHP(楕円DH問題)といいます(**図7**)。

楕円曲線のパラメータを適切に取るとECDLPやECDHPが困難であることが知られています。楕円曲線を使うと、今までのDH鍵共有に比べてずっと少ないビット長でより高い安全性を達成できます。具体的には2048ビットの素数のDH鍵共有よりも256ビットの楕円曲線を使ったDH鍵共有のほうが安全です。

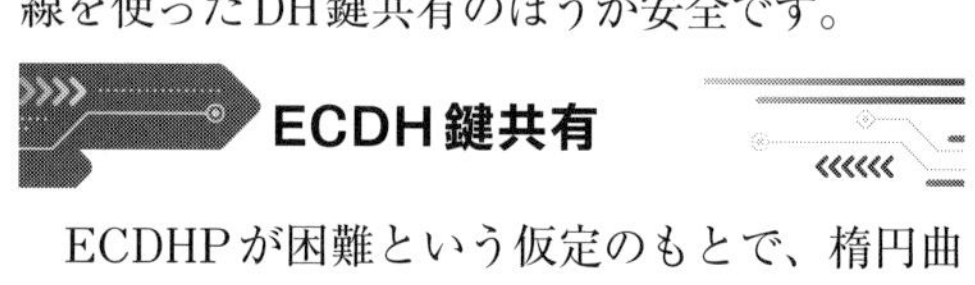

ECDH鍵共有

ECDHPが困難という仮定のもとで、楕円曲線版のDH鍵共有ができます。これをECDH鍵共有といいます(**図8**)。

▼図8 ECDH鍵共有

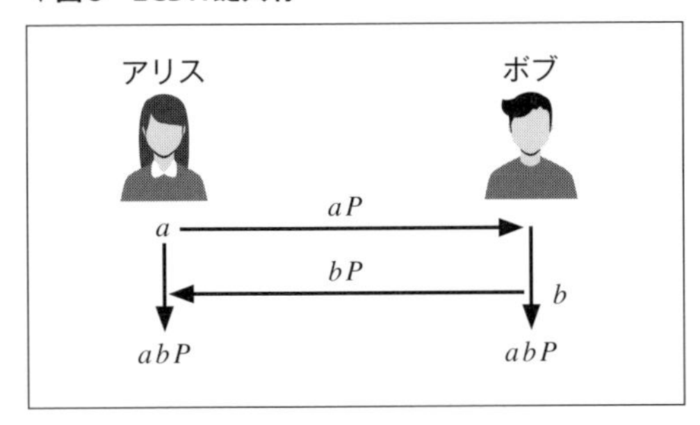

1. アリスが乱数aを選びaPをボブに送る
2. ボブが乱数bを選びbPをアリスに送る
3. アリスは$a(bP)=abP$を計算する
4. ボブは$b(aP)=abP$を計算する

$abP = baP$が成り立つので秘密の値abPを共有でき、それからAESなどの秘密鍵を作ります。TLSにおけるECDH鍵共有の利用方法については拙著『図解即戦力 暗号と認証のしくみと理論がこれ1冊でしっかりわかる教科書』注3をご参照ください。

楕円曲線の実装

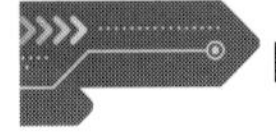

ECDH鍵共有の例

まず全体像を把握するために、楕円曲線クラスEcを使ったECDH鍵共有の例を見ましょう（リスト2）。

詳細は後述しますが、楕円曲線の点は2個の整数の組(x, y)で表され、点同士の加減算や整数倍のメソッドがあります。サンプルの中でFrは

注3） 光成滋生 著、技術評論社、2021年

▼リスト2 ECDH鍵共有の例（ecdh.py）

```
from ec import Ec, Fr
from ec import initSecp256k1

P = initSecp256k1()
a = Fr()
b = Fr()
a.setRand()
b.setRand()
print(f"a={a}")
print(f"b={b}")
aP = P * a
bP = P * b
baP = aP * b
abP = bP * a
print(f"baP={baP}")
print(f"abP={abP}")
print(f"baP == abP? {baP == abP}")
```

素数r未満の整数を表します。initSecp256k1()で、楕円曲線でよく使われるsecp256k1というパラメータで初期化します。関数の戻り値は楕円曲線の点です。

そして、Fr.setRand()というメソッドで乱数を1個選びます。内部では「DH鍵共有」（p.40）で紹介したsecrets.randbelowを呼んでいるだけです。

aP = P * aが楕円曲線の点を秘密の値a倍するアリスの作業、bP = P * bがb倍するボブの作業です。そのあと、アリスがaPを、ボブがbPを相手に渡し、abP = bP * aでアリスがabPを、baP = aP * bでボブがbaPを計算しています。

最後にそれぞれの値を表示して$abP == baP$を確認しています（図9）。楕円曲線クラスの使い方が伝わったでしょうか。

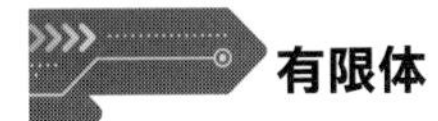
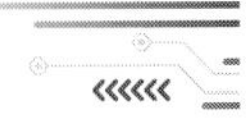

有限体

さて、これからいよいよ楕円曲線の実装に入

▼図9 ECDH鍵共有の結果

```
a=0x374a3960204d5170e615181dec9f8b40810a88f81af9f66e8bc096260beb1444
b=0x1ba9a286dcfbb544fd2ba4d163a1a6dc8bdb3eecbe08779082aa8052194cc129
baP=(0x6c86ae1d8a0b3e0311c02064668854687d4fc00e6c642716669cf6ce7ac97f76, ⏎
0xed9e0d8d69dce6be870276954 7ba9edc693bb18e026d09f811a5f96598a51aa9)
abP=(0x6c86ae1d8a0b3e0311c02064668854687d4fc00e6c642716669cf6ce7ac97f76, ⏎
0xed9e0d8d69dce6be870276954 7ba9edc693bb18e026d09f811a5f96598a51aa9)
baP == abP? True
```

▼リスト3　有限体クラスの初期化(fp1.py)

```
class Fp:
    @classmethod
    def init(cls, p):
        cls.p = p
```

▼リスト4　有限体クラスのadd、sub、mul(fp2.py)

```
class Fp:
    (..略..)
    # 値を設定する
    def __init__(self, v=0):
        self.v = v % Fp.p
    def __add__(self, rhs):
        return Fp(self.v + rhs.v)
    def __sub__(self, rhs):
        return Fp(self.v - rhs.v)
    def __mul__(self, rhs):
        return Fp(self.v * rhs.v)
```

ります。そのためには有限体(ゆうげんたい)という概念が必要です。

四則演算ができる集合を体(たい)と言います。分数(有理数)の集合や実数の集合は四則演算の結果も分数や実数です。そのため有理数体や実数体といいます。今回扱うのは有限個の集合からなる体ですので有限体と言います。

従来のDH鍵共有では掛け算やべき乗算のあとにpで割っていました。ここでは素数pで割った余りの集合$\{0, 1, 2, \cdots, p-1\}$に四則演算を導入して有限体にしたものを有限体クラスFpとします。

有限体の加減乗算

有限体クラスは素数pをクラス変数として持ちます。その値を設定するメソッドをinit(p)としましょう(**リスト3**)。

四則演算のうち、足し算、引き算、掛け算は普通に演算をしたあとpで割ればよいので簡単です。メンバ変数はvとしましょう(**リスト4**)。

有限体の除算

有限体の割り算はちょっと頭をひねります。整数aの普通の逆数は$1/a$ですので分数となり、整数で表せないからです。そのためこの方法では体になりません。

▼リスト5　有限体クラスのinv(fp-inv.py)

```
def inv(self):
    v = self.v
    if v == 0:
        raise Exception("zero inv")
    p = Fp.p
    return Fp(pow(v, p-2, p))
```

▼リスト6　有限体クラスの除算(fp-div.py)

```
def __truediv__(self, rhs):
    return self * rhs.inv()
```

そこで割り算の定義を少し変えます。$X = 1/a$というのは$(a \times X) \bmod p = 1$ということですので、「aに掛けてpで割った余りが1になる整数」Xをaの逆数と考えます。たとえば$p = 7$、$a = 3$のとき、$3 \times 5 = 15 \equiv 1 \pmod 7$ですので$X = 1/3 = 5$とみなすのです。

このようなXを探す方法はいくつかありますが、ここではフェルマーの小定理を使います。フェルマーの小定理とは、素数pと1以上p未満の整数aに対してaを$p-1$乗してpで割ったら余りは1になるという定理：

$$a^{p-1} \equiv 1 \pmod p$$

です。RSA暗号で登場するのでご存じの方もいらっしゃるかもしれません。ここではこの定理を認めて先に進めます。$p > 2$のとき、この式を、

$$a(a^{p-2}) \equiv 1 \pmod p$$

と変形します。$X = a^{p-2}$とすると、これは$aX \equiv 1 \pmod p$を意味します。つまりXはaの逆数と思えるのです。

PythonではXはpow(a, p-2, p)で計算できました。0の逆数は普通の数と同じく存在しないのでエラーにします(**リスト5**)。

逆数ができれば割り算a / bはa * (1/b)で計算できます(**リスト6**)。

実際に$p = 7$のとき1 * (5/1) = 5, 2 *

▼リスト7　除算の例（inv-sample.py）

```
from fp import Fp

p = 7
Fp.init(p)
a = Fp(5)
for i in range(1, p):
    x = Fp(i)
    r = a / x
    print(f"{x}*{r}={x*r}")
```

▼図10　除算の例の結果

(5/2) = 5, 3 * (5/3) = 5,……となることを確認してみましょう（**リスト7**）。期待する結果になっています（**図10**）。

楕円曲線の点

有限体クラスを実装できたので次は楕円曲線クラスEcを実装します。楕円曲線は有限体Fpとその値aとbで決まります。楕円曲線クラスは「楕円曲線」項で紹介したようにr個の点0、P、$2P$、…からなる集合です。

secp256k1はTLSやビットコインで使われる楕円曲線のパラメータで、

$$a = 0$$
$$b = 7$$
$$p = 2^{256} - 2^{32} - 2^9 - 2^8 - 2^7 - 2^6 - 2^4 - 1$$
$$r = \mathrm{0xfffffffffffffffffffffffffffffffebaaedce6af48a03bbfd25e8cd0364141}$$

となっています[注4]。

それらの値をクラスメソッドinitで設定します（**リスト8**）。

楕円曲線の点は2個のFpの要素で表現できます。$P = (x, y)$、ただし、Oは整数の0に相当する特別な点（以降0と表示する）で場合分けが必要です。そのためメンバ変数としてx、yのほかに0か否かを表すフラグisZeroを用意します。(x, y)は方程式$y^2 = x^3 + ax + b$を満たさなければなりません。

値が正しいか否かを確認するisValidメソッドを用意しましょう。isZeroがTrueのときはTrueです（**リスト9**）。

▼リスト8　Ec::init（ec-const.py）

```
class Ec:
    @classmethod
    def init(cls, a, b, r):
        cls.a = a
        cls.b = b
        cls.r = r
```

▼リスト9　Ec::isValid（ec-isvalid.py）

```
def isValid(self):
    if self.isZero:
        return True
    a = self.a
    b = self.b
    x = self.x
    y = self.y
    return y*y == (x*x+a)*x+b
```

楕円曲線の点の足し算

楕円曲線の点の足し算、引き算の規則を紹介します。まず点0と任意の点Pに対して$P + 0 = 0 + P = P$とします。また$P = (x_1, y_1)$のとき、$-P = (x_1, -y_1)$と定義します。点のマイナスはy座標の値の符号を反転します。Pと$-P$を足すと常に0です。$P + (-P) = 0$。そして一般の点$P = (x_1, y_1)$と$Q = (x_2, y_2)$について$R = (x_3, y_3) = P + Q$は次の計算をします。

$$L := \begin{cases} \dfrac{y_2 - y_1}{x_2 - x_1} & (x_1 \neq x_2), \\ \dfrac{3x_1^2 + a}{2y_1} & (x_1 = x_2), \end{cases}$$

$$x_3 := L^2 - (x_1 + x_2),$$
$$y_3 := L(x_1 - x_3) - y_1.$$

式は複雑ですが、四則計算だけですので「有限

注4）　http://www.secg.org/sec2-v2.pdf

▼リスト10　Ec::add (ec-add.py)

```
def __add__(self, rhs):
    if self.isZero:
        return rhs
    if rhs.isZero:
        return self
    x1 = self.x
    y1 = self.y
    x2 = rhs.x
    y2 = rhs.y
    if x1 == x2:
        # P+(-P)=0
        if y1 == -y2:
            return Ec()
        # dbl
        L = x1 * x1
        L = (L + L + L + self.a) / (y1 + y1)
    else:
        L = (y1 - y2) / (x1 - x2)
    x3 = L * L - (x1 + x2)
    y3 = L * (x1 - x3) - y1
    return Ec(x3, y3, False)
```

体」項で実装した有限体を使って計算できます。なぜこんな式が現れるのかについてはたとえば拙著『クラウドを支えるこれからの暗号技術』[注5]などをご参照ください。この式をそのままPythonで実装します(**リスト10**)。

楕円曲線の点の整数倍

最後に楕円曲線の点の整数倍を実装します。n倍のPを$2P = P + P$、$3P = 2P + P$、$4P = 3P + P$と逐次的に求めようとすると、nが256ビット整数のときは宇宙が滅亡してもまったく終わりません。そこで効率の良い方法を紹介します。

$n = 11 = 0b1011$(2進数表記)とすると、

$$0b1011 = 0b1010 + 1 = (2 \times 0b101) + 1$$

となるので、

$$\begin{aligned} Q &= 0b1011P = (2 \times 0b101 + 1)P \\ &= 2(0b101\,P) + P \end{aligned}$$

と表せます。次に0b101Pに対して同様のことを再帰的に繰り返すと、

▼リスト11　Ec::mul (ec-mul.py)

```
def __mul__(self, rhs):
    if rhs == 0:
        return Ec()
    bs = bin(rhs)[2:]
    ret = Ec()
    for b in bs:
        ret += ret
        if b == '1':
            ret += self
    return ret
```

$$\begin{aligned} Q &= 2(0b101P) + P \\ &= 2(2(0b10P) + P) + P \\ &= 2(2(2P) + P) + P \end{aligned}$$

つまりnを2進数で表したとき、点Pの上位kビット倍が求まったら、その値を2倍して次のビットが1ならPを足すことで$k + 1$ビット倍が求まり、それを繰り返すのです。この方法では、ループ回数はnのビット長になるので256ビット整数でも高々256回のループで完了します。

Pythonで実装するには、まずnをbin(n)で2進数表記し、0b…で始まる最初2文字を取り除いた0と1からなる文字列に対してループさせます(**リスト11**)。

以上でECDH鍵共有に必要なメソッドの実装が完了しました。

ECDSAの実装

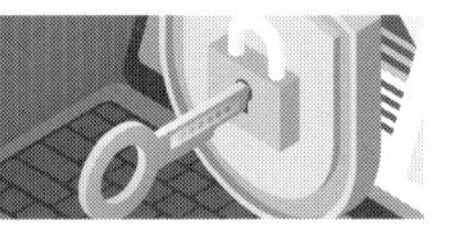

最後に楕円曲線を用いた署名の1つであるECDSAを実装しましょう。

署名の概要

署名は鍵生成、署名(sign)、検証(verify)の3個のアルゴリズムからなります。鍵生成ではアリスが署名鍵sと検証鍵Sを生成します。署名鍵sは自分だけの秘密の値ですので秘密鍵、検証鍵Sは他人に渡して使ってもらう鍵ですので公開鍵ともいいます。signは署名したいデータmに対して署名鍵sで署名と呼ばれるデータσを作

注5) 光成滋生 著、秀和システム、2015年
https://herumi.github.io/ango/でPDFを無料公開しています。

▼**図11　署名**

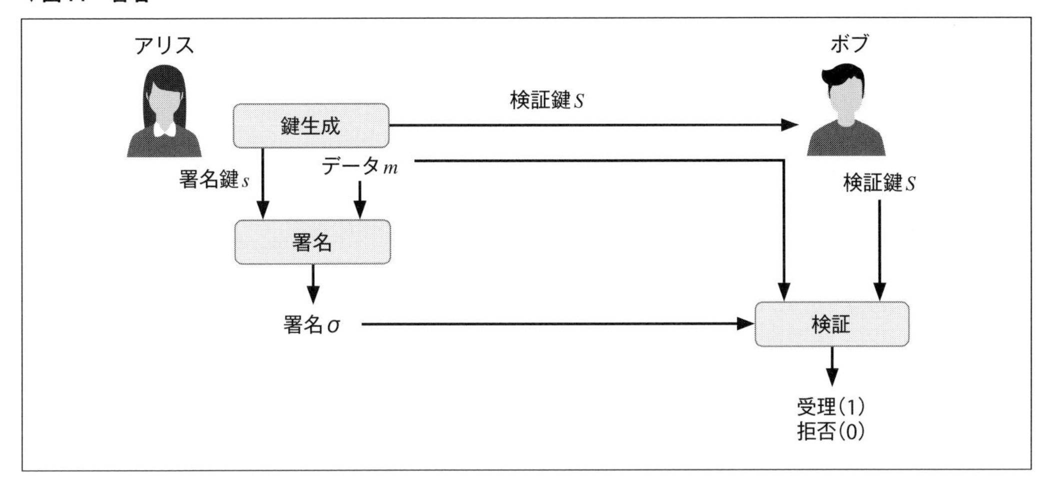

▼**図12　ECDSA**

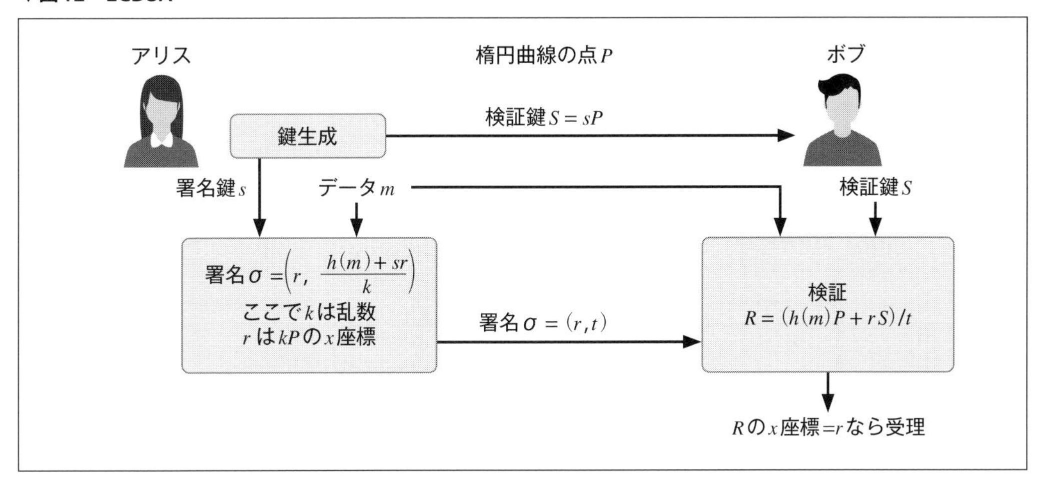

ります(**図11**)。secp256k1曲線の場合は2個の256ビット整数からなる512ビットの固定長データです。

データmと署名σのペアを他人(ボブ)に渡します。ボブは検証鍵Sを使って(m, σ)の正しさを確認し、受理か拒否します。

ECDSAの鍵生成

ECDSAの鍵生成アルゴリズムは**図12**のとおりです。まずアリスがFrの中から乱数sを1つとり、これを署名鍵とします。そして点Pをs倍した$S = sP$を検証鍵とします(**リスト12**)。ECDLPの困難性により検証鍵から署名鍵は求まりません。

▼**リスト12　鍵生成(ecdsa-keygen.py)**

```
P = initSecp256k1()
s = Fr()
s.setRand() # 署名鍵
S = P * s   # 検証鍵
```

ECDSAの署名

署名と検証にはハッシュ関数(1-3節参照)を使います。PythonでSHA-256を使うにはhashlibをimportします。ハッシュ値は256ビットでPythonでは32個のバイト配列です。それを有限体Frの値とみなすときは配列の先頭が整

▼リスト13　ハッシュ値の整数化(ecdsa-hash.py)

```
import hashlib
def byteToFr(b):
    v = 0
    for x in b:
        v = v * 256 + x
    return Fr(v)

def msgToFr(msg):
    H = hashlib.sha256()
    H.update(msg)
    return byteToFr(H.digest())
```

▼リスト14　署名(ecdsa-sign.py)

```
def sign(P, s, msg):
    z = msgToFr(msg)
    k = Fr()
    k.setRand()
    Q = P * k
    r = Fr(Q.x.v)
    return (r, (r * s + z) / k)
```

数の上位にくるビッグエンディアンとして整数にします。たとえばb'\x12\x34'は0x1234です。msgToFr(**図12**中のh)はメッセージmからFrへの関数です(**リスト13**)。

データmの署名を作成するにはまず乱数kを選びます。そして楕円曲線の点kPを計算し、そのx座標をrとします。$\sigma = (r, (h(m) + sr)/k)$が署名です。ここで足し算や割り算は有限体Frを使った計算です。楕円曲線の点を計算するときは素数pを使った有限体でしたが、署名の計算では楕円曲線の点の個数rを使った有限体を利用します。

FpとFrは素数が違うだけのクラスです。どう実装するか悩んだのですが、ここでは安直にfp.pyをコピーしてfr.pyを作り、クラス名を置換しました(**リスト14**)。

署名に使う乱数

signで使うkは正しく乱数を生成しなければなりません。2010年にPlayStation 3の署名実装が同じ乱数を使っていたため署名鍵が漏洩する脆弱性が見つかりました[注6]。乱数を生成するのはなかなかやっかいなため、その代わりに署名鍵やデータなどからkを生成するアルゴリズムがRFC 6979で規定されています[注7]。興味のある方はご覧ください。

注6) https://fahrplan.events.ccc.de/congress/2010/Fahrplan/events/4087.en.html

▼リスト15　検証(ecdsa-verify.py)

```
def verify(P, sig, S, msg):
    (r, t) = sig
    if r == 0 || t == 0:
        return False
    z = msgToFr(msg)
    w = Fr(1) / t
    u1 = z * w
    u2 = r * w
    Q = P * u1 + S * u2
    if Q.isZero:
        return False
    x = Fr(Q.x.v)
    return r == x
```

ECDSAの検証

最後にverifyを実装します。verifyは、データmと署名$\sigma = (r, t)$が与えられたときに、まずz=msgToFr(msg)を計算します。そして楕円曲線の点$R = (zP + rS)/t$を計算します。楕円曲線の点をtで割る操作は、有限体Frの中で逆数$w = 1/t$を掛けることに相当します。

$$R = (zP + rS) \times w$$

楕円曲線の整数倍は有限体の掛け算に比べてずっと重たい処理ですので$R = (zw)P + (rw)S$とすると速くなります。**リスト15**は、最後に求めた楕円曲線の点Qのx座標がrに等しければTrueを返します。

以上がECDSAの実装です。実際に使うにはより厳密なチェックや、検証鍵や署名データを相互運用するためのフォーマットなど実装すべき箇所がありますが、手元で数値を確認しながら動作させるにはこれで十分です。

この記事が楕円曲線や鍵共有、署名の理解に少しでも役立てば幸いです。SD

注7) https://datatracker.ietf.org/doc/html/rfc6979

第2章

実務に活かせる SSL/TLS入門

基本からおさらい、Let's Encryptで実践

Author
谷口 元紀（たにぐち げんき）
さくらインターネット株式会社
Twitter
@genkitngch

インターネット通信を暗号化してプライバシーを保護するSSL/TLS（https）はもはや常識になりつつあり、国内上場企業での利用はすでに9割超えとなっています。SSL/TLSの導入には認証局から発行されるSSL証明書が必須ですが、後発の認証局「Let's Encrypt」はSSL証明書を手軽に無料で発行できるうえ、証明書の自動更新にも対応しており、現在人気があります。
本章では、SSL/TLS通信の基礎について学びつつ、実際にLet's Encryptで証明書を発行する手順を紹介し、証明書の発行や管理についてのハマりどころを紹介します。

2-1 SSL/TLS総ざらい

最新情報から設定の注意ポイントまで押さえよう

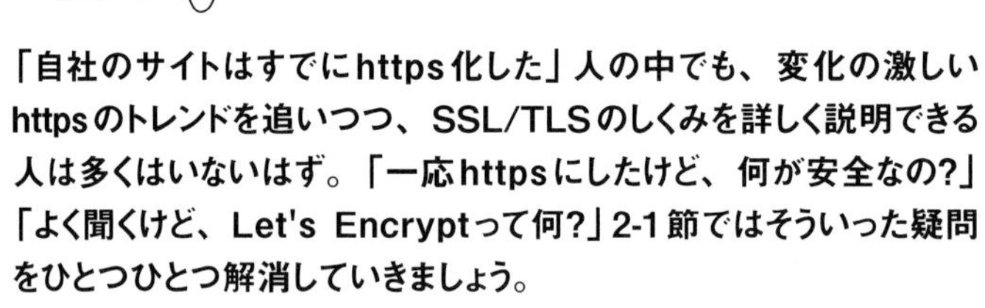

「自社のサイトはすでにhttps化した」人の中でも、変化の激しいhttpsのトレンドを追いつつ、SSL/TLSのしくみを詳しく説明できる人は多くはいないはず。「一応httpsにしたけど、何が安全なの?」「よく聞くけど、Let's Encryptって何?」2-1節ではそういった疑問をひとつひとつ解消していきましょう。

今から7年前の2016年、Google Chromeブラウザ(以下Chrome)で読み込まれる日本のサイトの内、たった26%のサイトしかSSL/TLSを利用(https化)していませんでした。それが2022年末には92%まで拡大しています[注1]。SSL/TLSの拡大はインターネット通信のプライバシー保護を促進しますが、SSL/TLSの導入・運用にはトラブルがつきものです。

本節では「なんとなく知っていたSSL/TLS」から「SSL/TLSちょっとわかる」へステップアップするためのポイントを紹介します。

https最新事情

SSL/TLSは、インターネット通信のプライバシーを守るのが第一の目的ですが、ほかにもブラウザのアドレスバーにおける警告表示や検索エンジンのランキング評価指標への取り入れなどの施策によっても利用が拡大してきました。

SSL/TLSは、セキュリティ向上や脆弱性対応、リスク回避などのために利用できる暗号が変更されたりブラウザでの見え方が変わったりと、仕様がさまざまに変更されることがあります。SSL/TLSの基本の前に、この数年間にどのようなトピックがあったのか見ていきましょう。

注1) Google透明性レポート:https://transparencyreport.google.com/https/overview?hl=ja

有効期間の1年への短縮

SSL/TLSで使用する「SSL証明書」については、仕様などを協議するCA/Browserフォーラムという、ブラウザ開発側と認証局側が協議する場があり、さまざまな案件が協議され、最終的に投票によって決定されています。SSL証明書の有効期間はこれまで、「2年」へと段階的に短くなっています。有効期間の短縮はセキュリティ的には良いことだという合意の下、ここまで短縮されてきた経緯があります。

しかし、さらに短縮を求めるブラウザ側と、入れ替えの手間などビジネス的な事情からこれ以上は短縮したくない一部の認証局側で意見が分かれ、最長1年への短縮が否決されてからは議論が進んでいませんでした。その中で2020年3月、Appleの標準ブラウザであるSafariが、「Safariでは2020年9月以降に発行される399日以上の有効期間を持つSSL証明書は信頼しない」と発表しました[注2]。その後、Chrome、Firefoxが追従したため、認証局も有効期間2年のSSL証明書の販売を停止せざるを得なくなりました[注3]。

さらにこの先、10ヵ月、6ヵ月、3ヵ月のよう

注2) Appleの発表:https://support.apple.com/en-us/HT211025

注3) CA/Browserフォーラムでの協議内容:https://cabforum.org/2019/09/10/ballot-sc22-reduce-certificate-lifetimes-v2/

に段階的に短縮していく議論も進められており、手作業で大量のSSL証明書を更新していたり、外注で費用をかけて作業していたりする場合は、より簡単に更新作業を行えるように、もしくは自動更新に対応できるようにする方向で検討する必要が出てくるでしょう。なお、最長の有効期間は398日となりましたが、うるう秒の調整を考慮して397日以内が推奨とされたため、有効期間は397日が一般的になっています。

これまで、更新用のリードタイムは約90日が一般的で、2年のSSL証明書は更新用の期間を入れると825日利用できました。今後はリードタイムが約30日となるのもポイントです。更新により元の有効期間を引き継げるメリットが薄くなっていますので、「30日以内に更新しなければいけない」と考えるよりは、「作業が30日で間に合わない場合は新規で事前に取得する」という方向で考えるのが良いでしょう。

中間CA証明書における大量失効インシデントの発生

2020年7月、中間CA証明書の発行方法におけるセキュリティリスクが顕在化し、問題のある中間CA証明書を失効処理する必要が出るインシデントが発生しました。全世界、数百万枚ものサーバ証明書、ソフトウェアに電子署名が行えるコードサイニング証明書などが影響を受けました。

SSL証明書においてはこのように過去の発行、認証などの処理の問題があとになって顕在化し、既存のSSL証明書の再発行や、Webサーバ側で利用する暗号方式の変更が必要になる場合があり、今後もこういった同様の事象は発生し続ける可能性があります。しかし、最長の有効期間が1年となったことでインシデントが起きても対象の枚数は減っていくものと思われます。有効期間を短くすることは、こうしたインシデントの影響範囲を小さくする意味もあります。

Let's Encryptにおける端末カバレッジ変更問題

無料のSSL証明書であるLet's Encryptは、今利用が最も拡大しているSSL証明書です。このLet's Encryptにおいて、利用しているルート証明書の有効期間満了が近づいたことに伴うルート証明書の移行が発表され、併せてそのルート証明書を搭載しないOS、おもにAndroid 7.1以前のもので、事実上Let's Encryptが利用できなくなる(=サイトが閲覧できなくなる)ことが話題になりました。反響の大きさからか、当初2020年9月に予定されていた新ルート証明書への移行は2021年1月に延期され、さらにそのあと、ルート証明書を移行しても継続してLet's Encryptが利用できる対策が発表されています[注4]。この対策はルート証明書の有効期間を無視するAndroidの仕様を利用したもので、依然として古いOpenSSLなど一部のSSLクライアントではLet's Encryptが利用できなくなる点についても追加で発表され、古いIoT機器などでの影響が懸念されています[注5]。SSL証明書を利用していると、こうした認証局側の仕様変更によってWebサイトを閲覧できる端末が変更されるという影響があることを知らされた事例です。

CTを利用したWordPressのハイジャック

Certificate Transparency(CT)はSSL証明書が発行されたドメインを公開して監査するしくみですが、このしくみを悪用してインストール途中のWordPressをハイジャックできる脆弱性について指摘されました。インストール途中のWordPressは誰でもサイトを乗っ取れる状態ですが、インストール途中かどうかが公開されているわけではないのでそこまで危険ではありませんでした。しかしCTによってSSL証明書を発行したばかりのドメインがわかるため、そのドメインに対して攻撃をすることでWord Pressを乗っ取ってしまうことができるわけで

注4) https://letsencrypt.org/2020/12/21/extending-android-compatibility.html

注5) https://community.letsencrypt.org/t/openssl-client-compatibility-changes-for-let-s-encrypt-certificates/143816

す。インストール中のWordPressはBASIC認証やIPアドレス認証により保護することが推奨されます。このようにSSL証明書や個別のアプリケーション単体では大きな問題がなくても、組み合わさることによって脆弱性が明らかになるケースもあります。

SSL証明書の基本を押さえる

ここからは、これまでSSL証明書をマニュアルどおりに設定してきた方向けに、SSL証明書を詳しく知って日々の業務に活かせるポイントを紹介していきます。なお誌面の都合上、割愛している部分もありますので、もし興味が深まりましたら専門書を見ていただくと、より理解が深まるでしょう。

SSL証明書の役割

SSL/TLSの一番重要な役割は通信の暗号化による盗聴の防止です。インターネットは多くのネットワークが相互に接続することでさまざまなWebサイトにアクセスすることができているわけですが、目的のサーバに到達するまでに数多くのネットワーク機器が介在します。そして、通信内容は基本的には暗号化されておらず、見ようと思えば気づかれずに見ることができます。SSL/TLSでは、盗聴を防止するために共通鍵暗号によってデータを暗号化してサーバとクライアントがデータをやりとりします。

改ざんとなりすましの防止もSSL/TLSにおいて重要な役割です。実は、通信の暗号化だけであれば自己署名のSSL証明書で可能になります。しかしドメインの認証――確かにこのサーバ証明書はドメインの所有者に発行していて、そのサーバから送られてきている改ざん、なりすましのないデータであること」を誰かに認証してもらうこと――には、認証局と呼ばれる機関が発行したSSL証明書が設定されている必要があります。これは、後述する「3つの証明書による公開鍵暗号基盤の信頼の連鎖」と大きく関連します。

ドメインを認証するための公開鍵暗号基盤

SSL/TLSのドメイン認証は、公開鍵暗号方式と、認証局で構成された公開鍵暗号基盤（Public Key Infrastructure = PKI）によって行われます。SSL/TLSの設定を行う際、必ず「秘密鍵」と「公開鍵（サーバ証明書）」をセットで登録しなければいけないことは、ご存じの方も多いと思います。よく、「秘密鍵は誰にも渡さないで絶対になくさないでください」とサポートサイトなどに書いてありますね。公開鍵暗号方式では秘密鍵と公開鍵の2つの鍵を利用し、公開鍵で暗号化したデータは秘密鍵でしか復号できません。

公開鍵暗号方式はよく南京錠に例えられます。南京錠は解錠された状態で箱に引っかけておけば誰でも箱に施錠（暗号化）できます。しかし、解錠（復号）するには南京錠の鍵（秘密鍵）が必要です。これが、「秘密鍵は誰にも渡さずなくしてはいけない」理由です。

SSL証明書を発行してもらう際は、Webサイトを配信するサーバ内で秘密鍵を作り、秘密鍵からCSR（Certificate Signing Request）を作成します。CSRは公開鍵であり、公開されても問題ない情報ですので、それを認証局へ送信して電子署名をしてもらうことで、サーバ証明書となります（**図1**）。サーバ証明書と秘密鍵はペアになっており、CSRは暗号化通信には必要ありませんが、同じ秘密鍵で新しいサーバ証明書を再発行する場合などに利用できます。

PKIではドメインを認証するための暗号アルゴリズムにRSAが広く使われています（ECDSAというアルゴリズムもあるのですが普及が進んでいません）。このRSAは公開鍵暗号でデータを暗号化する以外に、電子署名にも利用できる特殊性があり、RSAの秘密鍵を使って電子署名されたデータは、公開鍵で確かに秘密鍵によって署名されていることが検証できます。この過程ではハッシュ関数とハッシュ値を利用するので実データを復号しているわけではありません。

「秘密鍵を持っている人によって署名が施されている」という事実を公開鍵で検証できるのがポイントです。昨今のSSL/TLSでは、RSAはドメイン認証にのみ使われています（図2）。

公開鍵暗号方式と共通鍵暗号方式

これまで、ドメイン認証はPKIによって行うと説明してきましたが、実際にWebサイトとのデータのやりとりは共通鍵暗号方式で行われます。これは、それぞれの暗号方式の特徴に応じて使い分けをしているからです。公開鍵暗号は、公開鍵で暗号化したデータを受け手だけが持っている秘密鍵でのみ復号できるというメリットがある反面、安全に暗号化通信を行おうとすると鍵長が長くなる（RSAだと2,048ビット以上）という大きなデメリットがあります。鍵長が長くなると復号にも時間と負荷がかかり、パフォーマンスが悪くなってしまうからです。

そこで、実際のHTMLファイルなどをやりとりする際には共通鍵暗号方式という1対1の暗号化通信に適したアルゴリズムが使われ、サーバとクライアントで「共通の鍵」を暗号化と復号に利用します。現在SSL/TLSではAESというアルゴリズムがメジャーで、鍵長は128～256ビットのものがよく使われます。この鍵の交換は、まだ暗号化通信が成立する前に行われるため、第三者に見られても安全な形で実施されるのもポイントです。

公開鍵暗号基盤でドメインを認証したあとに、別の鍵交換用のアルゴリズムであるDHEやECDHEを使って共通鍵（正確には共通鍵の素）を交換し、お互いに共通鍵を生成してデータを暗号化、復号して暗号化通信が成立するわけです。

このように、さまざまな暗号アルゴリズムをそれぞれの特長を活かして組み合わせて使っているのがSSL/TLSです。かつてはRSAを使

▼図1　SSL証明書の発行手順

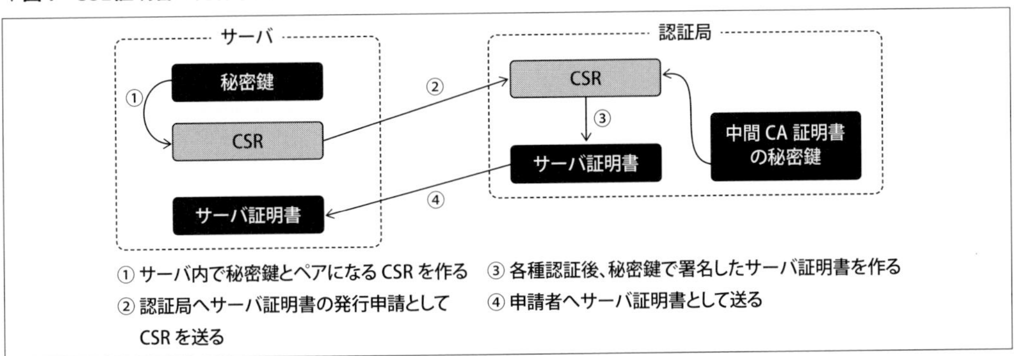

▼図2　電子署名の流れ

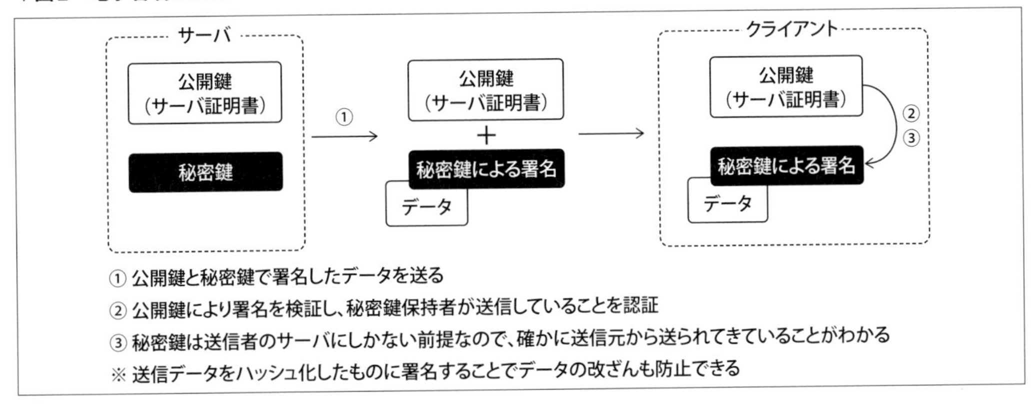

い、冒頭に説明した南京錠の例えの方法で鍵交換まで行うのが主流でしたが、秘密鍵が流出すると過去の通信内容が復号できてしまう問題があり、現在は使い捨ての公開鍵と秘密鍵を利用する前方秘匿性(Perfect Forward Secrecy = PFS)が担保されたDHE、ECDHEなどが利用されています。

役割を整理すると、相手のドメインを認証する(RSA、ECDSA)、暗号化通信をするための共通鍵を交換する(DHE、ECDHE)、交換した鍵でデータを暗号化して安全にやりとりをする(AES、ChaCha20など)という手順を経て、TLSのセッションが成立するわけです。

信頼の連鎖を構成する3種類のSSL証明書

おもにWebサイトで利用するSSL証明書には3つの証明書が登場します。それぞれ、ルート証明書、中間CA証明書、サーバ証明書と呼ばれるもので、1つずつ簡単に説明していきます(**図3**)。

ルート証明書

ルート証明書はパソコンやスマートフォン内にインストールされた状態で存在し、ドメイン認証の起点となります。ルート証明書は他者に署名されていない「自己署名」で発行されていますので、「俺の正当性は俺が認めた!」と自称している状態です。これは本当に信頼された機関のみに認められるもので、一定の厳格な審査などを経た「ルート認証局」によって発行された自己署名証明書が、OSやブラウザに認められてPCやスマートフォンにインストールされます。このOSなどに入っている状態が「信頼の起点」となるわけです。裏返すと、マルウェアなどがルート証明書を勝手にインストールしてしまうとドメイン認証が侵されたり、勝手に通信を復号して通信内容が読み取られたりといった問題が発生します。ルート証明書を守るためにも、パソコンやスマートフォンは適切にセキュリティ管理を行う必要があります。実は、e-taxのセットアップやウイルス対策ソフトのインストール時にルート証明書をインストールすることがあり、一概にルート証明書をインストールする行為が悪いというわけではありません。インストールするアプリケーションが信頼できるものかということに気をつけておくことが大切です。

中間CA証明書

中間CA証明書は、おもにリスク分散の目的で利用されています。技術的にはルート証明書の秘密鍵でもサーバ証明書に署名できますが、ルート証明書の秘密鍵は秘匿性が高過ぎてオンラインでアクセスできるところに置けず、サーバ証明書発行時に利用するのは現実的ではありません。そこで、中間CA証明書をルート証明書の署名で発行し、その中間CA証明書でサーバ証明書に署名することで、このリスクをヘッジします。またビジネス上のメリットとして、中間CA証明書のおかげで、ルート認証局でなくともルート認証局から認定を受けた企業などがSSL証明書を発行できるようになります。

Let's Encryptはルート認証局でありながら、長きにわたり自社のルート証明書ではないIdenTrustのDST Root X3によって発行された中間CA証明書を利用してきました。冒頭で紹介した端末カバレッジ変更は、このルート証明書をLet's Encryptのものに切り替えようとして起こった事例です。たとえルート認証局であっても組織が新しいと十分にルート証明書が普及していないため、このようなことが起こります。中間CA証明書はリスクヘッジとともに、権限を委譲できる利便性も確保しているのです。

なお、中間CA証明書の設定忘れはSSL/TLSの設定ミスの中で非常に多く見られます。一般的なSSL証明書は1～2枚の中間CA証明書の設定が必要となりますので、設定時には注意しましょう。

サーバ証明書

サーバ証明書は文字どおりサーバで利用され

るもので、「この証明書はexample.jpのもので、記載の中間CA証明書によって発行されています」と書かれて中間CA証明書で署名されています。サーバ証明書はルート証明書との結び付きはありませんが、中間CA証明書がルート証明書によって発行され、その中間CA証明書によってサーバ証明書が発行されていることで、結果的にサーバ証明書はルート証明書から信頼されていることになります。これを「信頼の連鎖」、「トラストチェーン」などと呼び、その起点となるルート証明書は「信頼の起点（トラストアンカー）」となります。当然ですが、サーバ管理者が中間CA証明書の設定を忘れてしまったり、間違った中間CA証明書を設定してしまったりすると、この連鎖が崩れてしまいドメインの認証ができなくなるため、ブラウザはエラーを表示してWebサイトへのアクセスをブロックします。

SSL/TLSにおいて、この信頼の連鎖はドメインを認証するために使われます。SSL証明書を購入する際にドメイン所有権を確認されるのはこのためです。また、SSL証明書はサブドメインに対しても発行できるため、ドメイン本体を所有していなくてもサブドメイン配下が管理できていれば、そのサブドメインに対するSSL証明書を発行できます。

利便性を高めるオプション機能

SSL証明書は「ドメインの所有者」に対して発行されるため、「example.jp」のようにドメインが記載されています。ドメインを記載する場所（コモンネーム）は1つのため、SSL証明書1枚につき1ドメインとなります。このままだと、よくWebサイトで使われるwww.example.jpからexample.jpへリダイレクトを行う場合には、それぞれ別のSSL証明書が必要になります。

SANs

これではあまりに不便なため、SANs（Subject Alternative Names）と呼ばれる拡張領域があります。SANsに「example.jp」「www.example.jp」などと記載することで、2つのドメインを1枚のSSL証明書で認証できます。これはダブルアドレスオプションとも呼ばれ、安価なSSL証

▼図3　ドメイン認証を経て暗号化通信が成立するまで

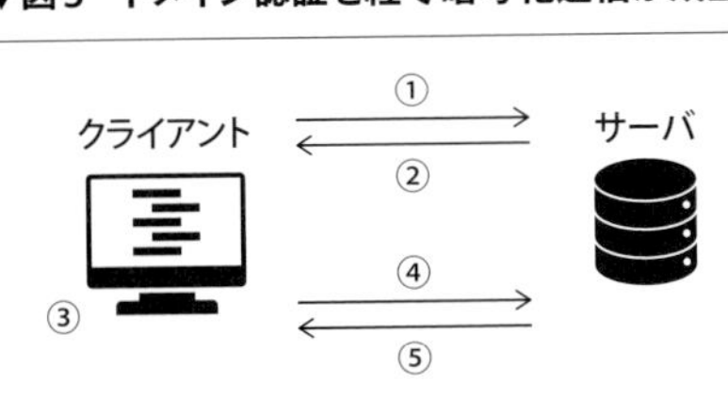

①SSL/TLS通信をリクエスト
②サーバ証明書、中間CA証明書、暗号スイートなどを送信
③公開鍵暗号基盤を用いてクライアント内でドメインを認証
④鍵交換用の暗号アルゴリズムで共通鍵暗号の共通鍵を交換
⑤暗号化通信を開始

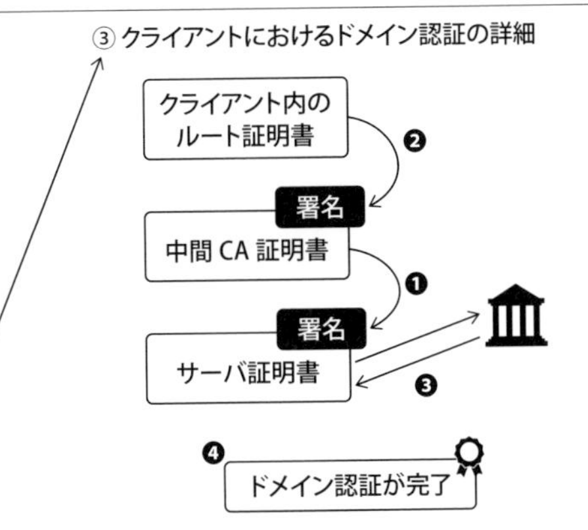

❶サーバから取得したサーバ証明書（公開鍵）が中間CA証明書の秘密鍵により署名されていることを中間CA証明書（公開鍵）により検証
❷中間CA証明書がクライアント（PCやスマートフォン）内のルート証明書により署名されていることを検証
❸認証局へサーバ証明書の有効性を確認（実施方法はブラウザに依存）
❹サーバ証明書記載のドメインと通信先ドメインが一致し、有効性が確認される

明書でも標準で付いていることが多い機能です。

また、発行する認証局により異なりますが、100個以上のドメインを追加できる、マルチドメイン証明書と呼ばれる機能もあります。

マルチドメインのほかに、ワイルドカードという便利なしくみもあります。通常、sub.example.jp、sub2.example.jpで1枚のSSL証明書を利用したい場合は、マルチドメイン証明書を利用するか、個別にSSL証明書を発行します。しかし、レンタルサーバなどで、「任意のサブドメイン.example.jp」といったドメインで利用しようとすると、都度発行し入れ替える処理が必要になるため、マルチドメイン証明書では対応しきれません。こうしたケースのため、「*.example.jp」に対して発行できるSSL証明書があり、ワイルドカード証明書と呼ばれます。

オプション機能使用時の注意

ワイルドカード証明書を利用する際に注意しなければいけないのは、*.example.jpに対して発行されたSSL証明書はexample.jpでは利用できない点です。このため、多くのワイルドカード証明書ではSANsにexample.jpを含めることで一般的なWebサイトでの利便性を確保しています。

公開鍵暗号と電子署名に関する説明では、便宜的に署名処理を「秘密鍵で暗号化して公開鍵で復号できるから検証できる」と解説することもあります。ただし、厳密に言うと電子署名の処理は暗号化、復号とは異なり、適切な説明方法ではないと言われることもあり、本文中では「秘密鍵で署名」「公開鍵で検証」と表記しています。本稿では、わかりやすくするために「ルート証明書で中間CA証明書を発行」といった表現を使いますが、これはルート証明書の秘密鍵で中間CA証明書に署名し、ルート証明書の公開鍵で検証できる状態にすることを指します。

ワイルドカード証明書ではサブドメインの階層にも注意する必要があります。*.example.jpに発行されたワイルドカード証明書はsub.sub.example.jpでは利用できません。*.example.jpと*.sub.example.jpの2つのワイルドカードが指定されたマルチドメインワイルドカード証明書を利用する必要があります。

これらの証明書は利便性の高さから人気がありますが、1つの秘密鍵で複数のドメインを認証していることを認識しておかなければいけません。複数の会社、サーバにまたがって同じSSL証明書と秘密鍵が使われる可能性もあり、どこか1ヵ所で秘密鍵の流出が起きてしまうと、同じSSL証明書を利用するすべてのサーバに影響が及ぶため、リスクを認識して利用する必要があります。

SSL証明書はドメイン単位で発行されるため、たとえば1つのサーバに複数のサイトをホストする場合、servicename.example.jp、anotherservice.example.jpといったようにサブドメインを大量に設定してしまうとサブドメインの数の証明書、もしくはワイルドカード証明書が必要になり、SSL証明書のコストが上がります。example.jp/servicenameのようにディレクトリでサイトを分ければSSL証明書は1枚で済むことになります。もちろん、SSL証明書以外にもSEOなどの要素がありますので、一概にこれが良いとは言えませんが、あとからSSL証明書の見積もりをもらって金額にびっくりしないように要件定義段階で考慮しておくのが良いでしょう。

ここまで、SSL証明書によってドメインを認証する流れからSSL証明書と設定できるドメインについて紹介してきました。次からは認証局がSSL証明書を発行するための認証の種類の違いを見ていきましょう。

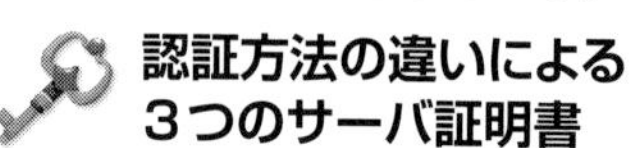

Webサイトで利用するサーバ証明書にはド

メイン認証、組織認証、拡張組織認証の3つの種類が存在します。この順に価格が高くなり認証方法は複雑になりますが、認証が困難になるほど発行が難しく相対的に信頼性が高まります。

ドメイン認証

ドメイン認証（Domain Validation = DV）は認証レベルが一番低く、Let's Encryptもこれを利用しています。また、有料でも年間数ドルで購入できるものがあり、購入のハードルは最も低くなります。購入者はドメインを所有していることが証明できれば良く、指定された場所にファイルを設置する「ファイル認証」、指定されたメールアドレスに送られるメール内のリンクをクリックする「メール認証」、指定されたドメインのCNAMEやTXTレコードに指定された文字列を記載する「DNS認証」の認証方法があります。認証局や販売サイトによって利用できる認証方法が異なる場合があるので、Webサーバがない、メールサーバがないといった場合は選択できる認証方法に注意する必要があります。

組織認証

組織認証（Organization Validation = OV）はドメイン認証よりもレベルが高く、申請する組織が実在していることも証明してくれます。認証局により基準は異なりますが、日本では法人登記や帝国データバンクのデータベースなどで実在を確認して発行します。発行されたSSL証明書にはOrganizationの項目に指定した企業・団体名が表示されます。

各ブラウザにはサイトの持つSSL証明書を確認できる機能が用意されていますが、OV証明書はChromeブラウザで最短4クリックと手軽に確認できるレベルではないので、一般の人に訴求できるかというと難しく、必要な人が確認しようと思えば確認できる程度と考えたほうが良いでしょう。

拡張組織認証

拡張組織認証（Extended Validation = EV）は組織認証がさらに厳格になり、外部から確認できる代表電話番号などを利用して申請者と申請者の上長といった多重の電話確認を実施したり、銀行口座の利用状況などを確認したりすることによって組織認証の信頼性を高めています。ChromeやFirefoxでは最短1クリックで企業・団体名が表示されます。以前はアドレスバーに表示されていたのですが、ブラウザの仕様変更により現在はこのような仕様になっています。フィッシング詐欺の蔓延が問題になっていますが、EV証明書を設定することでドメイン+企業／団体名で判断できるようになるため需要が高まっています。

SSL証明書の価格感

価格帯はさまざまですが、1年間1,000円程度で購入できるDV証明書に対して、OV証明書やEV証明書は安くとも数万円からとなっています。企業によっては利用するSSL証明書をOV以上と規定したり、認証局まで指定したりする場合もあります。銀行や証券会社などのお金を扱うサイトではEV証明書を利用するのが一般的です。また、国会議員であることをサイトシール[注6]で表示してくれるちょっと変わったオプションを用意している認証局もあります。

暗号化通信に関連するテクノロジを知る

ここまではSSL/TLSにおける個々の技術やしくみを紹介してきました。こうした要素を組み合わせてさまざまな端末で安全にサーバとデータをやりとりできるようにするには、その組み合わせを定義していく必要があります。本項では、とくにWebサーバ設定の際に活用したいプロトコルや暗号スイートについて紹介していきます。

注6）Webサイト利用者にサーバ証明書による認証を受けていることをアピールできる画像。

通信プロトコル

通信プロトコルはSSL/TLSの通信を行う手順のようなもので、ドメイン認証もこれに含まれます。2023年1月現在、TLS v1.2とTLS v1.3が利用推奨、TLS v1.1、TLS v1.0、SSL v3などの古いプロトコルは脆弱なため非推奨となっています。通信プロトコルはApache、Nginxといった Webサーバで設定するもので、詳しくは2-2節で解説しますが、サーバ管理者が明示的に設定を行う必要がありますのでそれぞれの特徴などを把握しておくと便利です。

TLSv 1.3は最新のプロトコルで、サーバ・クライアント間のやりとりが効率化され、パフォーマンスが改善されていますので、設定可能な方は有効化を検討しましょう。ただし、最新バージョンのOSやブラウザでのみ利用できる場合が多く、カバレッジという観点ではTLS v1.3だけでは薄くなってしまいます。TLS v1.2は1世代前のプロトコルで、適切に暗号スイートを設定すればセキュリティには大きな問題がなく、またTLS v1.2までしか利用できない端末が非常に多いので、有効化しておく必要があります。

プロトコルという観点ではレイヤが変わりますが、HTTP/2登場から約7年、HTTP/3がついに2022年にRFC 9114として標準化されました。HTTP/3ではUDPの利用やハンドシェイクの効率化によりオーバーヘッドの削減が見込めるのが一番のポイントです。すでにChromeでは有効になっているため、知らない内に利用している方も多いかもしれません。もちろんNginxなどのWebサーバ側でも設定変更が必要になりますので、サーバ管理者の方は対応状況

Column CAAのハマりやすいポイント

SSL証明書発行時のドメイン所有権確認について触れましたが、忘れてはいけない認証ポイントの1つ に CAA(Certificate Authority Authorization)があります。CAAはDNSのリソースレコードの1つとして定められており、SSL証明書は発行時にドメインの所有権が確認されることは説明しましたが、さらにDNSにCAAを設定することで、そのドメインへSSL証明書を発行していい認証局を指定できます。たとえば「CAA 0 issue "example.net"」と指定すると、example.netという認証局だけがCAAの設定されたドメインのSSL証明書を発行できると指定できる機能です。これには、予期せぬ認証局で自分のドメインのSSL証明書が発行されてしまうのを防止する役目がありますが、設定は必須ではありません。なお、設定する名前は各認証局のサポートページなどに記載されています。

▼図A　CAAの確認方法

```
$ dig example.jp CAA
(..略..)
;;ANSWER SECTION
example.jp.    3600    IN    CAA 0 issue "example.net"
```

設定は必須ではありませんが、SSL証明書発行時の認証局による検証は必ず行われます。またCAAは、サブドメイン(sub.example.jp)に設定していなくてもルートドメイン(example.jp)に設定されているとそれが有効になる仕様です。また、サブドメイン申請時は親ドメインのゾーンがない(statusがNXDOMAINやSERVFAIL)と、CAAの検証ができずSSL証明書の発行ができません。CAAについては、

- 設定したまま忘れて認証局を乗り換えた
- サブドメインで申請したが親ドメインのゾーンがない
- 会社の管理部門がCAAを設定したため別部署でサブドメインのSSL証明書を発行しようとした

といった場合にエラーが発生してSSL証明書が発行できなくなります。セキュリティを高めようと設定する前に、影響範囲を確認しましょう。また、設定変更時はDNSのほかのリソースレコードと同様にTTL設定時間分は反映に時間がかかりますので注意しましょう。CAAはdigコマンドで確認できます(**図A**)。

を確認しておくと良いでしょう。なお、HTTP/3に対応するにあたりSSL証明書の再発行などは必要ありません。

暗号スイート

SSL/TLSは利用できる暗号方式をサーバとクライアントでネゴシエーションして自由に設定できる柔軟性があり、ドメイン認証、鍵交換、共通鍵暗号、暗号化モード、ハッシュアルゴリズムなどを組み合わせて設定でき、これを暗号スイート（Cipher Suite）と呼びます。

```
TLS_ECDHE_RSA_WITH_AES_256_GCM_SHA384
```

TLS v1.2においては上記のように、TLSを抜かして前から順番に鍵交換方式、ドメイン認証方式、共通鍵暗号方式、共通鍵暗号の鍵長、暗号化モード、ハッシュ関数を指定します。端末やブラウザによってそれぞれ対応非対応があり、古い端末もカバーするためには脆弱な暗号スイートを利用せざるを得ないケースも出てきます。暗号スイートはもちろん最新のものが最も安全なため、10年前の設定をずっと利用するといった使い方は適していません。

IPA（情報処理推進機構）からは、TLS暗号設定ガイドライン注7が公開されており、随時更新されています。こういった常にメンテナンスされている情報に触れておくのが大切です。2023年現在、利用が拡大しているTLS v1.3における推奨暗号スイートについても最新版に掲載されています。推奨セキュリティ、高セキュリティと必要なセキュリティレベル別に利用が推奨される暗号スイートが掲載されているので自分で関わっているWebサイトで扱う情報のレベルに応じて利用する暗号スイートを使い分けることも考えておきましょう。

筆者の実体験ですが、SSLの設定代行などを行っていると、依頼元のWebサーバで古いApacheが初期設定のまま使われていて、脆弱なプロトコルや暗号スイートが全部有効になってしまっていたというケースも少なからずありましたので、サーバ管理者の方は注意する必要があります。

TLSハンドシェイク

前述のとおり、暗号化通信を行うには共通鍵暗号の鍵を交換する必要があります。しかし、インターネットの通信（TCP/IP）は平文前提で、普通に鍵を送ってしまうと誰にでも見えてしまい、鍵の意味がなくなってしまいます。TLSハンドシェイク内で利用する暗号スイートを決め、その暗号スイートで鍵交換や認証を行う必要があります。最初に平文で呼びかけてから数往復のやりとりを経て実際のHTMLなどが送信されるため、単純にサーバが遠かったりレスポンスが悪かったりするとTLSハンドシェイクに要する時間は増えていきます。TLS v1.3ではこの往復数を減らすことで通信の効率化を図っています。

TLSハンドシェイクはもちろん、SSL/TLS接続をするすべてのドメインで実施されます。つまり、Webサイト内に広告表示用のJavaScriptファイルといった外部ソースのファイルがある場合、その通信先ドメインの数だけ発生します。TLSハンドシェイクは必要なデータを取得する前に行われるので、Webサイトの表示速度においてボトルネックになることを覚えておきましょう。画像やCSSを別ドメインから配信するケースもありますが、別ドメインになるとHTMLとは別にTLSハンドシェイクが必要になりますので、パフォーマンスに影響があります。不要な別ドメインからのデータ読み込みを極力少なくしてTLSハンドシェイクの回数を減らすことで、Webサイトの表示速度を高められます。もちろん、セッション管理はされていますのでデータを読み込む都度発生するわけではありませんが、セッションが切れてしまうと再度TLSハンドシェイクをやりなおす必要があります。

注7） https://www.ipa.go.jp/security/vuln/ssl_crypt_config.html

SSL証明書の限界

解読できない暗号はありませんが、これはSSL/TLSも例外ではありません。SSL証明書さえ入れておけば大丈夫ということはけっしてなく、認証局やサーバ管理者、エンドユーザーすべてが普段からセキュリティに対して気にかけておく必要があります。ここではSSL証明書がドメインを認証し、通信を暗号化する中での限界に触れてみましょう。

有効期間中途の失効に関する問題

SSL証明書で大切な知識の1つに失効の問題があります。SSL証明書自体には有効期間の設定しかなく、有効期間を過ぎたものは使えない（＝ブラウザでサイトを表示しない）という処理は、クライアントと正確な時計のみで解決するので簡単です。しかし、有効期間中に発行方法の問題や秘密鍵の流出が発生してドメインの信頼性が担保できなくなった場合はどうでしょう？　SSL証明書はサーバやクライアントのハードウェアにインストールされているので、認証局が修正しようとしてもできません。そうなるとブラウザ側の実装で、「このSSL証明書、失効してない？」と確認する必要が出てきます。

2023年1月現在、失効管理の方法は主なものでCRL（Certificate Revocation List）とOCSP（Online Certificate Status Protocol）があります。簡単に理解するなら、CRLは失効したSSL証明書のリストをダウンロードして参照するしくみ、OCSPは個別のSSL証明書が有効かどうかを教えてくれるAPIのようなものです。それぞれ、エンドポイントやレスポンダのURLがSSL証明書内に記載されており、ブラウザなどでそれを読み取ってアクセス前に参照し、使われているSSL証明書が有効かを確認します。CRLの場合、リストには関係ないSSL証明書も含まれるので、リストが長くなりパフォーマンスが悪くなります。OCSPは必要なレスポンスだけを返してくれるのでCRLよりはパフォーマンスは良くなります。どちらも、検証する場合はWebサイトを表示する前にアクセスするのでWebサイト表示速度に影響が出てきます。

認証局によっては、OCSPレスポンダは国内サーバでのみ提供というケースもあるため、Webサイト利用者のアクセス元によって、ワールドワイドに展開している認証局のSSL証明書を利用するとWebサイト表示のパフォーマンスが良くなるということもあります。逆に海外の認証局では、日本直近のOCSPレスポンダがシンガポールや香港といった場合もあります。OCSPについてはOCSPステープリングというサーバ側にキャッシュしておく機能もありますので、サーバ管理者のほうで可能な場合は有効にすると、こうしたレスポンダの問題がある程度解消できます。

失効処理は認証局により一方的かつ迅速に行われる可能性がゼロではないため、SSL証明書を利用したWebサイトの単一障害点になり得ます。昨今、インシデントによる失効処理や中間CA証明書の中途失効の事例も多くあるため、SSL証明書を購入したサイトからの連絡を見逃さないようにし、Webサイトの可用性を高めるために、迅速にSSL証明書を入れ替えられるしくみを検討しておくのが良いでしょう。

ドメインの認証を守る公開鍵暗号基盤

公開鍵暗号基盤の信頼の連鎖でドメインを認証する前提として、すべての秘密鍵が秘匿されていること、エンドユーザーの端末にルート証明書がインストールされており適切にルートストアが管理されていることの2つは絶対条件です。たとえばルート証明書の秘密鍵が流出した場合、そのルート証明書によって署名されているすべての中間CA証明書、つまり全サーバ証明書の信頼性がなくなります。同様に、エンドユーザーが自身のパソコンの管理を怠り不正なルート証明書をインストールされてしまった場合、そのユーザーの通信の秘匿はできなくなってしまいます。また、サーバ証明書の秘密鍵が流出すると、そのドメインの認証は無効なものになってしまいます。

暗号強度の限界

パスワードを総当たりすればいつかログインが成功してしまうのと同様に、秘密鍵や共通鍵を総当たりで計算すれば暗号を解読できます。私たちが普段利用している暗号は、利用するケースによって十分安全な範囲で効率よく利用できるよう鍵の長さがビット安全性というもので定められています。SSL/TLSの通信も、理論的にはログをすべて保存しておいて総当たりで解読できます。しかしコンピュータの計算能力には限界があり、適切な鍵長を利用していれば解読に数十年の歳月がかかるため、十分安全とされているわけです。

鍵長は長ければ長いほど解読に時間がかかり安全になりますが、その分復号する際のCPU負荷や鍵のファイル容量が上がるため、多くの人が納得できる範囲でビット安全性の許す鍵長の短いものを利用するのが一般的です。家の鍵も4つ、5つとシリンダーを増やせばそれだけ解錠に時間がかかるようになりセキュリティは向上しますが、家に帰ってきたときに5個も鍵を開ける必要が出てしまう不便さを考慮してダブルロックが一般的になっている理由と同じです。

近い将来、計算能力が飛躍的に向上するとされる量子コンピュータが普及する時代に備え、現在より強力な対量子コンピュータ暗号（Post Quantum Cryptography = PQC）の策定が進んでいます。暗号方式を問わずコンピュータの計算能力の向上は暗号の安全性を脅かしますが、とくにSSL証明書においてはドメイン認証に利用しているRSA暗号が量子コンピュータの計算能力と計算ロジックにより脆弱になる可能性が指摘されており、研究開発、策定が進められています。

認証方法に関する限界

SSL証明書には取得時にファイル認証やDNS認証、組織の実在認証などがあると紹介していますが、基本的には「ドメインを所有していると確認できる」ことに依拠しています。不正にサーバにアクセスできる状態なら認証ファイルの設置ができますし、メール認証のメールを横取りしてしまえば同様です。組織の実在を認証したところで、その組織自体が不正な組織であったり、似たような名前でEV証明書を取得したりしてしまえば、ぱっと見では判断できなくなってしまいます。

SSL証明書自体の不確実性

失効の部分でも触れましたが、SSL証明書はその特性上、サーバ管理者の責任の範囲外の原因で有効期間を満了できず、最悪失効処理が行われる可能性もあります。有効期間に依存したしくみや、容易に入れ替えられない仕様を作ってしまうと、緊急対応が必要になった場合に工数がかさむ場合があります。

近年のSSL証明書の有効期間短縮化や失効インシデントの発生に伴い、Let's Encrypt以外の有料のSSL証明書でもACME（Automated Certificate Management Environment）プロトコルを利用した自動更新インフラの導入検討が行われています。緊急対応が必要になった場合でも、自動更新のしくみがあれば迅速にSSL証明書を再発行、再設定でき、普段の更新作業に加えてイレギュラーな入れ替えも容易になります。

複数ドメインをホストして大量のSSL証明書を運用するような場合には、こうしたSSL証明書の更新作業についても考慮に入れておくのが良いでしょう。ACMEのクライアントはオープンソースのものが公開されていますが、基本的には管理者権限で実行する必要があり、ポリシー的に導入が難しいケースが出てくるかもしれません。そうなると独自開発が必要になり、余計に工数もかさんでいきます。WebシステムにおいてSSL証明書は不可欠なものになっていますので、こうした不確実性を考慮に入れたシステム設計が必要になってきました。

ブラウザごとの仕様差異を認識しておく

SSL証明書の利用方法はブラウザによって実装の違いがあり、表示確認などでしばしば混乱を招きます。ここではいくつか大きな違いを例に挙げていきます。

失効状態の反映

ファイルとして発行されてしまい、認証局などがあとから変更できないSSL証明書のステータスをリアルタイムに近い形で閲覧できるようにしたのが、前述のCRLとOCSPです。しかし、失効状態の検証はブラウザやSSL証明書の認証の種類によって違いがあります。ChromeではDV証明書はOCSPの検証を行わず、CRL setsという事前ダウンロード型の失効リストを利用しています。これは、Webサイトの表示速度を速めたりプライバシーを保護したりする目的と思われますが、この影響でSSL証明書を失効処理してもChromeではすぐに反映されません。FirefoxではOCSPの検証は実施されますが、ステータスはキャッシュされる場合があります。これもパフォーマンスへの影響を考慮していると考えられます。さらに、本稿冒頭の「https最新情報」でも触れていますが、Safariでのみ有効期間を短縮するといった実装が行われる場合や、特定の認証局のセキュリティ不備を理由に特定のブラウザだけでエラーを表示するといった対応が取られたこともあります。

証明書ストアによる違い

パソコンなどのOSにインストールされているルート証明書を利用するEdgeやSafariと異なり、Firefoxは独自の証明書ストアを持っています。さらに、Chromeも独自の証明書ストアを利用することを明らかにしています。このため、Edgeではサイトが見えるのにFirefoxではエラーが表示されるといった状況も発生しますが、現在は一般的な認証局のSSL証明書であれば多くの端末にルート証明書がインストールされているため、最近はこうした問題はあまり起きません。冒頭で紹介したLet's Encryptのルート証明書問題は、まさにこの証明書ストアの違いによって起きた事態です。古いAndroid OSの端末の標準ブラウザでLet's EncryptのSSL証明書が利用できなくなる事例ですが、新しいLet's Encryptのルート証明書が入っているFirefoxをインストールすれば回避できるとされていたのはこのためです。

SSL証明書の設定をした場合、最後にブラウザでWebサイトの表示を確認して作業完了としてしまうケースが多いのですが、SSL証明書の設定状態は必ず、認証局などで運営している設定チェッカーのサイトを使うようにしましょう。SSL Labsの運営するサイト注8では非常に細かい設定が確認できます。中間CA証明書がブラウザによって勝手にダウンロードされてしまうこともあるため、ブラウザでの見た目だけでSSL証明書の設定状態を確認することは難しく、チェッカーを利用した確認は必須となっています。もしブラウザでのエラーがどうしても解消できずサポートなどに問い合わせを行う場合、このチェッカーの結果を添付することで早期に問題解決できることもあります。

データのキャッシュ

ブラウザのキャッシュは常に開発者の悩みの種ですが、SSL証明書においても同様です。OCSPの検証やTLSハンドシェイクはWebサイトの表示速度に影響があり、オーバーヘッドとなる(検索エンジンのリンクをクリックしても画面が真っ白なまま)ため、一定時間ブラウザに証明書などのデータがキャッシュされる場合があります。このため、ブラウザでの確認時には

注8) https://www.ssllabs.com/ssltest/

普段使っていないブラウザを使ったり、前述のSSLチェッカーを利用したりすることで、キャッシュを読んでしまうトラブルを回避できます。

SSL/TLS周りの便利なツール

SSL/TLSの設定確認はブラウザだけでは行えません。サイトが正常に表示されていても、実は中間CA証明書が設定されていない場合や、古いTLSが有効になっていてセキュリティの基準が満たせていなかったということもあります。ここではSSL/TLSの設定や確認に便利なツールを紹介します。

ブラウザ

ブラウザは最も一般的なツールで、SSL証明書や証明書チェーン、有効期間の確認が容易にできます。反面、ブラウザによる仕様の違いやキャッシュの問題がありますので、確定的な判断に使うのは避けたほうが良いツールでもあります。

SSLチェッカー

記事内でも何度か取り上げていますが、外部からサーバへアクセスしてSSL/TLSの設定状況を確認してくれるツールがあります。とくにSSL Labsのチェッカー(注8のURL)では暗号スイートやTLSバージョンから、対応している端末まで表示してくれるので非常に詳細で便利です。中間CA証明書は設定忘れの多い箇所の1つですが、これもチェッカーを使えば確認できます。さらに、手元で用意するのが面倒な古いInternet ExplorerなどにもSSL/TLSの観点で接続可能かがわかります。便利なツールですが、「Do not show the results on the boards」という項目にチェックを入れないと、チェックしたドメインがボードに表示され、一般に公開されしまうので気をつけましょう。

OpenSSL

お馴染みのOpenSSLですが、CSRの作成に留まらない、非常に多機能なSSL/TLSクライアントです。ブラウザと違ってキャッシュすることがないので、実際にサーバに設定されているSSL証明書を確認できるのがメリットです。

badssl.com

badssl.com[注9]は失効済み、有効期間超過、自己署名、古いTLS使用など、再現するのが面倒な状態をあらかじめ作ってくれているサイトです。Chromiumプロジェクトのリポジトリの1つとしてオープンソースでGitHubに公開されており、ブラウザ側で表示されるエラー画面をマニュアルに載せたいときや、特定状態のサーバからのレスポンスを見たいときなどに便利です。

まとめ

この節ではSSL証明書の基本のおさらいから、ちょっと突っ込んだ実務に役立つトピックスまで紹介しました。SSL/TLSの技術自体はRFCなども関連するため変化は少ないですが、SSL証明書に関しては、ブラウザや認証局側の仕様変更が頻繁で多岐にわたり、Webの技術の中でも比較的移り変わりが激しい分野です。久しぶりにSSL/TLSの情報に触れた方は「えっ！　2年の証明書なくなったの！？」と思った人も多いことでしょう。とくに昨今の有効期間短縮化の流れは、直接システムの設計や開発、運用の工数に影響を与えてきますので定期的にチェックしていくことをお勧めします。また、パフォーマンスの話に何度か触れていますが、TLSハンドシェイクのオーバーヘッドを最適化したとしても、心ない巨大画像1枚のせいですべては台無しになります。パフォーマンスの調整などは総合的にページ全体、使われているテクノロジ全体を網羅して行う必要があります。SD

注9）https://badssl.com

Let's Encryptで実践する証明書の発行／更新

ACMEプロトコルによるSSL証明書の自動化を体験

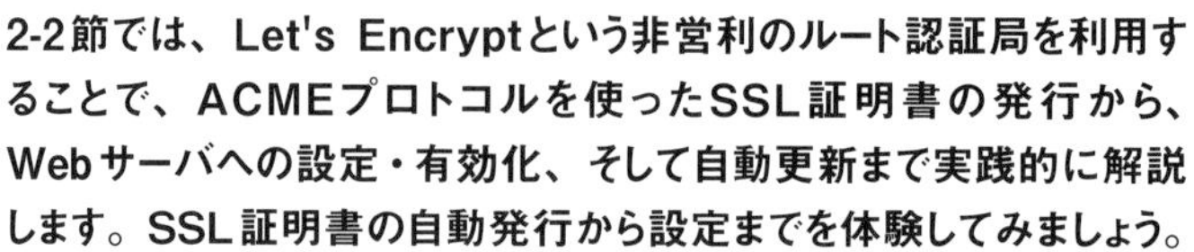

2-2節では、Let's Encryptという非営利のルート認証局を利用することで、ACMEプロトコルを使ったSSL証明書の発行から、Webサーバへの設定・有効化、そして自動更新まで実践的に解説します。SSL証明書の自動発行から設定までを体験してみましょう。

Let's Encryptとは?

Let's Encryptは2014年に作られたISRG(Internet Security Research Group)が運営する非営利のルート認証局で、誰でも無料でドメイン認証型のSSL証明書が取得できるのが最大の特徴です。ACME(Automatic Certificate Management Environment)プロトコルを使ったSSL証明書の自動発行／更新システムを運営しており、2022年末で3億のWebサイトにSSL証明書を発行しています。非営利ということで運営費用は寄付によって賄われており、世界中から大手IT企業、ホスティング事業者などがスポンサープログラムに参加しています。日本からも、時雨堂、さくらインターネット、LINEといった企業が年間スポンサーとして参加しており、さらにスポットの寄付も多く集まっています。

SSL証明書における有料、無料の違い

Let's Encryptは誰でも無料でSSL証明書を利用できますが、世の中には10万円を超える高価なSSL証明書も存在します。価格による違いはあるのでしょうか?　いくつかのポイントで無料と有料のSSL証明書を比較してみましょう。

暗号強度

「無料のSSL証明書だと暗号が解読されやすかったりしますか?」という質問をよく受けるのですが、2-1節で紹介しているとおり、データの暗号化に利用する共通鍵暗号はTLSハンドシェイク時にサーバとクライアントが決めるものであり、SSL証明書には依存しません。ドメイン認証に使われる暗号アルゴリズムはSSL証明書、認証局に依存しますが、Let's EncryptではRSA、ECDSAどちらでもSSL証明書が発行できます。

サポート体制

有料のSSL証明書はインストール時のトラブルなどを認証局のサポートセンターで解決できる場合があります。Let's Encryptではフォーラムで世界中の開発者とコミュニケーションを取ることができますが、日本語で気軽に質問できる雰囲気ではないので、ある程度の覚悟と語学力が必要になります。手厚いサポートは期待できませんがLet's Encrypt自体の利用者が非常に多いため、インターネットで設定方法などが多数公開されています。ユーザーの絶対数が非常に多くネットの情報量という点ではどの認証局にも負けないものがあります。

自動発行・自動更新のインフラを運用してい

る以上、APIの応答遅延やエラーといったイレギュラーなケースは多々あります。こうした障害は基本的にWebでのステータス表示のみとなりますし障害報告書を出してもらえることもないので、クリティカルなシステムでの利用には注意する必要があります。

端末カバレッジや失効処理

2-1節でも紹介している、Let's Encryptのルート証明書移行により端末カバレッジが大きく変更されそうになった、という問題が発生しました。これは「無料だから」というわけではなく、Let's Encryptが新しいルート証明書を使おうとしていることに起因します。

また、ドメイン認証方法の問題から数百万枚のLet's EncryptのSSL証明書が失効処理されかけたといったこともありました。こういった大量失効が発生する場合、有料SSL証明書を扱っている認証局のほうがサポート、連絡を丁寧に行ってもらえる可能性があります。ただし、インシデントの内容にもよりますが緊急時の失効処理は24時間、5日といったかなり短時間に規定されており、インシデントの規模によって延長が協議のうえ行われている状況です。基本的には迅速に入れ替えられる状態を作っておくのが理想です。

Let's Encryptで証明書発行

それでは実際にLet's EncryptのSSL証明書を発行する方法を紹介します。今回はApache Licenseで提供されるOSSのcertbot[注1]を例に挙げますが、基本的な流れはlegoなどほかのクライアントでも同様となります。certbotはPythonベースで結構いろいろな付属物もインストールされるので好みは分かれますがネットでの情報は一番多く存在しています。

certbotのインストールとセットアップ

certbotは、たいていのLinuxディストリビューションのデフォルトのリポジトリでインストール可能です。Ubuntu 20.04では、`sudo apt install certbot`でインストールできます。certbotの各種オプションは、`certbot help`で確認できます。代表的なものをピックアップしてみます(**表1**)。なお、certbotの実行は管理者権限が必要です。

実際にSSL証明書発行をリクエストしてみる

ACMEを使っているからといって、ほかのSSL証明書と認証においては大きな違いはありません。発行リクエスト→ドメイン認証用トークン発行→適切な場所に設置→認証リクエスト→ドメイン認証→SSL証明書発行の流れになるのは有料のものとほぼ同じで、最初にお金の支払い確認が入るかどうかぐらいの違いです。

`--webroot`を選択しておけば、Webサーバで設定しているドキュメントルートのパス(/var/www/htmlなど)を入れることで自動で置いてくれるモードも選べます。今回は発行までのステップを学ぶために`--manual`を使って

注1) SSL証明書の発行・管理のためのツール。ACME準拠のAPIが用意されていれば、Let's Encrypt以外の認証局の証明書を発行することもできる。

▼表1　certbotのオプション例

オプション	意味
`certonly`	SSL証明書を発行して設置する
`-d Domains`	発行対象のドメインを指定する
`--webroot`	対象ドメインのドキュメントルートパスを指定できる。認証トークンが自動で設置される
`--manual`	認証トークンを手動で設置する
`--preferred-challenges dns`	DNS-01認証を行う。ワイルドカード証明書発行時は必須

手動で認証トークンを設置してみます(**図1**)。

初回実行時はメールアドレスとIPアドレス保存の可否を聞かれます。メールアドレスは何かしらの理由で更新が行われていないときにアラートが送信されますので正直に答えておきましょう。

図2では3行めの内容を含んだファイルを、7行めのファイル名とパスに設置するように求められます。今回は-dオプションで2つのドメインを設定していますので2回聞かれます。一度にリクエストしても異なる内容、異なるファイル名になりますので注意してください。対話モードでcertbotを実行すると処理中は抜けられなくなりますので別のセッションを作ってディレクトリとファイルを作成します(**図3**)。**図2**ですぐに[Enter]を押してしまうとファイルが設置されていないのにドメイン認証が実行されてしまうので気をつけましょう。

書き方はそれぞれですが、ファイルを作成して内容を書き込みます。

ドメイン認証時のよくあるミスで、サイトに認証がかかっていてアクセスできないとドメイン認証に失敗してSSL証明書は発行されません。外部から指定のファイルにアクセスできるかどうかの確認が重要です。これが終わったら[Enter]を押します。次にwww付きのドメイン

▼図1　certbotで認証トークンを手動で設置する

```
# certbot certonly --manual -d example.jp,www.example.jp

Saving debug log to /var/log/letsencrypt/letsencrypt.log
Plugins selected: Authenticator manual, Installer None
Obtaining a new certificate
Performing the following challenges:
http-01 challenge for example.jp
http-01 challenge for www.example.jp

- - - - - - - - - - - - - - - - - - - - - - - - - - - - - - - - - - - - - - - -
NOTE: The IP of this machine will be publicly logged as having requested this
certificate. If you're running certbot in manual mode on a machine that is not
your server, please ensure you're okay with that.

Are you OK with your IP being logged?
- - - - - - - - - - - - - - - - - - - - - - - - - - - - - - - - - - - - - - - -
(Y)es/(N)o:
```

▼図2　認証トークンが発行され、ドメイン認証を実行するか確認される

```
Create a file containing just this data:

EOWcHm2INiKiGvQyBPVkttAsFNt9DGTEJgSWuG5GN4A.Yj4oltkd6FhZGV4Y90iL-me0IcEZLqvaVPjcV3lCbP4

And make it available on your web server at this URL:

http://example.jp/.well-known/acme-challenge/EOWcHm2INiKiGvQyBPVkttAsFNt9DGTEJgSWuG5GN4A
- - - - - - - - - - - - - - - - - - - - - - - - - - - - - - - - - - - - - - - -
Press Enter to Continue
```

▼図3　新しいセッションでディレクトリとファイルを作成する

```
# cd /ドメインのドキュメントルート
# mkdir -p .well-known/acme-challenge/
# cd .well-known/acme-challenge/
# echo "EOWcHm2INiKiGvQyBPVkttAsFNt9DGTEJgSWuG5GN4A.Yj4oltkd6FhZGV4Y90iL-⏎
me0IcEZLqvaVPjcV3lCbP4" > EOWcHm2INiKiGvQyBPVkttAsFNt9DGTEJgSWuG5GN4A
```

についても同様にトークンが発行されますので、設置作業を行い、Enterを押します。

これで無事に認証が完了して表示されているパスにサーバ証明書と中間CA証明書、秘密鍵が設置されました(**図4**)。

ワイルドカード証明書を作成する場合はファイル認証が選択できず、DNS-01認証と呼ばれるDNS認証のみになります。ファイル認証と同様にトークンが発行されますので、_acme-challenge.example.jpのTXTレコードにトークンを書き込みます。certbotには有名なDNSのAPIを操作するプラグインがありますので、さくらのクラウドDNSなどを使っている場合はこれを利用して更新を自動化できます。自動更新でDNS認証を使う場合はこのAPI操作がほぼ必須となりますのでAPIを備えたDNSを利用しましょう。

なお、自動更新を行うには--manualを付け

▼図4　ドメイン認証後、SSL証明書が発行・設置される

```
Waiting for verification...
Cleaning up challenges

IMPORTANT NOTES:
 - Congratulations! Your certificate and chain have been saved at:
   /etc/letsencrypt/live/example.jp/fullchain.pem
   Your key file has been saved at:
   /etc/letsencrypt/live/example.jp/privkey.pem
   Your cert will expire on 2021-05-02. To obtain a new or tweaked
   version of this certificate in the future, simply run certbot
   again. To non-interactively renew *all* of your certificates, run
   "certbot renew"
 - If you like Certbot, please consider supporting our work by:

   Donating to ISRG / Let's Encrypt:   https://letsencrypt.org/donate
   Donating to EFF:                    https://eff.org/donate-le
```

▼図5　--webrootオプションでトークンを自動更新する

```
# certbot certonly --webroot -w /var/www/html -d example.jp,www.example.jp

Saving debug log to /var/log/letsencrypt/letsencrypt.log
Plugins selected: Authenticator webroot, Installer None
Obtaining a new certificate
Performing the following challenges:
http-01 challenge for example.jp
http-01 challenge for www.example.jp
Using the webroot path /var/www/html for all unmatched domains.
Waiting for verification...
Cleaning up challenges

IMPORTANT NOTES:
 - Congratulations! Your certificate and chain have been saved at:
   /etc/letsencrypt/live/example.jp/fullchain.pem
   Your key file has been saved at:
   /etc/letsencrypt/live/example.jp/privkey.pem
   Your cert will expire on 2021-05-02. To obtain a new or tweaked
   version of this certificate in the future, simply run certbot
   again. To non-interactively renew *all* of your certificates, run
   "certbot renew"
 - If you like Certbot, please consider supporting our work by:

   Donating to ISRG / Let's Encrypt:   https://letsencrypt.org/donate
   Donating to EFF:                    https://eff.org/donate-le
```

てマニュアル設定をしてしまうと都度ファイルを自分で置かなければならなくなります。--webrootオプションを利用してドキュメントルートにcertbotが認証トークンを設置する発行方法で、更新時も都度発行されたトークンを自動的に設置できるようになります(図5)。「.well-known/acme-challenge」というディレクトリ名はタイプミスが非常に多くSSL証明書発行時のトラブルの元になりますので、自動で設置してくれるオプションは便利です。

エラーにより発行ができない場合

ドメイン認証に何らかのエラーがあり発行が完了しない場合にはエラーが表示されます。記載されているエラー内容を確認して対処する必要があります。

図6のエラーはCAAレコードの検証に失敗した場合に表示されます。DNSでCAAを設定しておらず、2-1節で紹介したように発行リクエストしたドメインには設定されていなくても、上階層のドメインでCAAが設定されている場合はこうしたエラーが発生します。ゾーン自体

▼図6　CAAレコードの検証に失敗した場合

```
Failed authorization procedure. sub.example.jp (http-01): urn:ietf:params:acme:error:caa ⏎
:: CAA record for sub.example.jp prevents issuance

IMPORTANT NOTES:
 - The following errors were reported by the server:

   Domain: sub.example.jp
   Type:   None
   Detail: CAA record for sub.example.jp prevents issuance
```

▼図7　認証ファイルへのリクエストが404エラーを返した場合

```
Failed authorization procedure. sub.example.jp (http-01): urn:ietf:params:acme:error:⏎
unauthorized :: The client lacks sufficient authorization :: Invalid response from http://⏎
sub.example.jp/.well-known/acme-challenge/TsGGUD96L7tNDrI7xofjPqbJiPXvYBoomzh252tD3H0 ⏎
IPアドレス: "<html>\r\n<head><title>404 Not Found</title></head>\r\n<body bgcolor=\"white\">⏎
\r\n<center><h1>404 Not Found</h1></center>\r\n<hr><center>"

IMPORTANT NOTES:
 - The following errors were reported by the server:

   Domain: sub.example.jp
   Type:   None
   Detail: CAA record for sub.example.jp prevents issuance

   IMPORTANT NOTES:
 - The following errors were reported by the server:

   Domain: sub.example.jp
   Type:   unauthorized
   Detail: Invalid response from
   http://sub.example.jp/.well-known/acme-challenge/TsGGUD96L7tNDrI7xofjPqbJiPXvYBoomzh252tD3H0
   IPアドレス: "<html>\r\n<head><title>404 Not
   Found</title></head>\r\n<body bgcolor=\"white\">\r\n<center><h1>404
   Not Found</h1></center>\r\n<hr><center>"

   To fix these errors, please make sure that your domain name was
   entered correctly and the DNS A/AAAA record(s) for that domain
   contain(s) the right IP address.
```

がなくてもエラーが発生しますので注意が必要です。

図7は認証ファイルへのリクエストが404エラーを返した場合です。--webrootオプションを利用するとサーバ内のドキュメントルートへの認証トークンの設置はcertbotが自動で行いますが、そもそもWebサーバの設定が済んでいなかったり、名前解決ができなかったりするとドメイン認証ができずSSL証明書は発行されません。このほかにも不適切なドメイン名などで発行に失敗するケースもありますが、認証ファイルの未設置とCAAレコードの検証エラーは高頻度で発生します。事前に名前解決ができるか、認証ファイルは外部ネットワークからアクセス可能か、CAAレコードは適切に設定されているか（あるいは空欄になっているか）を確認してから設定を行いましょう。

Webサーバの設定を行う

SSL証明書が無事に発行されたら、次はWebサーバへ設定して有効化しましょう。ここではNginxを例にSSL証明書の設定方法を紹介します。

Nginx設定ファイルでの記述方法

certbotを使うと自動的に秘密鍵とサーバ証明書、中間CA証明書を設置してくれます（**図8**）。なお、fullchain.pemにサーバ証明書、中間CA証明書が含まれています。

これらをnginx.confなどのserverセクションに記述することで設定可能です（**リスト1**）。ほかの箇所は省きますが、ssl_protocolsでTLS v1.2とTLS v1.3を有効にし、ssl_ciphersに利用する暗号スイートを指定しました。ssl_prefer_server_ciphersによってサーバ側の暗号スイート、プロトコルを優先する設定にしています。今回はIPAのガイドラインに掲載されている推奨セキュリティ設定の暗号スイートを利用しました。高セキュリティ設定より利用できる暗号スイートが多く、端末カバレッジで大きな問題はありません。なお、TLS v1.3はWebサーバ、OpenSSLのバージョンによってまだ使えない場合もあります。その際はTLS v1.2の指定のみで問題ありません。

プロトコルと暗号スイートの設定に気をつける

TLSは1.2と1.3のみを使い、暗号スイートをすべて明示的に記載しています。ネット上では暗号スイートを明示せずにHIGHとだけ指定する方法も紹介されていますが、この場合鍵長128ビット以上の共通鍵暗号を利用した暗号スイートが選択されてしまうため不要なものまで有効化されてしまいます。利用する暗号スイー

▼図8　秘密鍵、サーバ証明書、CA証明書が自動設置される

```
/etc/letsencrypt/live/ドメイン名/fullchain.pem
/etc/letsencrypt/live/ドメイン名/privkey.pem
```

▼リスト1　設定ファイルに記述する内容

```
ssl on;
ssl_protocols  TLSv1.2 TLSv1.3;
ssl_certificate_key /etc/letsencrypt/live/example.jp/privkey.pem;
ssl_certificate /etc/letsencrypt/live/example.jp/fullchain.pem;
ssl_prefer_server_ciphers on;
ssl_ciphers 'ECDHE+AESGCM:DHE+aRSA+AESGCM:ECDHE+AESCCM:DHE+aRSA+AESCCM:+AES256:ECDHE+CHACHA↩
20:DHE+aRSA+CHACHA20:+DHE:ECDHE+AES128:ECDHE+CAMELLIA128:ECDHE+AES:ECDHE+CAMELLIA:+ECDHE+SH↩
A:DHE+aRSA+AES128:DHE+aRSA+CAMELLIA128:DHE+aRSA+AES:DHE+aRSA+CAMELLIA:+DHE+aRSA+SHA';

ssl_stapling on;
ssl_stapling_verify on;
```

トは直接書いておいたほうがわかりやすくメンテナンスもしやすいです。SSL Labsの運営するサイト[注2]でテストを行うとサーバで有効化されている暗号スイートが表示できます。IPAのガイドラインに記載されている高セキュリティ型を選択すると、WEAK判定される暗号化モードCBCを利用しないため安全性が高くなりますが、古めのSafariやInternet Explorerが非対応となってしまうため設定時には注意が必要です。CBCはTLS v1.1以上で適切に実装されていれば問題ないとされていますが、何度か脆弱性が発見されておりWEAK判定となる経緯になっています。

OpenSSLのciphersコマンドを利用すると暗号スイート設定時に実際に使われる暗号スイートをリストで表示できます(**図9**)。

!で指定するとそれが含まれる暗号スイートが除外されます。さまざまな経緯を経て、安全な暗号スイートは少なくなっていますが、古いApacheを使っていたりするとデフォルトではSSL v3利用でRC4利用可といった脆弱な設定が有効化されるので注意が必要です。今使っているWebサーバの設定がわからない場合、設定ファイルに指定されている暗号スイートをOpenSSLで確認することもできます。

注2) https://www.ssllabs.com/ssltest/

設定ファイルのバリデーションを行う

設定ファイルが有効かどうか確認してからリロードしましょう(**図10**)。キーペアやファイルの有無の検証が行われますので、手動で設置した場合は気をつけましょう。

設定が完了したらまずはブラウザで確認したうえで、SSLチェッカーを利用して意図した暗号スイートになっているか、意図したプロトコルが有効になっているかを確認します。

証明書の自動更新を構成する

初期設定ができたらいよいよLet's Encryptの醍醐味である自動更新を設定しましょう。といってもcertbot renewをcronで定期実行するだけです。certbotは残存期間が30日を切ると更新処理を行いますので、とくに事情がなければ週1回ぐらいの頻度で実行すれば問題ありません。Let's Encryptのエンジニアは毎日実行しても問題ないとフォーラムで回答していたこともあります。

ただし、大量失効インシデントなどが起きた場合、通常の更新ではなく強制的に更新する--force-renewalのオプションを利用しなければならない場合もあります。実際、Let's EncryptのCAAレコード検証に問題のあった

▼図9 暗号スイートをリスト表示する

```
# openssl ciphers -v 'HIGH !MD5:!RC4'

TLS_AES_256_GCM_SHA384  TLSv1.3 Kx=any      Au=any  Enc=AESGCM(256) Mac=AEAD
TLS_CHACHA20_POLY1305_SHA256 TLSv1.3 Kx=any      Au=any  Enc=CHACHA20/POLY1305(256) Mac=AEAD
TLS_AES_128_GCM_SHA256  TLSv1.3 Kx=any      Au=any  Enc=AESGCM(128) Mac=AEAD
ECDHE-ECDSA-AES256-GCM-SHA384 TLSv1.2 Kx=ECDH     Au=ECDSA Enc=AESGCM(256) Mac=AEAD
ECDHE-RSA-AES256-GCM-SHA384 TLSv1.2 Kx=ECDH     Au=RSA  Enc=AESGCM(256) Mac=AEAD
(..略..)
```

▼図10 設定ファイルが有効であることを確認してリロードする

```
# nginx -t
nginx: the configuration file /etc/nginx/nginx.conf syntax is ok
nginx: configuration file /etc/nginx/nginx.conf test is successful
# systemctl reload nginx
```

インシデントの際も「ACMEクライアントの開発者とともに失効確認、自動更新が行えるようにテストしていく」ことが述べられていました。これは、自動更新リクエストタイミングがユーザーのcron実行スケジュールに依存しており認証局側から失効対象にプッシュして更新できるすべがないことによるもので、Let's Encryptに限らず失効の検出とイレギュラーな更新の実行処理はSSL証明書を自動更新するうえで大きな課題になるでしょう。

renewコマンドで実行される更新処理の対象については/etc/letsencrypt/renewalの配下に設定ファイルが保存されています。更新処理をしたくない場合はファイルを削除してしまえば処理が行われなくなります。当然ですが、更新の際もドメイン認証が必要になります。更新に失敗する場合は原因を探るためにログを調査します。初期設定では/var/log/letsencryptにログが保存されていますので内容を確認すると、更新失敗の原因がわかります。なお、更新処理後はWebサーバのリロードなどが必要になります。cron設定を行う場合は最後にこの処理を入れるのを忘れないでください。

このように自動更新は比較的簡単に設定できますが、何らかのエラーで正常に更新が行われずに人知れず有効期間が切れてしまうこともあります。さくらのクラウドシンプル監視のようなサービスを使ってSSL証明書の有効期間を検証し、アラートを出してくれるサービスの利用も検討すると良いでしょう。

Let's Encrypt特有の仕様に注意しよう

Let's Encryptでは無料でSSL証明書が発行できますが、無限に発行ができるわけではありません。一般の人が普通に使うぶんには気にならないぐらいの制限ですが、大規模システムにLet's Encryptを組み込む場合はこの制限を把握しておく必要があります。

同一コモンネーム制限

一番大きな制限は、同一コモンネームの発行可能数が週5枚まで制限です。初期設定で利用するぶんには毎日cronで更新リクエストをしても更新可能期間にならないと更新されないので週に5枚の制限を超えることはあまりありません。しかし、`--force-renewal`のオプションを使用して毎日更新を行ったりすると、1週間以内に5枚の制限を超えてしまいそれ以上の発行ができなくなります。

登録ドメイン数制限

1つのドメインにつき週50枚までの制限です。ここでのドメインとは、FQDN（完全修飾ドメイン名）ではなくルートドメインとなります。たとえば、sub.example.jpとsub2.example.jp、sub.sub3.example.jpのSSL証明書を発行すると、カウントは3となります。大量のサブドメインでLet's Encryptを運用したい場合は、DNS認証のハードルはありますがワイルドカード証明書を使うほうが適しています。週○枚までといった制限の解除方法は、基本的には1週間待つしかありません。

認証待ち証明書数

ドメイン認証待ちの発行リクエストは300までとされています。これは前述の手動発行の手順の中だと、トークンが発行されてから Enter を押す間の申請の数ですので、個人のアカウントで300を超えるケースはまれかと思いますが、大規模ホスティング事業者など、複数ドメインを大量発行するリクエストが予想される場合は、できるだけ早く認証が完了するしくみや、発行リクエストが増えてきた際にアカウントの再生成を行うしくみが必要となります。

まとめ

今回はLet's Encryptを例にSSL証明書を

ACMEで発行し、更新するしくみを紹介しました。2021年2月時点では、ACMEで発行・更新ができるのは、大手ルート認証局だとLet's EncryptとZero SSLぐらいですが、今後各認証局から有料のSSL証明書をACMEで発行・更新できるようなソリューションが提供されればSSL証明書の自動化はより進んでいくと思われます。今後に備えてACMEクライアントの選定や発行、更新方法の調査をしておくことにけっして損はないでしょう。SD

Column Webサイトの SSL 設定完了後チェックリスト

SSL/TLSは、設定ミスにより即サイト閲覧ができなくなるリスクの高い設定ですが、さらに端末やブラウザに依存する部分が多く、なんとなく最新版のChromeで確認したら問題なかったが、よくよくチェックしたら古いiPhoneなど多くの端末で閲覧できていなかったというトラブルがつきものです。SSL/TLSを設定したあとのチェックリストを参考にしてください。

手元のブラウザでサイトが閲覧できるか

まず手元のブラウザでサイトが閲覧できるかを確認しましょう。見えていれば、いったん詳細の確認に進みましょう。なお、SSL/TLS関連のブラウザ側のエラーは多岐にわたっておりすべて記載することはできませんが、ブラウザでエラーが出る場合はだいたいエラー名で検索すると答えが見つかります。取り急ぎここでは「サイトがぱっと見閲覧できているか」レベルの確認で大丈夫です。

SSL チェッカーを使って確認する

SSL Labsの運営するサイト注Aのチェック項目が非常に多岐にわたっており、ここで確認すればほぼ網羅できます。TLSのバージョンや暗号スイートが意図したものになっているか、ターゲットの端末で疎通できていそうかを確認します。もちろん実機が手元にあればそれで確認するのが確実ですが、中には入手性の低い古い端末、環境もありますので、問題なさそうなことが、ある程度はチェッカーでわかります。また、中間CA証明書の設定忘れをしている場合、Certification Pathsの項目で確認できます。

Mixed contentなどのHTMLソース側の問題を確認する

ここからはブラウザに戻って詳細を確認していきます。Chromeなどで開発者ツールを開き、[Network]タブを選びます。項目バー上で右クリックして[Scheme]を追加します（図A）。Schemeをクリックするとhttps/httpでソートできますので、httpソースのものを発見して、HTMLやJavaScript内からURLが記載された箇所を探して潰していきます。

注A）https://www.ssllabs.com/ssltest/

▼図A　[Scheme]を追加してhttps/httpでソートする

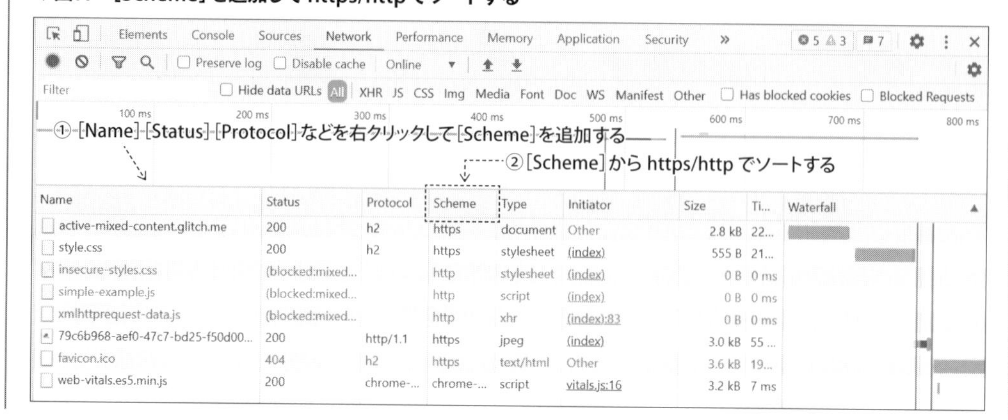

リダイレクトを設定する／確認する

SSLの設定が問題なさそうならhttp://～のURLからhttps://～のURLへのリダイレクトを設定します。.htaccessやhttpd.conf、nginx.confなどで設定できますが、リダイレクトはブラウザにキャッシュされますので注意しましょう。curlが使える方はそちらで確認するほうが確実です（**図B**）。リダイレクトの条件についてはサーバの環境変数「HTTPS」を読むのが一般的ですが、レンタルサーバによってはリバースプロキシが原因で正常に出力されていない場合もあり、注意する必要があります。

HSTSの設定を行う

HSTS（Hypertext Strict Transport Security）はレスポンスヘッダを使用してブラウザに「次からは直接https://でリクエストしてね！」と伝えるしくみです。

```
Strict-Transport-Security: max-
age=31536000;
```

レスポンスヘッダにこのように設定すると、31,536,000秒、つまり1年間はリダイレクトがブラウザにキャッシュされhttpsに直接アクセスします。これにより、エンドユーザーがブラウザに登録したお気に入りのURLを変更することなく長期にわたり直接https化されたURLへアクセスできます。サーバ側でリダイレクトしていればURLの統一はできますが、最初のリクエストがhttpで行われると、なりすましなどの中間者攻撃のリスクがありますので、これを防ぐのが目的です。**図B**のレスポンスヘッダはHSTSが約半年に設定されています。

セキュリティは高まりますが、年単位でキャッシュされてしまうリスクの高い設定になりますので短めの時間で設定し、問題がなさそうならmax-ageを増やしていくことをお勧めします。HSTSにはプリロードの機能もあり、ChromeやFirefox用のリストに登録することでHSTSのヘッダを読まなくても初回からhttpsで接続しにきてもらえる機能もあります。また、サブドメインも含めてという設定もできるのですが、配下のサブドメインのサイトがhttps化されていないと閲覧できなくなってしまうのでこちらも要注意です。

各種計測ツール、広告タグ設定などの確認

自分のサイトのURLを外部サービスに登録している場合は、登録URLもhttps://～に変更しておく必要があります。変更後は必ず動作確認を行いましょう。

印刷物などの修正

名刺などの印刷物にURLを記載している場合はこれも変更しましょう。リダイレクトしていれば急ぐ必要はありませんので、更新や改訂のタイミングで無理せず行いましょう。

▼図B　curlでリダイレクトの設定を確認する

```
$ curl -IL http://example.jp

HTTP/1.1 301 Moved Permanently
Server: nginx
Date: Tue, 02 Feb 2021 08:16:55 GMT
Content-Type: text/html
Content-Length: 162
Connection: keep-alive
Location: https://example.jp/
Strict-Transport-Security: max-age=15768000

HTTP/1.1 200 OK
Server: nginx
Date: Tue, 02 Feb 2021 08:16:55 GMT
Content-Type: text/html; charset=UTF-8
Connection: keep-alive
Cache-Control: max-age=0, must-revalidate, s-maxage=3600, public
Strict-Transport-Security: max-age=15768000
```

最新刊！

上原一樹、勝俣智成、佐伯昌樹、原田登志 著
A5判・360ページ
定価 3,200円（本体）+税
ISBN 978-4-297-13206-4

プロを目指す人のためのTypeScript入門
鈴木僚太 著
B5変形判・424ページ
定価 2,980円（本体）+税
ISBN 978-4-297-12747-3

上田拓也、青木太郎、石山将来、伊藤雄貴、生沼一公、鎌田健史, ほか 著
B5変形判・400ページ
定価 2,980円（本体）+税
ISBN 978-4-297-12519-6

Software Design plusシリーズは、OSとネットワーク、IT環境を支えるエンジニアの総合誌『Software Design』編集部が自信を持ってお届けする書籍シリーズです。

徳永航平 著
A5判・148ページ
定価 2,280円（本体）+税
ISBN 978-4-297-11837-2

生島勘富、開米瑞浩 著
A5判・248ページ
定価 2,480円（本体）+税
ISBN 978-4-297-10717-8

曽根壮大 著
A5判・288ページ
定価 2,740円（本体）+税
ISBN 978-4-297-10408-5

改訂 Hinemos統合管理［実践］入門
澤井健、倉田晃次、設楽貴洋、ほか 著
定価 3,800円+税 ISBN 978-4-297-11059-8

［改訂3版］Zabbix統合監視実践入門
寺島広大 著
定価 3,680円+税 ISBN 978-4-297-10611-9

Kubernetes実践入門
須田一輝、稲津和磨、五十嵐綾、ほか 著
定価 2,980円+税 ISBN 978-4-297-10438-2

データサイエンティスト養成読本 ビジネス活用編
養成読本編集部 編
定価 1,980円+税 ISBN 978-4-297-10108-4

セキュリティのためのログ分析入門
折原慎吾、鐘本楊、神谷和憲、ほか 著
定価 2,780円+税 ISBN 978-4-297-10041-4

クラウドエンジニア養成読本
養成読本編集部 編
定価 1,980円+税 ISBN 978-4-7741-9623-7

IoTエンジニア養成読本 設計編
養成読本編集部 編
定価 1,880円+税 ISBN 978-4-7741-9611-4

ゲームエンジニア養成読本
養成読本編集部 編
定価 2,180円+税 ISBN 978-4-7741-9498-1

ソーシャルアプリプラットフォーム構築技法
田中洋一郎 著
定価 2,800円+税 ISBN 978-4-7741-9332-8

マジメだけどおもしろいセキュリティ講義
すずきひろのぶ 著
定価 2,600円+税 ISBN 978-4-7741-9322-9

Amazon Web Services負荷試験入門
仲川樽八、森下健 著
定価 3,800円+税 ISBN 978-4-7741-9262-8

IBM Bluemixクラウド開発入門
常田秀明、水津幸太、大島騎頼 著、Bluemix User Group 監修
定価 2,800円+税 ISBN 978-4-7741-9084-6

［改訂第3版］Apache Solr入門
打田智子、大須賀稔、大杉直也、ほか 著、(株)ロンウイット、(株)リクルートテクノロジーズ 監修
定価 3,800円+税 ISBN 978-4-7741-8930-7

Ansible構成管理入門
山本小太郎 著
定価 2,480円+税 ISBN 978-4-7741-8885-0

伊藤淳一 著
B5変形判・568ページ
定価 2,980円（本体）+税
ISBN 978-4-297-12437-3

1日1問、半年以内に習得 シェル・ワンライナー160本ノック
上田隆一、山田泰宏、田代勝也、中村壮一、今泉光之、上杉尚史 著
B5変形判・488ページ
定価 3,200円（本体）+税
ISBN 978-4-297-12267-6

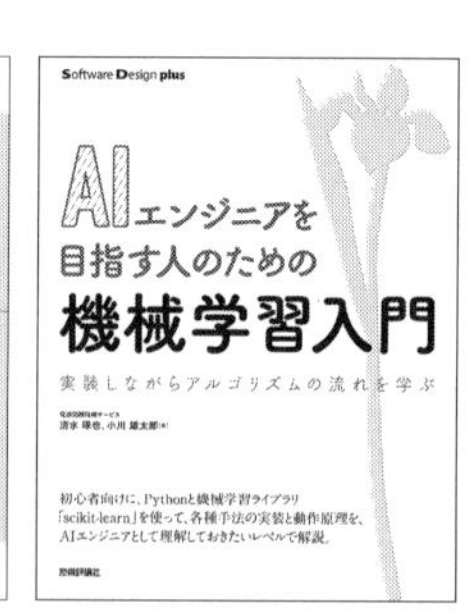

電通国際情報サービス 清水琢也、小川雄太郎 著
B5変形判・256ページ
定価 2,780円（本体）+税
ISBN 978-4-297-11209-7

小林明大、北原光星 著、中井悦司 監修
B5変形判・320ページ
定価 3,280円（本体）+税
ISBN 978-4-297-11215-8

福島光輝、山崎駿 著
B5判・160ページ
定価 1,980円（本体）+税
ISBN 978-4-297-11550-0

養成読本編集部 編
B5判・112ページ
定価 1,880円（本体）+税
ISBN 978-4-297-10869-4

養成読本編集部 編
B5判・114ページ
定価 1,880円（本体）+税
ISBN 978-4-297-10690-4

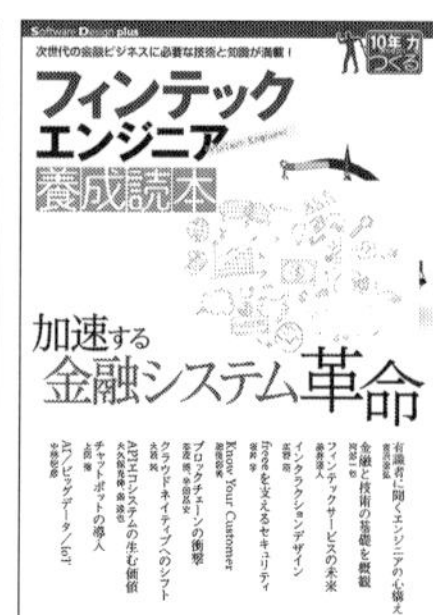

養成読本編集部 編
B5判・200ページ
定価 1,980円（本体）+税
ISBN 978-4-297-10866-3

技術評論社

第3章 今さら聞けないSSH

現代のシステム開発／運用では、LANやインターネット上のサーバにログインして作業することが大半です。そして、サーバに接続するときには当たり前のようにSSH(Secure Shell)が使われます。みなさんも、何らかのSSHクライアントを使っていることでしょう。
SSHは通信経路を暗号化し安全なリモートアクセスを実現するものですが、正しく使わないと、その安全性は保証されません。
本章では初心にかえり、sshコマンドの基本的な使い方をおさらいします。今一度、自分の使い方が間違っていないかを確認しましょう。また、sshコマンドには作業を効率化する機能や、応用的な機能が存在します。せっかくですから、それらの機能も必要に応じて使えるように確認しておきましょう。

Author　くつな りょうすけ　株式会社サーバーワークス　Twitter　@ryosuke927

第3章 今さら聞けないSSH

3-1 リモートログインとコマンドの実行

オンプレでもクラウドでも、サーバのリモートメンテナンスに必須のツールと言っても過言ではないSSH。まず3-1節では、SSHの基本について説明していきます。

Author くつな りょうすけ 株式会社サーバーワークス
Twitter @ryosuke927

SSHの概要

リモートホストへのログイン

Network is Computerの時代、Webアプリ開発者やシステム管理者は、自分のPCから物理的にもネットワーク的にも離れたサーバなどのリモートホストを、何らかの方法で手元で操作できるようにして開発やリリース作業、システムメンテナンスなどを行っていることでしょう。

手元のPCからネットワーク上の離れた別のPCやシステムに、何らかの作業のために「入る」ことを本稿ではリモートログインと呼ぶことにします。

リモートログイン用のソフトウェア

LANや専用線、ダイヤルアップ経由で手元のPCから離れた場所にあるシステムにリモートログインするとき、何を利用するでしょうか？

調べてみると結構な数の製品があるので、ここではOSに標準装備されていて手軽に利用できるものだけ列挙してみます。

- RDP(Remote Desktop Protocol)：Windowsに標準で搭載されており、リモートのGUI環境を手元に表示する
- VNC(Virtual Network Computing)：RFB Protocol (Remote Frame Buffer)を使ってリモートのGUI環境を手元に表示する。初期バージョンがGPLで配布されたため、派生パッケージで利用可能
- SSH(Secure SHell)：リモートのホストにログインしてシェルなどを起動し作業する

CLIのリモートログインは、2000年ごろまではやりとりが暗号化されていないtelnetやrshなどのコマンドが使われていました。暗号化されていない「平文(ひらぶん)」でのやり取りは、リモートログイン先で認証を用意したとしても経路の途中でパケットキャプチャなどで盗聴されるとパスワードを含む通信内容は丸見えです。2000年ごろから、リモートログイン通信の盗聴を防ぐためにSSHの利用が急激に広まります。

SSHサーバとSSHクライアント

SSHは、SSHプロトコルを使ってSSHクライアントがSSHサーバに接続することでリモートログインを実現します。

SSHサーバ

Linuxディストリビューションに含まれているSSHサーバはOpenBSDプロジェクトが開発する「OpenSSH」です。Red Hat系／Debian系の両ディストリビューションでopenssh-serverというパッケージ名でインストールできます。Tectia SSH Serverなど商用のSSH製品もありますが、ここではOpenSSHのみを扱います。

リモートログインしたいLinuxサーバにSSHサーバがインストールされていない、または起動していない場合は、管理者権限で**図1**のコマ

ンドを実行します。

Red Hat系では起動時の指定が「sshd」になっていますね。末尾の「d」は「daemon(でーもん)」の「d」です。daemonは、Linuxでは「常駐プログラム」のように裏で稼働してサービスを提供するプロセスのことを意味します。ここでは「SSHサーバ」と書きましたが「SSHデーモン」と呼称することもあるので覚えておいてください。

SSHクライアント

LinuxでSSHサーバを稼働させる場合はほぼOpenSSHが利用されます。SSHクライアントはOSごとにいくつか選択肢があります。

以下、作業するPCのOSごとにSSHクライアントをいくつかピックアップします。

◆macOS

macOSにはデフォルトでsshコマンドがインストールされています。「ターミナル」を起動すればsshコマンドを利用できます。

◆Linux

多くのLinuxディストリビューションでは「OpenSSH」のクライアントパッケージが用意されています。Red Hat系では「openssh-clients」、Debian系では「openssh-client」のパッケージに含まれています。

◆Windows

「PuTTy」[注1]はシリアル通信、telnet、sshなどに利用できるターミナルエミュレータで、設定ツールとターミナルにGUI画面があります。コマンドプロンプトで利用できるscp・sftp用コマンドも含まれます。

「RLogin」[注2]はシリアル通信、telnet、sshで利用できるターミナルエミュレータで、複数のSSHサーバにタブを使って表示を分けたりと、使い勝手が良いです。

「Tera Term」[注3]はシリアル通信、telnetをサポートするWindows用ターミナルエミュレータとして当初リリースされ、あとからSSHをサポートするようになったソフトウェアです。

「WSL 2」[注4]ではWindows 10以降やWindows Serverでサポートされており、UbuntuなどのLinuxディストリビューションをインストールすればsshコマンドを利用できます。

「OpenSSH in Windows」[注5]はWindows 10、Windows Server 2019では標準でインストールされているOpenSSHで、コマンドプロンプトやPowerShellからsshコマンドを使えます。

sshの使い方

sshコマンドを使ってリモートログインとリモートでのコマンド実行を体験してみましょう。

sshコマンドのフォーマット

まず、sshコマンドのオプションや引数の指

注1) https://www.putty.org/

注2) https://kmiya-culti.github.io/RLogin/

注3) https://ttssh2.osdn.jp/index.html.ja

注4) https://docs.microsoft.com/ja-jp/windows/wsl/

注5) https://docs.microsoft.com/en-us/windows-server/administration/openssh/openssh_overview/

▼図1　各ディストリビューションでのSSHサーバインストール・起動

```
Red Hat系ディストリビューションの例
 $ sudo dnf install openssh-server    # パッケージインストール(yumしかない場合はdnfを置き換えてください)
 $ sudo systemctl start sshd          # 起動
 $ sudo systemctl enable sshd         # システム起動時にSSHサーバを起動する設定
Debian系ディストリビューションの例
 $ sudo apt install openssh-server    # パッケージインストール
 $ sudo systemctl start ssh           # 起動
 $ sudo systemctl enable ssh          # システム起動時にSSHサーバを起動する設定
```

定方法から確認しましょう。sshコマンドにはオプションとリモートホスト、コマンドを指定します。オプションとコマンドは省略可能です。

```
$ ssh オプション... ⏎
リモートホストのIPかFQDN コマンド
```

オプションは、sshでリモートホストにログインする際の接続するユーザーや認証のための指定、接続先ポートなどを指定します。

接続元のユーザー名と接続先のユーザー名が同じで、リモートログインしてシェルを動かせればよい場合は`ssh remote.example.com`のようにリモートホスト情報だけを指定すれば利用できます。

後述しますが、sshはリモートホストにログインするだけではなく、ログインしてシェルの代わりにコマンドを実行することができます。最後の「コマンド」の部分は実行コマンドを指定します。

sshコマンドに関するその他の情報は`man ssh`と実行して表示されるマニュアルを参照してみましょう。

リモートホストにログインしてみよう

SSHサーバが動作しているリモートホストにログインしてみましょう。

とはいえ、今どきのSSHが動いているリモートホストはそれなりにセキュリティ設定が施されている(と期待したい)ので手軽にログインできないかもしれません。可能であれば、Virtual Boxなどの仮想環境にLinuxをインストールし、openssh-serverを起動したホストをSSHのログイン先にするのがよいでしょう。

では、標準設定のSSHサーバが動作しているホストがあるとしてログインしてみましょう。**図2**はIPアドレス192.168.11.20を持つリモートホストに、ユーザー「ryosuke」でSSHログインを試みるコマンドです。`-l ryosuke`と、ユーザー名をあえて指定しています。ユーザー名は「`ssh ryosuke@192.168.11.20`」のように「ユーザー名@リモートホスト」で指定すれば「-l」オプションは不要です。

パスワードでのログイン

リモートホストにログインを試みると、**図3**の2行めのようにパスワード入力プロンプトが表示されます。リモートサーバのLinuxアカウントのパスワードを入力しましょう。ログインに成功すると、**図3**の3行めのように`ryosuke@raichle:~$`というプロンプトが表示されます。

接続したばかりですが、このリモートホストから抜けるにはexitコマンドか Ctrl + d を実行してシェルを終了すればローカルに戻れます。

SSHではリモートホストで実行したいコマンドも指定できます。たとえば最後に実行したいコマンドを記述すると実行結果が返ってきます。**図4**の実行例はSSHログイン後に`grep ryosuke /etc/passwd`を実行しています。

公開鍵認証

SSHはパスワードでログインする以外に公開鍵認証を利用できます注6。

公開鍵認証は公開鍵と秘密鍵のペアを使う認

注6) 公開鍵認証以外に証明書やYubikeyなどのFIDOデバイスも使えますが、ここでは割愛します。

▼図2　sshコマンドでリモートホストにログインする

```
$ ssh -l ryosuke 192.168.11.20
```

▼図3　sshコマンドでリモートホストにパスワードでログインする

```
$ ssh -l ryosuke 192.168.11.20
ryosuke@192.168.11.20's password:
ryosuke@raichle:~$
```

▼図4　sshでログイン後に実行するコマンドを指定する

```
$ ssh remote.example.com grep ryosuke /etc/passwd
ryosuke@remote.example.com's password:
ryosuke:x:500:500::/home/ryosuke:/bin/bash
```

証で、秘密鍵を持っているホストからのログインしかできなくなります。たとえLinuxユーザーアカウントのパスワードが漏れても、公開鍵認証に設定を絞っていれば秘密鍵のあるホスト以外からは不正ログインできなくなります。

また、公開鍵認証を利用するメリットとして、ログインパスワードの入力を省略したり、ログイン後に実行するコマンドを指定して動作を制限したりすることもできます。公開鍵認証は接続元を限定する以外に、システムの定期実行ジョブでリモートホストにSSH接続する必要がある場合などに重宝します。

秘密鍵が漏洩(ろうえい)してしまった場合の対策として、秘密鍵の持ち主しか知らないパスフレーズを使って秘密鍵を暗号化することもできます。

公開鍵認証のしくみ

公開鍵認証のしくみは次のとおりです。

- ログイン元に公開鍵と秘密鍵の鍵ペアを用意する
- リモートホストに公開鍵を設置する
- ログイン元から、リモートホストに設置した公開鍵と対になる秘密鍵を利用して認証する

「鍵ペア」は1つの秘密鍵と1つの公開鍵からなります。秘密鍵から公開鍵を作成することはできますが、公開鍵から秘密鍵を作成することはできません。公開鍵は第三者に見られてもかまいませんが、**秘密鍵は利用者だけが読めるようにしましょう。**

ssh-keygenで鍵ペアを作ってみよう

では「鍵ペア」を作ってみましょう。リモートホストへの接続元PCにopenssh-clientがインストールされているなら、ssh-keygenコマンドを使って作成します。

コマンドの実行後、いくつか質問されていますが、すべて Enter を押してやり過ごしています(**図5**)。

どんな質問をされているか見てみましょう。「Enter」から始まる行の(1) (2) (3)が、ユーザーが入力する場所です。(1)は作成する秘密鍵のファイル名を指定します。とくに指定せずに実行すると、実行したユーザーのホームディレクトリの.ssh以下にid_rsaという秘密鍵と、id_rsa.pubという公開鍵が作成されます。「.pub」の拡張子が付いているほうが公開鍵です。.pubは公開を表す「public」の略です。

(2)と(3)は秘密鍵を暗号化するためのパスフレーズを指定します。パスフレーズを入れずに「Enter」だけ押すと暗号化しません。

秘密鍵を作成後にパスフレーズでの暗号化を行う場合は**図6**のようにssh-keygenを使います。また、すでに設定してあるパスフレーズを変更する場合も同じようにssh-keygenを使います。

▼公開できる鍵をリモートホストに置くんだぞ。後悔はしない!

▼図5　ssh-keygenで鍵ペアを作成する

```
Generating public/private rsa key pair.
Enter file in which to save the key (/home/ryosuke/.ssh/id_rsa): (1)
Created directory '/home/ryosuke/.ssh'.
Enter passphrase (empty for no passphrase): (2)
Enter same passphrase again: (3)
Your identification has been saved in /home/ryosuke/.ssh/id_rsa.
Your public key has been saved in /home/ryosuke/.ssh/id_rsa.pub.
The key fingerprint is:
SHA256:EU05lyznWt4lpbH2AoCp1d5BCutlb1p3TfbIbSzjEhs ↵
ryosuke@rocky8.example.com
```

暗号化を止める場合はパスフレーズの入力箇所で文字を入れずに Enter を押せば暗号化を解除することができます。

ssh-copy-idで公開鍵をリモートホストに登録してみよう

作成した鍵ペアから、公開鍵をリモートホストに登録します。

すでに公開鍵認証のみが有効なサーバに登録するならそのサーバの管理者に登録を依頼する必要があるので、**公開鍵**を渡して登録を依頼しましょう。まだ公開鍵認証以外にパスワードも使えるサーバの場合は、パスワードでログインして公開鍵を配置しましょう。

ssh-copy-idは、**図7**の実行例のように引数にユーザー名@リモートホストを指定します。実行後、リモートホストのユーザーパスワードを聞かれるので入力して認証が通ると公開鍵が登録されます。

図7では省略していますが、「-i」で鍵を指定できます。公開鍵でも秘密鍵でも指定可能です。公開鍵であればそのまま登録しますし、秘密鍵が指定されていれば公開鍵を作成して登録されます。

パスワード認証が利用できないリモートホストにログインして鍵を置く場合は、次の手順で行います。

- 鍵ペアのあるログイン元ホストで公開鍵の内容をコピーする(クリップボードに保存する)
- リモートホストにSSHでログインする
- 鍵登録ファイル(~/.ssh/authorized_keysなど)をviやnanoで開いて、ファイル末尾に公開鍵の内容をペーストしてファイルを保存する

▼図6　秘密鍵を暗号化する

```
$ ssh-keygen -p -f .ssh/id_rsa   # 秘密鍵を初めてパスフレーズで暗号化する
Key has comment 'ryosuke@rocky8.example.com'
Enter new passphrase (empty for no passphrase): # パスフレーズを入力(1回目)
Enter same passphrase again:                    # パスフレーズを入力(2回目)
Your identification has been saved with the new passphrase.
$ ssh-keygen -p -f .ssh/id_rsa     # 秘密鍵のパスフレーズを変更、暗号化を解除する
Enter old passphrase:              # 現在のパスフレーズを入力
Key has comment 'ryosuke@rocky8.example.com'
Enter new passphrase (empty for no passphrase): # 新しいパスフレーズを入力(1回目)
Enter same passphrase again:                    # 新しいパスフレーズを入力(2回目)
Your identification has been saved with the new passphrase.
```

▼図7　公開鍵をリモートホストに登録する

```
$ ssh-copy-id ryosuke@bullseye.example.com
/usr/bin/ssh-copy-id: INFO: Source of key(s) to be installed: "/home/ryosuke/.ssh/id_rsa.⏎
pub"
The authenticity of host 'bullseye.example.com (192.168.1.27)' can't be established.
ECDSA key fingerprint is SHA256:6m1W+d+mi/aw+wCFBIcX+cT3u3eev1EAnrhEdBZtVLM.
Are you sure you want to continue connecting (yes/no/[fingerprint])? yes
/usr/bin/ssh-copy-id: INFO: attempting to log in with the new key(s), to filter out any ⏎
that are already installed
/usr/bin/ssh-copy-id: INFO: 1 key(s) remain to be installed -- if you are prompted now ⏎
it is to install the new keys
ryosuke@bullseye.example.com's password:

Number of key(s) added: 1

Now try logging into the machine, with:   "ssh 'ryosuke@bullseye.example.com'"
and check to make sure that only the key(s) you wanted were added.

$
```

注意点として、ターミナルで公開鍵をコピペする場合はcatコマンドで出力した公開鍵の文字列をマウスで選択してコピーしましょう。lessなどのページャで開くと改行が意図しないところに挿入される可能性があります。お気をつけください。

SSHサーバの設定によっては、公開鍵を登録するPATHが標準と異なることがあります。手で公開鍵を配置する場合は、サーバ管理者にPATHを確認しておきましょう。

▼公開鍵の登録と接続確認はハッピーセットです

公開鍵認証でリモートログインしてみよう

では作成した鍵ペアでSSHサーバにログインしてみましょう(**図8**)。sshコマンドはデフォルトでは秘密鍵を~/.ssh/id_rsaから読み込みます。秘密鍵ファイル名をデフォルトから変えていないならばssh -l ryosuke 192.168.11.10のように秘密鍵を指定するオプションを省略することができます。

もし違うファイル名の秘密鍵を指定する場合は-i ~/.ssh/id-rsa-testのように「-i」オプションを指定しましょう。

いくつかの案件を持っているインフラエンジニアは、案件やサーバごとに鍵ペアが異なる場合があります。その際は「-i」で秘密鍵を指定してSSHサーバに接続する必要があります。

SSHの操作を設定ファイルで効率化しよう

SSHで接続するリモートホストが増えると鍵やIPアドレス、ポート番号などの指定を忘れることがあります。可能であれば特定のホストに対してのユーザー名や鍵ファイル、ポート番号をひもづけてくれるとありがたいものです。それを実現するのが、SSHクライアント用設定ファイルの~/.ssh/config です。

あるリモートホストへのユーザー、鍵ファイル名、ポート番号を指定する設定を用意してみましょう(**リスト1**)。この例ではssh bullseyeとホスト名を指定してコマンドを入力すると、設定ファイルからHostを探して、該当するものがあればそこからユーザー名などの情報を取得し、SSHログインに利用します。

この設定ファイルの詳細はman ssh_configとコマンドするとファイルに記述できる項目を調べることができます。興味が出たらぜひ好みのカスタマイズを加えてみましょう。

さて、第1回はSSHの入門としてまとめました。次回は認証エージェントやSSHトンネル、SSHのトラブルシューティングを扱いたいと思います。この記事がみなさんのSSHライフに少しでも役立つことを願っています。SD

▼リスト1　~/.ssh/config の例

```
Host bullseye
    Hostname 192.168.1.27
    User ryosuke
    Port 2022
    IdentifyFile  ~/.ssh/id_rsa-bullseye
```

▼図8　sshログインコマンドの例

```
$ ssh srv01.example.com                    # 秘密鍵は~/.ssh/id_rsa、ユーザー名はローカルと同じユーザーを使う
$ ssh -l ryosuke -i ~/.ssh/id_rsa-srv01  srv01.example.com          # 秘密鍵を指定する
$ ssh -l ryosuke -p 2022 srv01.example.com          # 2022/tcpをSSHサーバのポート番号として使う
```

第3章

今さら聞けないSSH

3-2

SSHの便利な使い方&トラブルシューティング

3-1節ではコマンドの使い方、公開鍵認証に触れました。本節では、もう少しSSHを便利に使う方法と、SSHのトラブルシューティングに触れていきます。

Author くつな りょうすけ
株式会社サーバーワークス
Twitter @ryosuke927

SSHポート転送で楽しよう

SSHポート転送を使う場面

WANから直接接続できないネットワークに配置されたホストにアクセスしたいことがあります。たとえば、**図1**のような構成のネットワークがあったとします。「手元のPC」から「WebSRV」にHTTPでアクセスしたいけれど、LANの中に配置されていて届きません。ですが、「GWSRV」は、「手元のPC」からアクセスができ、LAN内のホストにアクセスができます。

GWSRVは、LANとインターネットの間にあるゲートウェイサーバ、ファイアウォールサーバとして配置されているか、またはDMZ(DeMilitarized Zone)注1に配置されているかもしれません。ここでは

- GWSRVはWebSRVにアクセスできる
- 手元のPCはGWSRVにSSHでアクセスできる
- 手元のPCはWebSRVに直接アクセスできない

と想定し、「手元のPCからWebSRVにHTTPでアクセスする」という目的を達成します注2。

SSHポート転送を利用してみよう

SSHは接続(コネクション)の上で、異なるホストとポートへの通信を転送することができます(**図2**)。これをSSHポート転送と言います。「SSHフォワード」や「SSHトンネル」と呼ぶこともあります。

手元のPCからWebSRVにアクセスできるように、まずSSHポート転送するためのsshコマンドを実行します。オプションに「-L:手元のPCのポート:転送先IP:転送先ポート」を指定する

注1) LANなどの内部ネットワークと分離し、外部向けサーバを配置・サービスを提供するネットワーク。

注2) SSHのポート転送にはローカル転送(-L)とリモート転送(-R)がありますが、本稿ではローカル転送のみを扱います。

▼図1 ネットワーク構成例

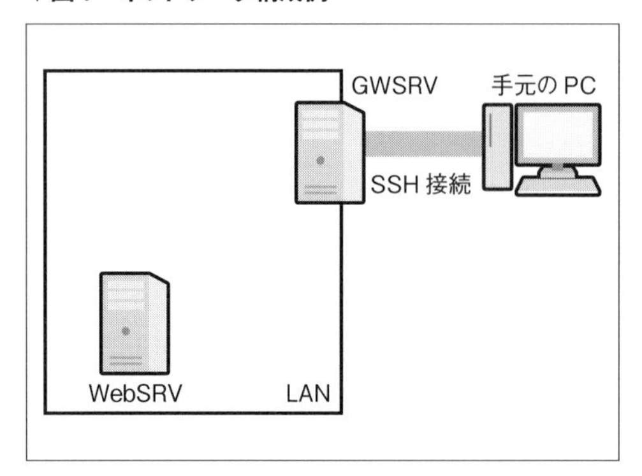

▼図2 SSHポート転送

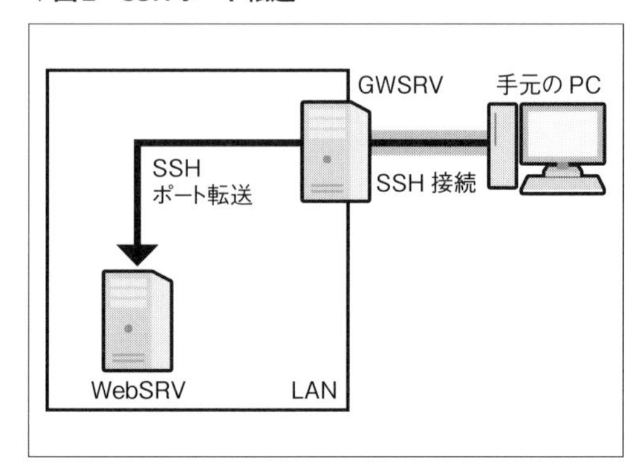

ことで手元のPCのポートへのアクセスを転送先のポートに転送します。そして、転送してもらうSSHサーバ(ここではGWSRV)のIPを指定してSSHログインします。

SSHポート転送を行うsshコマンド
```
$ ssh -L:10080:WebSRVのIP:80 GWSRVのIP
```

ブラウザで「http://127.0.0.1:10080」にアクセスするとWebSRVのWebページが表示されるはずです注3。また、ここではユーザー名や秘密鍵などの指定は省略していますが、秘密鍵を指定する場合は-iで手元のPCに配置してある鍵ファイルのPATHを指定します。

先の例ではLANの中のWebサーバにHTTPアクセスしましたが、WebSRVがWindowsサーバであればRDP(Remote Desktop Protocol)の3389/tcpの転送や、HTTPSの443/tcpの転送も可能です。**図3**の例では手元のPCのポートとして「13389」や「10443」を指定していますが、空いているポートであれば好みのポートを指定できます。ですが、「らしいポート番号」だと(自分が)混乱しなくなるかもですよ。

RDPであれば、Windowsの[リモートデスクトップ接続]の[コンピュータ(C):]に「127.0.0.1:13389」と入力し、認証情報を指定すればログインできます(**図4**)。

HTTPSの転送であれば、ブラウザのアドレスバーに「https://127.0.0.1:10443」でアクセスできます(証明書の警告が出るかもしれませんが)。

注3) Firefox 103.0.2で10080ポートでアクセスすると「Webサイトの表示以外で使用されるポートが使われている」と警告が出ます。「about:config」でパラメータ「network.security.ports.banned.override」に文字列で10080を許可指定すればアクセスできるようになります。

プロキシを使った多段SSH

WebSRVのような外部から直接アクセスできないホストへのSSHアクセスであれば、sshのプロキシ機能を使うことで同じ目的を達成することができます。

手元のPCからGWSRV経由でWebSRVにSSHログインするとして、コマンドラインでは**図5**のように実行します。ProxyCommandに仲介サーバ(ここではGWSRV)へログインするコマンドを指定します。ProxyCommandに指定す

▼図4 Windowsでリモートデスクトップ接続を行う例

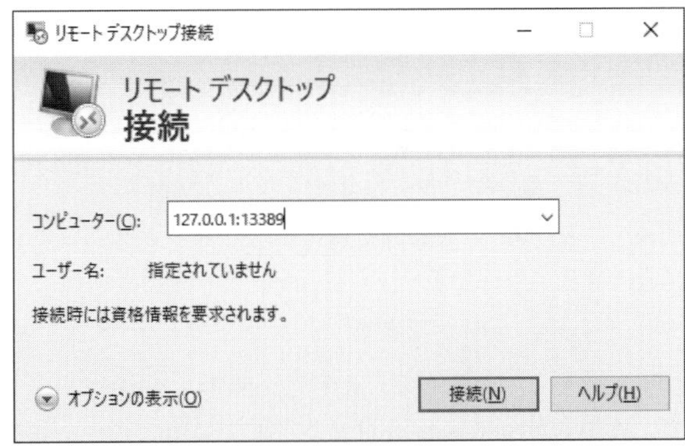

▼図3 RDP、HTTPの転送コマンド(転送先が192.168.1.100、SSHサーバがfw.example.comの場合)

```
$ ssh -L:13389:192.168.1.100:3389 fw.example.com  # RDPへの転送用接続
$ ssh -L:10080:192.168.1.100:80   fw.example.com  # HTTPへの転送用接続
$ ssh -L:10443:192.168.1.100:443  fw.example.com  # HTTPSへの転送用接続
$ ssh -L:10022:192.168.1.100:22   fw.example.com  # SSHへの転送用接続
```

▼図5 多段SSHをProxyCommandで行う場合のコマンド例

```
# ユーザー名や秘密鍵を指定する必要がない場合
$ ssh -o ProxyCommand='ssh -W %h:%p GWSRV' WebSRV
# ユーザー名やパスワードを指定する必要がある場合
$ ssh -o ProxyCommand='ssh -W %h:%p -l ryosuke -i ~/.ssh/id_rsa-gwsrv GWSRV' -l ryosuke -i ⏎
~/.ssh/id_rsa-websrv WebSRV
```

る-Wは転送の指定、%hと%pはリモートホストとリモートポート番号を補完しています。仲介サーバへのログインに必要なユーザー名(-l ryosukeなど)や秘密鍵指定(-i ~/.ssh/id_rsa-gwsrvなど)はProxyCommandの値に入れます。ターゲットホスト(ここではWebSRV)へログインするためのユーザー名や秘密鍵の指定はProxyCommandの外に指定しましょう。

これを設定ファイルで楽する場合は**リスト1**のように記述します。**図5**の「-o ProxyCommand='……'」の部分を省略して実行できるようになります。

OpenSSH 7.3以上を採用している最近のLinuxディストリビューションでは「ProxyCommand」の代わりに「ProxyJump」を指定することができます(**図6**)。ProxyJumpはProxyCommandの完全互換ではないのでコマンドラインでは秘密鍵の指定に難があります(今は楽ができるか調べましたがわかりませんでした……)。後述するssh-agentを使うと秘密鍵のパスフレーズなどを入力せずにProxyCommandより短いコマンドで多段SSHができます。

同じ多段SSHを設定ファイルに記述するなら、ProxyJumpは.ssh/configへの記述が見やすくなります(**リスト2**)。目的のホストまでに複数のSSHを踏み台にする場合、Hostの指定を記載し「ProxyJump GWSRV,HOST1,HOST2」のように記載することもでき、設定が楽になります。

▼リスト1　多段SSHのための~/.ssh/config設定(ProxyCommand編)

```
Host GWSRV
    User ryosuke
    Hostname GWSRVのIPかホスト名
    IdentityFile  ~/.ssh/id_rsa-gwsrv  # 手元のPCにあるGWSRV用の秘密鍵
    Port 22

Host  WebSRV
    User ryosuke
    Hostname WebSRVのIPかホスト名
    IdentityFile ~/.ssh/id_rsa-websrv  # 手元のPCにあるWebSRV用の秘密鍵
    Port 22
    ProxyCommand ssh -W %h:%p GWSRV
```

▼図6　多段SSHをProxyJumpで行う場合のコマンド例

```
$ ssh -o ProxyJump=ryosuke@GWSRV ryosuke@WebSRV
```

▼リスト2　多段SSHのための~/.ssh/config設定(ProxyJump編)

```
Host GWSRV
    User ryosuke
    Hostname GWSRVのIPかホスト名
    IdentityFile /tmp/id_rsa-gwsrv
    Port 22

Host WebSRV
    User ryosuke
    Hostname WebSRVのIPかホスト名
    IdentityFile ~/.ssh/id_rsa-websrv
    Port 22
    ProxyJump GWSRV
```

SSHエージェント

SSHエージェントを使う場面

SSHポート転送と似たような構成ですが、手元のPCからGWSRVにログインし、そのあとWebSRVにログインしたいとします。手元のPCではGWSRVへログインするための秘密鍵を持っているのでSSH公開鍵認証でログインできますが、GWSRVからWebSRVへ接続するためのSSH公開鍵認証はどうしましょうか。GWSRVに秘密鍵を設置すれば実現できますが、GWSRVが管理対象ではないサーバの場合は秘密鍵を安易に置きたくはないものです(**図7**)。

ここで利用できるのが、手元のPCの秘密鍵情報を一時的にSSHログイン先にも保持できるSSHエージェント(ssh-agent)です。

SSHエージェントを使ってみよう

図7と同じように手元のPCからWebSRVまでssh-agentを使うことを想定します。GWSRVにSSHの秘密鍵を配置する必要はありません。

ssh-agentは次の手順で利用します。

①手元のPCでssh-agentを起動する
②手元のPCで秘密鍵をssh-agentに登録する
③GWSRVにSSHログインする
④GWSRVでssh-agentが用意した秘密鍵情報を使ってWebSRVにSSHログインする

手元のPCでssh-agentを起動してみましょう。ssh-agentコマンドだけを実行すると、図8のようにssh-agentプロセスを起動してSSH_AGENT_PIDなどを出力してバックグラウンドに回ってしまいます。環境変数が設定されていないとssh-agentは使えません。

もちろんssh-agentの出力をコピー&ペーストして環境変数を設定すれば使えますが、ちょっと面倒ですよね。これらのSSH_AUTH_SOCKなどの環境変数を設定してからssh-agentを起動するために、ssh-agentは次のように起動しましょう。

```
$ eval $(ssh-agent)
Agent pid 2736
```

evalはシェルコマンドで、引数に渡された文字列をまとめて実行します。$(ssh-agent)とevalに渡すと図8に出力された文字を含めて実行するため、環境変数を定義し、Agent pidの出力も行ってくれます(**図9**)。

ssh-agentを起動したら秘密鍵を登録します。ssh-addコマンドで秘密鍵を登録しましょう(**図10**)。秘密鍵ファイルを指定しなければ~/.ssh/以下の秘密鍵を読み込みます。秘密鍵がパスフレーズで暗号化されている場合は、鍵登録で読み込むためにパスフレーズを聞いてきます。

秘密鍵をssh-agentに登録したら第一歩でGWSRVに-Aオプションを付けてログインし、その先にあるWebSRVにSSHログインしてみ

▼図7　手元のPCからGWSRVにログインし、その後WebSRVにログインしたい

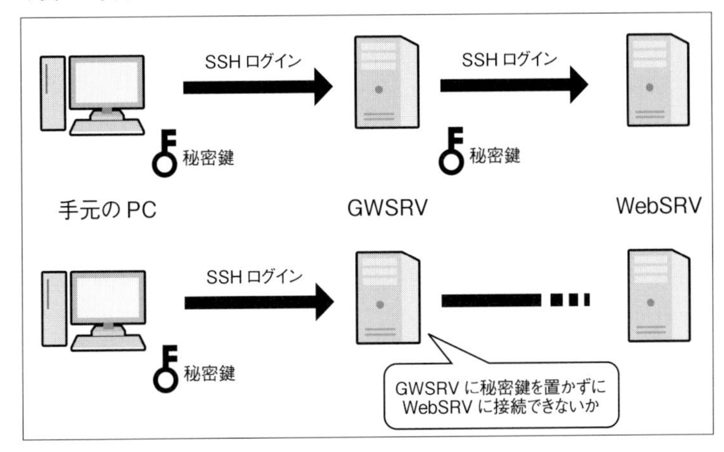

▼図8　ssh-agentコマンドだけで実行した場合

```
$ ssh-agent
SSH_AUTH_SOCK=/tmp/ssh-XXXXXXGaG8Vr/agent.2866; export ⏎
SSH_AUTH_SOCK;
SSH_AGENT_PID=2867; export SSH_AGENT_PID;
echo Agent pid 2867;
```

▼図9　evalを使ってssh-agentを実行すると……

```
$ env | grep ^SSH        # evalでssh-agentを実行する前はSSH環境変数はない
$ eval $(ssh-agent)      # evalでssh-agentを実行する
Agent pid 2873           # echoで出力した文字列
$ env | grep ^SSH        # ssh-agent用環境変数が作られている
SSH_AUTH_SOCK=/tmp/ssh-XXXXXXHJeTNb/agent.2872
SSH_AGENT_PID=2873
```

▼図10　ssh-agentに秘密鍵を登録する

```
$ ssh-add -l        # 登録されている秘密鍵の一覧を表示
The agent has no identities.   # まだ1つも登録されていない状態
$ ssh-add           # ~/.ssh以下の鍵を登録する
Enter passphrase for /home/ryosuke/.ssh/id_rsa:   # 登録する鍵のパスフレーズを入力
Identity added: /home/ryosuke/.ssh/id_rsa (ryosuke@kougar)
```

ましょう(図11)。-Aは認証情報転送のオプションです。

1点注意ですが、SSHエージェント機能は、仲介してくれるSSHサーバの設定が「AllowAgentForwarding=no」になっていると利用できません。

SSHエージェントの注意点

SSHエージェントを利用すると秘密鍵をリモートホストに配置しなくて済みますし、秘密鍵を使うたびにパスフレーズを入力することもなくなります。ですが、ログイン先に転送された秘密鍵情報を悪用されるSSH Agent Hijackingという攻撃があります。ログイン先でSSH_AUTH_SOCKを悪意のあるユーザーに読まれることで秘密鍵を悪用されます。

対策は、不審なホストには-Aオプションを使わないことです。実践的な対策の1つとして、**リスト3**のようにsshのクライアント設定ファイル~/.ssh/configなどにもデフォルトではエージェント転送しないという記述もできます。

▼リスト3　デフォルトではエージェント転送しない設定例(~/.ssh/config)

```
Host myremotehost
    ForwardAgent yes

Host *
   ForwardAgent no
```

▼図11　ssh-agentを使って多段SSHログインする

```
ryosuke@local $ ssh -A ryosuke@GWSRV   # 手元のPCからGWSRVにログイン
ryosuke@GWSRV $ ls -l .ssh             # GWSRVに秘密鍵がないことを確認
authorized_keys   known_hosts
ryosuke@GWSRV $ ssh WebSRV             # WebSRVにSSHログイン
ryosuke@WebSRV $                       # 秘密鍵がなくてもログインできた
```

▼信頼できる人の鍵しか登録しちゃダメだぞ。お兄さんとの約束だ!

SSHトラブルシューティング(クライアント編)

ここからは、SSHを使うときによく起こるトラブルとその対処法を紹介します。

接続先が間違っている

図12のようなエラーが発生した場合は、接続先のSSHサーバが動いていない、接続先に到達しない、接続先の指定が間違っている場合があります。ホスト名を確認するか、IPアドレスでの接続を試してみましょう。

秘密鍵のパーミッションが間違っている

バックアップからの秘密鍵の復元などで、秘密鍵を別のホストからコピーする場合もあると思います。配置した状態によっては接続元ホストにいるユーザー全員が秘密鍵を見られる状態になっていることがあり

▼図12　リモートホストにつながらない

```
$ ssh remote.example.com   # 接続先に到達できない
ssh: connect to host remote.example.com port 22: No route to host
$ ssh remote.example.com   # 接続先から応答がない
ssh: connect to host remote.example.com port 22: Connection timed out
$ ssh remote.example.com   # 接続先に拒否されている
ssh: connect to host remote.example.com port 22: Connection refused
$ ssh remoto.example.com   # 接続先の名前解決ができない
ssh: Could not resolve hostname remoto.example.com: Name or service not known
```

ます。sshはこの状態を警告してくれます。図13は、秘密鍵が誰でも読めるような設定になっていることを警告してSSH接続を切った状態です。

~/.ssh/known_hostsで保持しているホスト鍵が変わった

sshは接続先のホスト鍵を~/.ssh/known_hostsにキャッシュします。本来はSSHサーバにログインする前に、そのサーバが期待した対象であるかをホスト鍵のフィンガープリント(指紋)で確認します。~/.ssh/known_hostsにはその指紋が収められます。SSHホスト鍵は、

・SSHホスト鍵をリプレースせずにOSを変更した場合
・意図的に管理者がSSHホスト鍵をリプレースした場合
・SSHホストが物理的に、またはDNS的に乗っ取られた場合

などに変更されたことを認識できます。

図14はキャッシュされた手元のknown_hostsとSSHホスト鍵が異なることを警告するメッセージです。このメッセージが表示された場合は、SSH接続先のホストのホスト鍵を確認しましょう。セキュリティ侵害などでなければホスト鍵の指紋を確認し、メッセージにある「ssh-keygen -f "/home/ryosuke/.ssh/known_hosts" -R "192.168.1.21"」を実行してknown_hostsから該当キャッシュを削除し、再度SSHログインします。

このメッセージは先ほどのSSHポート転送などで複数ホストを同じポート番号でアクセスする利用方法をしていても多発します。

▼図13 秘密鍵のパーミッションが間違っている場合の接続エラー

```
$ ssh ryosuke@192.168.1.21
@@@@@@@@@@@@@@@@@@@@@@@@@@@@@@@@@@@@@@@@@@@@@@@@@@@@@@@@@@@
@         WARNING: UNPROTECTED PRIVATE KEY FILE!          @
@@@@@@@@@@@@@@@@@@@@@@@@@@@@@@@@@@@@@@@@@@@@@@@@@@@@@@@@@@@
Permissions 0644 for '/home/ryosuke/.ssh/id_rsa' are too open.
It is required that your private key files are NOT accessible by others.
This private key will be ignored.
Load key "/home/ryosuke/.ssh/id_rsa": bad permissions
ryosuke@192.168.1.21: Permission denied (publickey,keyboard-interactive).
$ ls -l .ssh/id_rsa  # 権限確認
-rw-r--r-- 1 ryosuke ryosuke 2622 Aug 19 07:26 .ssh/id_rsa
 # ↑実際に誰でも読める権限設定になっている
```

▼図14 キャッシュしたホスト鍵とSSH接続したホスト鍵が異なる際のエラー

```
$ ssh ryosuke@192.168.1.21
@@@@@@@@@@@@@@@@@@@@@@@@@@@@@@@@@@@@@@@@@@@@@@@@@@@@@@@@@@@
@    WARNING: REMOTE HOST IDENTIFICATION HAS CHANGED!     @
@@@@@@@@@@@@@@@@@@@@@@@@@@@@@@@@@@@@@@@@@@@@@@@@@@@@@@@@@@@
IT IS POSSIBLE THAT SOMEONE IS DOING SOMETHING NASTY!
Someone could be eavesdropping on you right now (man-in-the-middle attack)!
It is also possible that a host key has just been changed.
The fingerprint for the RSA key sent by the remote host is
SHA256:4j4p/yvyFAJo3ffYKpTd51SPLGGs2QE/vLZW6CLTJzw.
Please contact your system administrator.
Add correct host key in /home/ryosuke/.ssh/known_hosts to get rid of this message.
Offending RSA key in /home/ryosuke/.ssh/known_hosts:1
  remove with:
  ssh-keygen -f "/home/ryosuke/.ssh/known_hosts" -R "192.168.1.21"
Host key for 192.168.1.21 has changed and you have requested strict checking.
Host key verification failed
```

接続元か接続先の何かが間違っている

SSHログイン先の~/.ssh/authorized_keysのファイル名が間違っている場合や、パーミッションが0644注4ではない場合などに、接続元で**図15**のようなエラーが出ます。接続先の公開鍵配置ファイルの設定ミスは、接続元では調査しにくいものです。

SSHログインに使うユーザー名や秘密鍵のファイル名が間違っていないか、鍵ペアが違っていないかなどを確認し、手元の設定が間違っていないと思ったら、接続先の管理者に調査を依頼しましょう。ログを見てもらうとすぐ解決できるはずです。

注4) 「オーナーは読み書き可能、グループメンバーは読み込み可能、その他のメンバーは読み込み可能」を意味します。

▼SSHが止まったのではなく誤って Ctrl + s して出力が止まってるかもよ

▼図15　接続先の公開鍵ファイルの設定が間違っている場合の接続エラー

```
$ ssh -l ryosuke -i ./ssh/id_rsa 192.168.1.21
ryosuke@192.168.1.21: Permission denied (publickey,keyboard-⏎
intercactive).
```

▼図16　verboseモードでは、vをいくつまで使えるのかを調査

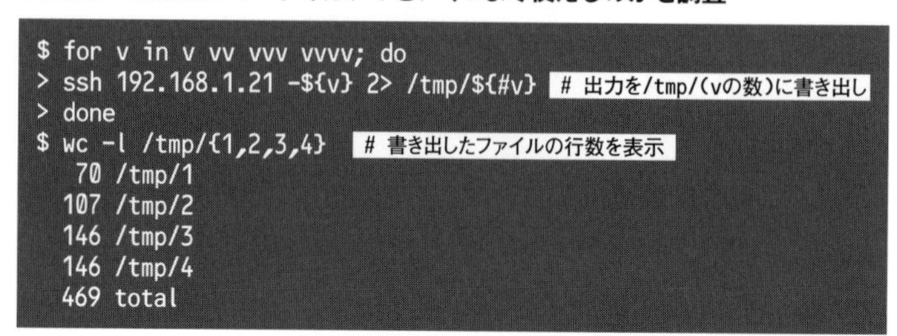

```
$ for v in v vv vvv vvvv; do
> ssh 192.168.1.21 -${v} 2> /tmp/${#v}  # 出力を/tmp/(vの数)に書き出し
> done
$ wc -l /tmp/{1,2,3,4}  # 書き出したファイルの行数を表示
  70 /tmp/1
  107 /tmp/2
  146 /tmp/3
  146 /tmp/4
  469 total
```

sshのトラブル原因はverboseモードで調査!

sshトラブルはverboseモードで調査しましょう。sshコマンドに-vオプションを付けると動作の詳細を標準エラー出力に書き出してくれます。英語での出力ですが、詳細なメッセージはトラブル解決の手助けになります。verboseは「-v」「-vv」「-vvv」と「v」を重ねるごとに情報量が多くなります。

ちょっと気になったので「v」の重ねる数での出力量の違いを見てみましょう(**図16**)。vを1から4まで重ねて実行した標準エラー出力の行数を数えてみると……違いがわかりますね。あと「v」は3つまでしか重ねられないことがわかります(manにも書いてあります)。

SSHログインしている端末が止まってしまった

SSHログイン先から反応がなくなることがありませんか？　ネットワークが切れたのか、どのキーを押しても反応がなくなることがあります。その際は「~.」を端末で入力すると切断してくれます。

どうしても一時的にSSHを止めたい

端末が1つしかないのにどうしてもSSHを止めなければならない場合があります。たとえば、Linuxサーバを GUIなしで稼働し、仮想端末をすでに使い切ってしまっている場合などでしょうか。その際は、「~^Z」(~ のあとに Ctrl + z)を実行すると、sshプロセスをバックグラウンドに回せます(**図17**)。

▼図17　sshプロセスをバックグラウンドに回して、フォアグラウンドに戻す

```
[ryosuke@rocky8 ~]$                              # ホストrocky8にSSHでログイン中
[ryosuke@rocky8 ~]$ ~^Z [suspend ssh]            # ~^Z(~のあとにCtrl+z)を実行する
[1]+  Stopped                 ssh 192.168.1.50 -l ryosuke   # sshプロセスが止まり、ログイン元に戻る
ryosuke@sunvolt:~$ jobs                          # jobsコマンドでバックグラウンドを確認
[1]+  Stopped                 ssh 192.168.1.50 -l ryosuke   # [1]にsshプロセスがあるのがわかる
ryosuke@sunvolt:~$ fg 1                          # [1]のプロセスを復帰
ssh 192.168.1.50 -l ryosuke                      # sshプロセスが戻る
```

▼図18　秘密鍵から公開鍵を出力する(OpenSSH形式)

```
$ ssh-keygen -y -f  ~/.ssh/id_rsa > /tmp/id_rsa.pub   # OpenSSH形式の公開鍵を出力
```

▼図19　秘密鍵から公開鍵を出力する(RFC 4716形式)

```
$ ssh-keygen -e -f ~/.ssh/id_rsa -m RFC4716 > /tmp/id_rsa.pem
```

▼図20　秘密鍵をパスフレーズを指定して暗号化する

```
$ ssh-keygen -p -f id_rsa
Key has comment 'ryosuke@rocky8.example.com'
Enter new passphrase (empty for no passphrase):   # パスフレーズ入力1回目
Enter same passphrase again:                      # パスフレーズ入力2回目
Your identification has been saved with the new passphrase.
```

▼図21　秘密鍵のパスフレーズを変更／復号する

```
$ ssh-keygen -p -f id_rsa
Enter old passphrase:   # 現在のパスフレーズを入力
Key has comment 'ryosuke@rocky8.example.com'
Enter new passphrase (empty for no passphrase):   # パスフレーズ入力1回目
Enter same passphrase again:                      # パスフレーズ入力2回目
Your identification has been saved with the new passphrase.
```

秘密鍵しかないのだけど……

安心してください、**図18**の方法で秘密鍵から公開鍵を出力することはできます。ですが、公開鍵から秘密鍵を作成することはできません。秘密鍵は本当に大事に保存しましょう。

OpenSSH形式ではなく、RFC 4716形式で公開鍵を出力するなら**図19**のように実行します。

秘密鍵を暗号化／復号したい、パスフレーズを変更したい

暗号化された秘密鍵はパスフレーズを覚えているなら変更／解除共にできます！　暗号化されていない(平文の)秘密鍵を暗号化するには**図20**のようにssh-keygenコマンドを実行します。パスフレーズを2回入力後に実行例のように表示されれば暗号化成功ですが、「Passphrases do not match. Try again.」と出力されていると、2回入力したパスワードが不一致で暗号化失敗です。もう一度チャレンジしましょう。

暗号化した秘密鍵のパスフレーズを変更するには、同じくssh-keygenコマンドで**図21**のように実行します。現在のパスフレーズを入力し、新しいパスフレーズを2回入力すれば変更できます。新しいパスフレーズの入力で[Enter]だけを押してコマンドを終わらせると、秘密鍵は復号された状態で保存されます。

暗号化した秘密鍵のパスフレーズを忘れてしまうと、復号もパスフレーズの変更もできなくなります。秘密鍵とパスフレーズの管理は厳重に行いましょう！

終わりに

さて、本章ではsshの入門編を書かせていただきました。これから使う人も、今まで使っている人も、何か新しく得られるものがありましたでしょうか。みなさんのこれからのSSHライフの助けになれば幸いです。SD

第4章

今さら聞けない認証・認可

セキュアなIAMを実現するために覚えておきたいこと

今やインフラの１つと呼べるほど私たちの生活に定着しているスマートフォンやコンピュータですが、その利用には常に脅威が付きまといます。ネットバンキングの不正出金やスマホ決済の脆弱性といったニュースが大きく取り上げられたことも記憶に新しいでしょう。

安全なWebサービスやアプリケーションの提供には、不正アクセスの脅威からアカウントを守るための適切なユーザー管理が欠かせません。そのために必要なのが、誰であるかを実証する「認証」、その権限を持つかを実証する「認可」、識別のための「ID管理」です。

本章では、これらを統合したIAM（Identity and Access Management：アイデンティティとアクセスの管理）について解説します。

アプリケーション開発を行う際に押さえておきたい認証・認可とは

ユーザーのID情報を適切に管理するための第一歩

Author 栃沢 直樹(とちざわ なおき)
日本ネットワークセキュリティ協会(JNSA) デジタルアイデンティティWGメンバー
URL https://www.jnsa.org/active/std_idm.html

認証・認可はアプリケーションサービスを適切なユーザーに公開し、提供する情報を保護するための重要なプロセスの1つです。4-1節では、混同されがちな認証・認可の違いと、その基盤となるデジタルIDを解説します。認証・認可を適切に実装するための考え方や、ID管理の目指すべき形を学びましょう。

はじめに

スマートフォンの急激な普及によって、場所を問わずインターネットに接続できることが当たり前となり、従来PCの前でなければできなかった多くのことがいつでもどこでも実現できるようになりました。必然的にWebアプリケーションと従来のネイティブアプリケーションの違いもだんだん狭まってきているように思います。

そして、多くのアプリケーションが不特定多数の人に同一の情報を発信するだけではなく、利用する顧客(アプリケーションやシステムの観点では「ユーザー」というほうがわかりやすいかもしれません)ごとにニーズの合ったサービスを提供するようになってきています。

このような中で、アプリケーションを開発するうえでは、ユーザーが本当に想定されるその人なのか、その人にはどのようなサービスを提供するべきなのかを確認するしくみが必要です。

本節では、ユーザーにサービスを提供する際に必要な一方で混同して扱われることの多い認証・認可について解説をします。また、ユーザーを識別するために必要なIDとは何か、という点もあらためて整理します。そして、認証・認可のしくみを適切に実装するための考え方や、利便性とセキュリティを両立するうえで必要となるIDの管理のあり方についても触れます。

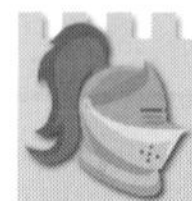

IDと認証・認可の関係について正しく理解する

Webシステムにおける認証・認可の流れをおさらい

まずは、ユーザー向けにサービスを提供しているシンプルなWebアプリケーションを例に、ユーザーがWebサービスにログインするときの流れについておさらいします(**図1**)。ここではWebアプリケーションのバックエンドにあるアプリケーションサーバやデータベースなどについては省略します。

①ユーザーがあらかじめ取り決められたID・パスワードをログイン画面に入力する
②Webシステムがバックエンドで認証システムに対してIDにひも付くパスワードが正しいかを照合する
③認証システムは照合結果をWebシステムに返答し、ユーザーに付与されたサービス提供範囲(アクセス権限・パーミッション)を確認する
④確認結果を基にユーザーにサービス提供を行う

先述の手順②がいわゆる「認証」、手順③が「認可」にあたる部分となります。当然のことながらサービスを利用するユーザーは、割り当てら

れたIDや設定したパスワードなどをほかの人に知られないように管理することも求められます。

一方、Webアプリケーションを構築して運用する側（以下、サービス提供者）は、不正アクセスを防ぐ観点から、あらかじめ次の点を考慮してシステムおよびサービスを設計することが求められます。

- ・IDをどのようなルールでユーザーに割り当てるのか
- ・割り当てたIDが常にユーザー本人によって使われているのかを正確に確認するために採用するべき方式はどのようなものか（ユーザー以外が不正に利用できないようにするためにはどうするべきか？）
- ・ユーザーごとにサービス提供内容が異なる場合、どのようにサービス提供範囲をコントロールするのか

わかるようでわからない「ID」

個人でのSNSの利用や企業レベルでもクラウドサービスの利用が進む中で、特定の人に特定のサービスを提供しているシステムでは必ず「アカウント」や「ユーザーID」と呼ばれるものを利用してアクセスすることを求められます。また、「アカウントが乗っ取られた」「アカウント情報が流出した」といったセキュリティ事故の話もよく耳にするようになったと思います。

ただしここで使われるユーザーID、アカウントという言葉は、シチュエーションによって微妙に違ったニュアンスで使われることがしばしば見受けられます。いわゆるユーザーIDを管理する重要性はイメージできても、そもそもそれが何を指しているのか把握していなければ、サービス提供者として正しく管理することは難しくなります。

本来ID管理の世界においてIDと略されるものには次の2つがあり、それぞれ区別しておく必要があります。

- ・Identity（アイデンティティ）
- ・Identifier（識別子）

Identityは、ITシステムを利用する際にユーザー、モノ、または組織などの管理単位（エンティティやサブジェクトとも言います）を定義するための情報の集合体として使われます。デジタルの世界では、これを「Digital Identity（デジタルアイデンティティ）」と呼び、ID管理システムと言うときのIDや、アカウントと呼ばれるものはこのIdentityを略したものになります。本節ではIdentityについては混同しないようにあえて「デジタルID」という記述をします。

では、デジタルIDについてもう少しわかりやすく解説しましょう。そもそもIdentityを辞書で引くと、「正体」「身元」「自己同一性」といった説明が出てきます。このことから、デジタル

▼図1　Webシステムへのログインイメージ

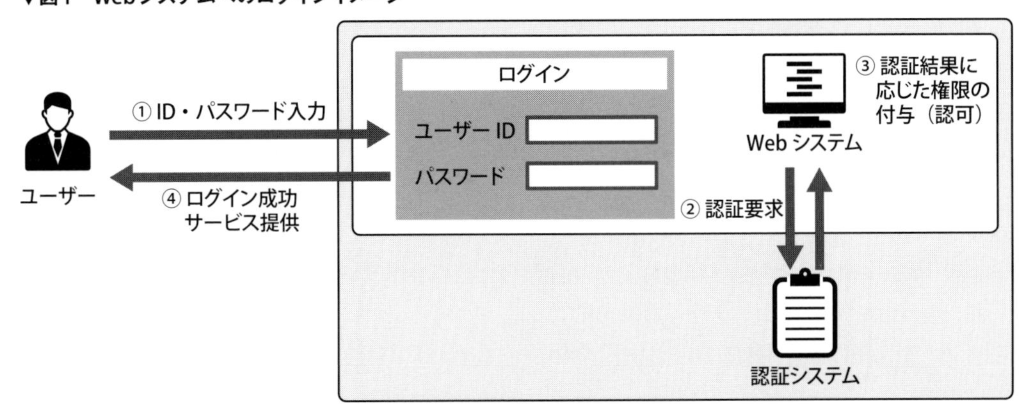

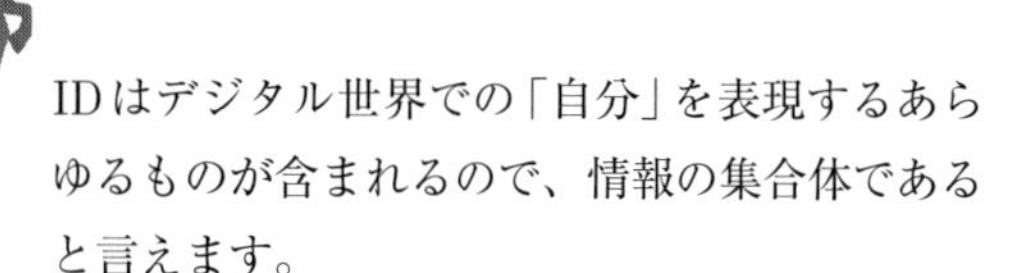

IDはデジタル世界での「自分」を表現するあらゆるものが含まれるので、情報の集合体であると言えます。

では、Identifier（識別子）についてはどのような定義となるのでしょうか？　Identifierを理解するうえでは、デジタルIDを構成する属性について理解をしておく必要があります。

デジタルIDを構成する「属性」

デジタルIDを構成するひとつひとつの情報を「属性（アトリビュート：Attribute）」とか「プロファイル」と呼んだりします（**図2**）。そして、属性の中でもとくに、ITシステムの世界での自分をほかの人と明確に区別するために使われる情報があります。たとえば、「趣味は野球観戦です！」と言っても、野球観戦を好きな人はたくさんいるはずですから、それだけで自分を特定することは本人も他人もできません。そこでITシステムの世界では、デジタルIDの中で、とくに「Identifier」「クレデンシャル」の2つの要素を利用して本人であることを特定したり、ITシステムを利用するための権利を割り当てたりしています。

Identifier：識別子

デジタル世界で管理される単位（エンティティ：Entity）を特定するために使われるもので一般的にSaaSサービスやSNS、企業や組織内のITサービスを利用する際に各ユーザーに割り当てられるユーザーIDと呼ばれるものは、このIdentifier（識別子）のことを指しています。

つまり、先ほど出てきたユーザーIDはデジタルIDの1つの要素であるということです。本節では、このあとの解説を理解しやすくするために、このIdentifierをユーザーIDと表現します。ユーザーIDは、1人のユーザーが個人利用のSNSアカウントと所属する企業の中で割り当てられる社員IDを持つといったように、複数保持することは一般的です。またユーザーIDはあくまでそれぞれのITサービスの中で一意であれば良いので、同じユーザーIDを複数のサービスで利用することも可能です（**図3**）。

一方、サービスを提供する事業者や企業はユーザーに適切なサービスの提供を行うために、本人確認の観点からユーザーIDをユーザーごとに一意に割り当てることが必ず求められています。Identifierが識別子と訳されるのも、本人を識別するための属性であるからだということを理解していただけたでしょうか。

▼図2　デジタルID（アカウント）における属性

クレデンシャル

ITサービスを利用する際には、サービス事業者からユーザー個人（エンティティ）に対してのユーザーIDが付与されて、サービスごとに必要と定義されたプロファイル情報（＝属性）が登録されます。ITサービスの利用開始前にこれらの属性情報によりユーザーの身元確認を行うことで、そのユーザーの実在性と登録情報の真正性（正しく、かつあるべき情報であるか）

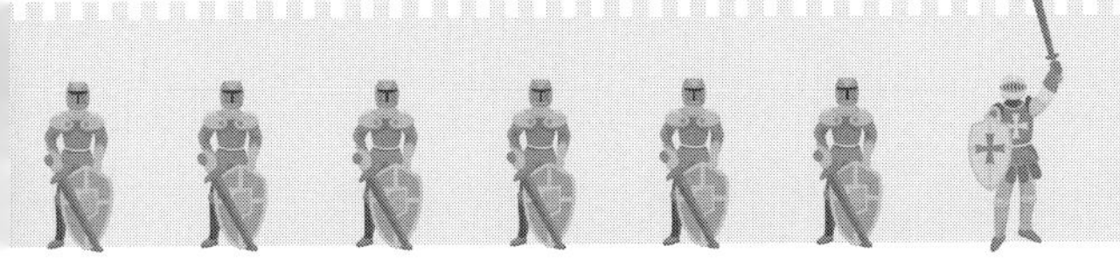

を確認します。そして、身元確認が正しく行われたうえで、デジタルIDを構成する属性の中でも認証を行うために使われる属性が定義されます。これを「クレデンシャル（Credential）」と呼びます。ユーザーがユーザーIDを使ってサービスにアクセスする際にこのクレデンシャルを利用することで、サービスにアクセスしているユーザーが本人であるということを確認（本人確認）する行為が認証です。つまりクレデンシャルは、「アクセスしてきたユーザーの正当性の確認のために使われる属性」と言うことができます（**図4**）。

▼図3　デジタルIDにおける識別子（ユーザーID）

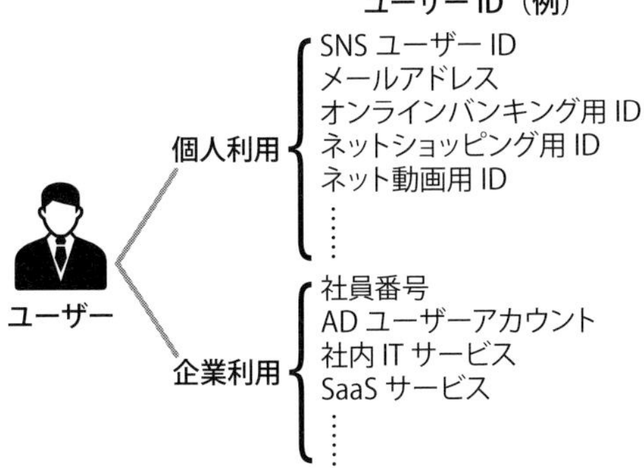

▼図5　属性としての識別子とクレデンシャル

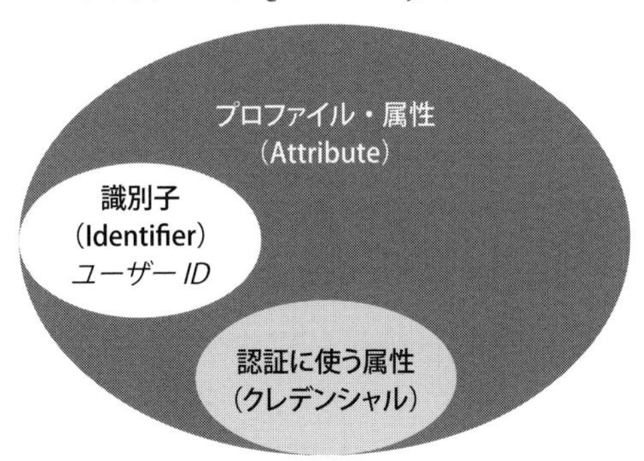

▼図4　リアル世界のエンティティとデジタルIDの関係性例

デジタル ID（属性の集合体）

	管理する単位 ＝ Entity（エンティティ）	識別子：Identifier	属性：Attribute（プロファイル）
人	実在の“オブジェクト” TOCHIZAWA NAOKI	naoki_tochizawa	性別 生年月日 住所 勤務先会社 マイナンバー パスポートナンバー クレジットカード番号 ⋮ パスワード 生体情報（指紋、顔、etc） 認証に使う属性（クレデンシャル）
モノ		mono-0001	製造元 製品型番 シリアル番号 ⋮
組織	特定非営利活動法人 日本ネットワーク セキュリティ協会	jnsa	本社所在地 電話番号 設立日 ⋮

デジタル ID

◆ ◆ ◆

最後にデジタルID、属性、識別子、クレデンシャルの関係性についてまとめておきましょう（図5）。

単に「ID」という中で、図5のIdentityとIdentifierを混同して使ってしまうことも多いですね。デジタルIDを考えるうえでは、まずこのあたりをしっかり押さえておきましょう。

デジタルIDを利用した識別・認証・認可のプロセス

ここまで「デジタルIDって何？」ということを解説してきました。デジタルIDは自分自身を表現する属性の集合体で、その中にはIdentifier（識別子）とクレデンシャルというデジタルの世界において本人を識別し、本当にそのユーザーかどうかを確認するための属性情報があることを理解していただけたかと思います。

では、このデジタルIDはどういったところで使われているのでしょうか。みなさんが想像しやすいのは、SNSにログインするとき（スマートフォンのアプリを使っていると初回ログインしてからあまり意識することはないかもしれませんが）や、会社であればActive Directoryで管理されたアカウントを割り当てられて、PCにログインしたり、社内システムにアクセスしたりするときではないでしょうか？　SNSであれば、自分でID（ここでいうIDは当然、識別子：Identifierとしてのユーザー ID）を作成して、ほかのユーザーと被らなければ登録できます。一方、会社であればあらかじめ決められた会社の命名規則によってIDが割り当てられるケースが多いでしょう。

私たちがこのユーザーIDを使ってシステムにアクセスをする際には、いくつかのステップを経て「今アクセスしてきたあなたはこのシステムを使ってもいいよ！」という許可を得る必要があります。これが「識別→認証→認可」という3つのステップと呼ばれるものです。この3つのステップをひとくくりにして認証と呼ぶことも多いのではないかと思いますが、ITエンジニアとしてはこのステップについてはきちんと押さえておきたいところです。

では、「識別→認証→認可」の3つのステップについて、ユーザーが一般的な企業に存在するWebサイトにログインして、サービスを利用することを例に考えてみましょう。

ステップ1：識別

まず、ポータルサイトのトップ画面でログインを要求されるでしょう。そのときにユーザーIDとパスワードを入れることが多いと思います。ここでいうユーザーIDは識別子です。識別子であるユーザーIDは、サービス提供者によって各ユーザーに割り当てられます。その際に、ほかのユーザーと同一のものを割り当てないように、一意にIDを割り当てる必要があります。また、サービス提供の内容に応じて、割り当てるユーザーIDを利用するユーザーが本当に「実在する本人＝エンティティ」と合致するのかを事前に確認するプロセスも重要です。フリーメールやSNSのように、実在する本人自体を厳密に確認する必要がない場合は、Webポータルやスマートフォンアプリ上でセルフサービスによりユーザーIDを割り当てることも可能でしょう。一方でオンラインでの銀行口座の開設など実在する本人とユーザーIDを確実にひも付ける必要があるサービスの場合には、実在する本人とユーザーIDを正確に結び付けるプロセスを検討する必要があります（銀行口座を開設する場合であれば、免許証やパスポートの提示を求められるでしょう）。どちらにしてもサービスを申し込んだユーザーに対してユーザーIDが割り当てられたあとは、ユーザーがWebシステムにアクセスする際にバックグラウンドにある認証システムにおいて、「このユーザーIDが存在して、誰に割り当てたものなのか？」ということが確認されます（図6）。

このとき注意しておくべき点は、識別については、ユーザーに対してサービス提供を開始する前に実在する本人と割り当てられたユーザーIDのひも付けを前提としていることです。実際にユーザーがシステムにアクセスしてくる際には、アプリケーションサービスは割り当てられたユーザーIDを利用しているのが実在する本人であるのかどうかを判断できません。その意味で、実在する本人と割り当てられたユーザーIDのひも付けは、提供するアプリケーションサービスのサービスレベルに応じてどの程度厳密に本人確認を徹底するべきかを検討しておく必要があります。また、サービスの利用者もユーザーIDを他人に容易に知られることがないように適切に管理することが求められます。

ステップ2：認証

ユーザーIDとともに入力するパスワードは、デジタルIDの属性の中ではとくにクレデンシャルと呼ばれる認証に使われる情報です。認証とは、識別で確認をしたユーザーIDを利用して「今アクセスしてきたユーザー（＝エンティティ）の正当性の検証」をクレデンシャルによって確認する行為を指しています（**図7**）。

身近なところでは、スマートフォン決済の普及などにより、決済アプリで利用されるIDや認証の方法などについても意識をする機会が多いのではないかと思います。その基盤となって

▼図6　識別

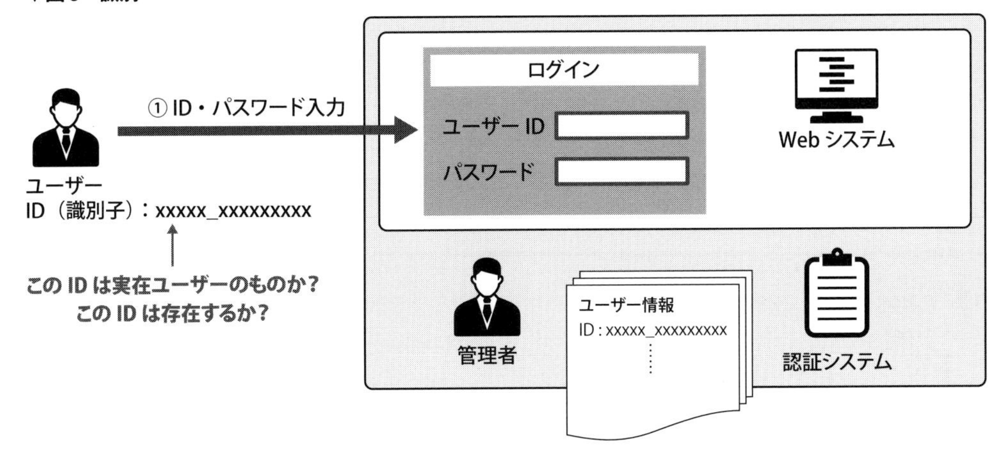

▼図7　認証

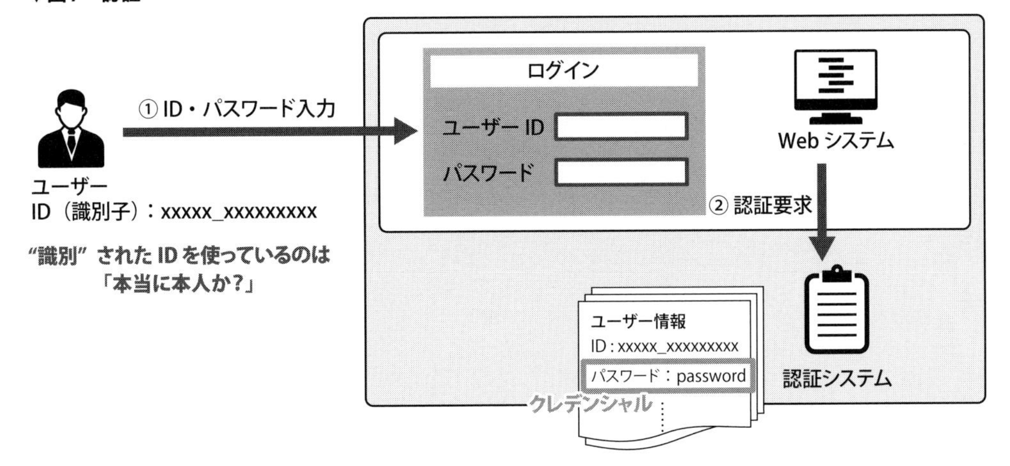

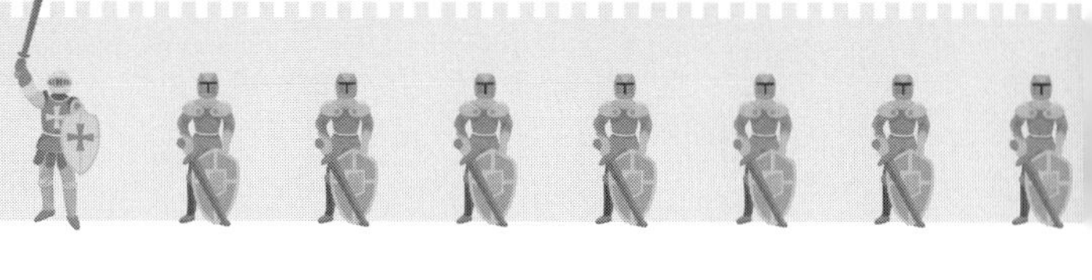

いるID管理や認証のしくみを考えるうえではいかに当人認証を行うべきか、という点がそのアプリの信頼性に直結します。この当人認証は、まさに今お話しした、識別されたユーザーIDに対して、そのIDを使ってアクセスしてきたユーザーが本当に実在の本人であるかを確認するプロセスそのものを指しています。このあたりの言葉もあいまいに使われてしまっているケースがたびたびあると思いますので、しっかり理解をしておきたいところです。

また、システムによっては、パスワードのほかに、認証用のトークンデバイスが発行するワンタイムパスワードや指紋認証などを併用して、認証をより強化する方法があります。この部分については後述します。

ステップ3：認可

認証によって、ユーザーIDを使っているユーザーが本人であることが確認できたあと、一般的なWebシステムではその認証結果に応じて、この人は「どのシステムを利用できるか？」「どのような作業までしてもいいか？」といったあらかじめ定められたユーザーに対する権限の割り当てが行われます。この処理を「認可」と呼んでいます（図8）。

一般的に、認証時に使用したクレデンシャル情報に応じて、あらかじめ各アプリケーションサービスで設定されたアクセス権限またはパーミッションをユーザーIDにひも付けておくことによってアクセス制御を行っています。ここで重要なことは、認可はあくまでユーザーに対する権限の割り当てを行うことであるという点です。理論的には認証を経ず、認可だけを行いサービスを利用させることも可能ではあります。ただし、その場合には、本人確認がなされないままサービスへのアクセスを許可することになってしまい、ユーザーIDを知った他者のアクセスをも許すことにつながってしまいます。認証・認可のしくみを実装するうえでは、利用するプロトコルがどのような特性を持っているかを正しく理解して設計をすることが非常に重要となります。クレデンシャル情報をどのように活用して認証・認可の一連のプロセスが行われているかは、このあともう少し詳しく解説します。

ここまでデジタルIDがITサービスやアプリケーションを利用する際にどのように使われているかというプロセスを確認しました。最後にあらためて3つのステップを整理しておきましょう。ITエンジニアの方は英語でこの区別をし

▼図8　認可

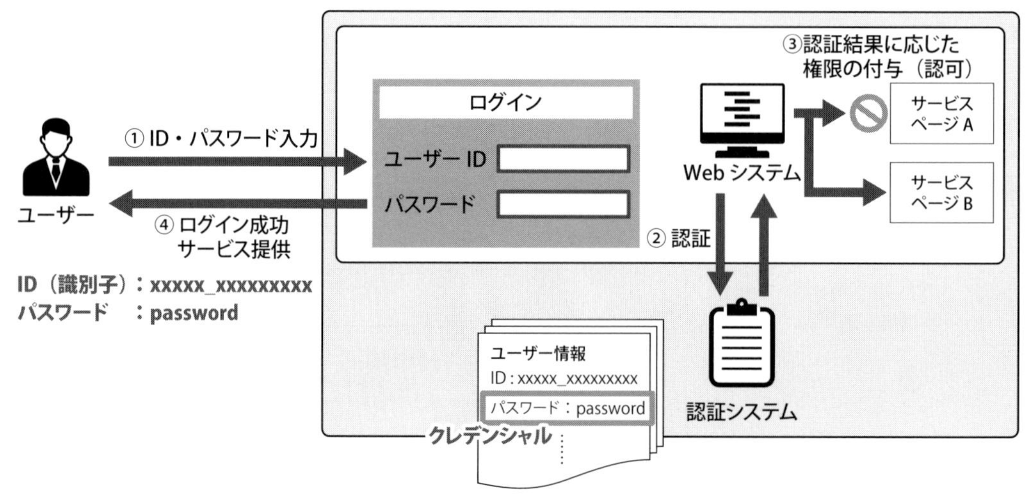

ておかないと会話が通じないケースもあるので、併記しておきます。

・識別：Identification……デジタルIDの中でアクセスしてくるユーザー（エンティティ）を一意に特定する
・認証：Authentication……そのユーザーIDを使っているユーザーが本当に本人であるか確認する
・認可：Authorization……そのユーザーにどのような権限を与えるかを決定する

認証・認可をITシステムに正しく組み込むためのポイント

ここまで認証・認可、そしてそのベースとなるデジタルIDや識別について解説をしました。では認証・認可のしくみをどのように実装するべきかについて、いくつかの側面から整理します。

デジタルIDを正しく管理する

個人ユーザー向けにショッピングサイトやアプリケーションサービスを提供する場合だけでなく、企業内で社員向けにアプリケーションサービスを提供する場合であっても、アプリケーションを利用するユーザーごとに適切なサービスを提供するためには、ユーザーごとに一意のユーザーIDを正しく割り当てるのはもちろんのこと、そのユーザーIDおよび認証・認可に利用される属性情報を厳密に管理すること、そして、常に割り当てたユーザー本人が利用していることを確認できるしくみを用意しておく必要があります。

ITセキュリティにおいてデジタルIDを管理することを「アイデンティティ管理（またはID管理）」と呼んでいます。アイデンティティ管理は認証・認可を実現するうえで必要不可欠な要素です。サービスを提供する事業者の観点では、サービスやシステムごとにデジタルIDを管理することは運用面の効率化を図る重要な手段であると同時に、ユーザーの好みやサイト内でのユーザーの動向に応じてLPO（ランディングページ最適化）などコンバージョンレートを上げるという面でもユーザー情報の源泉であるデジタルIDを一元管理することは非常に重要です。ユーザー企業においても社内のシステムだけでなく、クラウドサービスの利用が一般的になる中で異なるドメインのサイトを利用する際に、それぞれデジタルIDを割り当てることは利用する社員の利便性、業務効率の低下を招く恐れがあります。また、情報セキュリティ・コンプライアンスの観点でも、アクセス制御の根幹に関わるデジタルIDを適切に統合管理できる基盤は、デジタルIDの流出や不正利用によるセキュリティ事故の抑止・早期発見に必要不可欠な存在です。なお、アイデンティティ管理の詳細については4-3節で解説します。

デジタルIDとパーミッションをひも付ける

実際にサービスの提供が始まると、日々変化するデジタルIDのライフサイクルを管理しながら、複数のアプリケーションサービスに対して常に一貫した認証・認可を提供していくことが求められます。シンプルに考えれば、「各アプリケーションサービスにおいてどのようにユーザーごとのパーミッションを与えるか」ということをイメージできるでしょう（**図9**）。

しかし、ユーザーが増えた場合には、そのたびにそのユーザーが利用するサービスそれぞれにパーミッションを与えることが必要となります。また、ユーザーに割り当てるサービスを変更する（社内であれば職務変更によりアクセスできるアプリケーションサービスの変更、社外向けのサービスであれば利用するサービスの追加など）場合にもサービスごとにパーミッションを変更する必要がありますが、管理が煩雑となり、設定ミスなどの原因にもなりかねません。

そこで、ユーザーが必要とするサービスおよびパーミッションの組み合わせのパターンを定義し、それに対してユーザーを割り当てることで、できるだけシンプルにパーミッションを割り当てるしくみを採用することが多くあります。このしくみのことを「ロール」と呼んでいます。ロールには、どのサービスに対してどのようなパーミッションを与えるか、というポリシーを定義します。それに対してそのポリシーに合致したユーザーをひも付けます。

ユーザーにひも付くユーザーIDとアプリケーションサービスを直接ひも付けるのではなく、ロー

▼図9　基本的なユーザーIDとパーミッションのひも付け

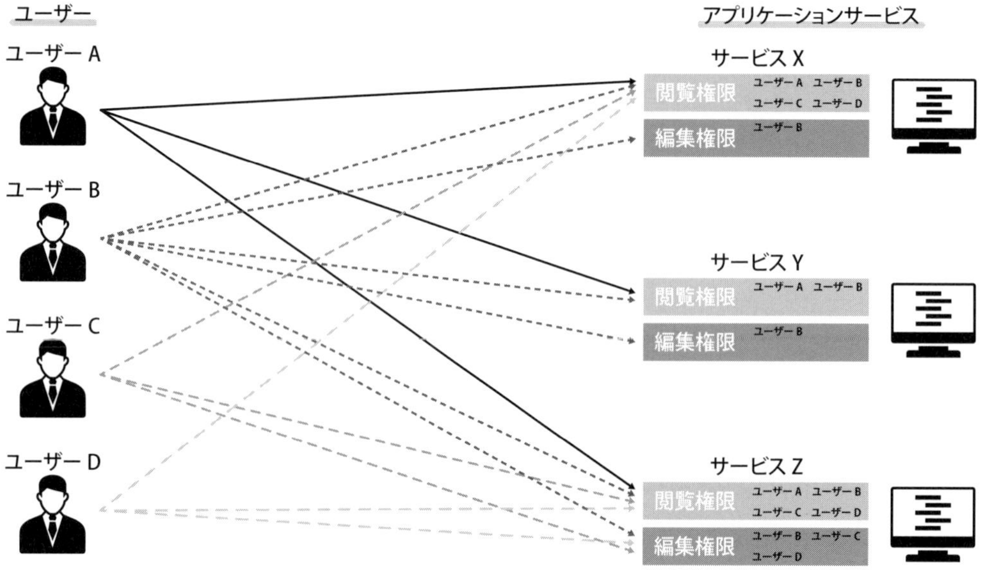

ユーザー
ユーザー A
ユーザー B
ユーザー C
ユーザー D

アプリケーションサービス
サービス X
閲覧権限 ユーザー A ユーザー B ユーザー C ユーザー D
編集権限 ユーザー B
サービス Y
閲覧権限 ユーザー A ユーザー B
編集権限 ユーザー B
サービス Z
閲覧権限 ユーザー A ユーザー B ユーザー C ユーザー D
編集権限 ユーザー B ユーザー C ユーザー D

▼図10　RBAC型のロール割り当て

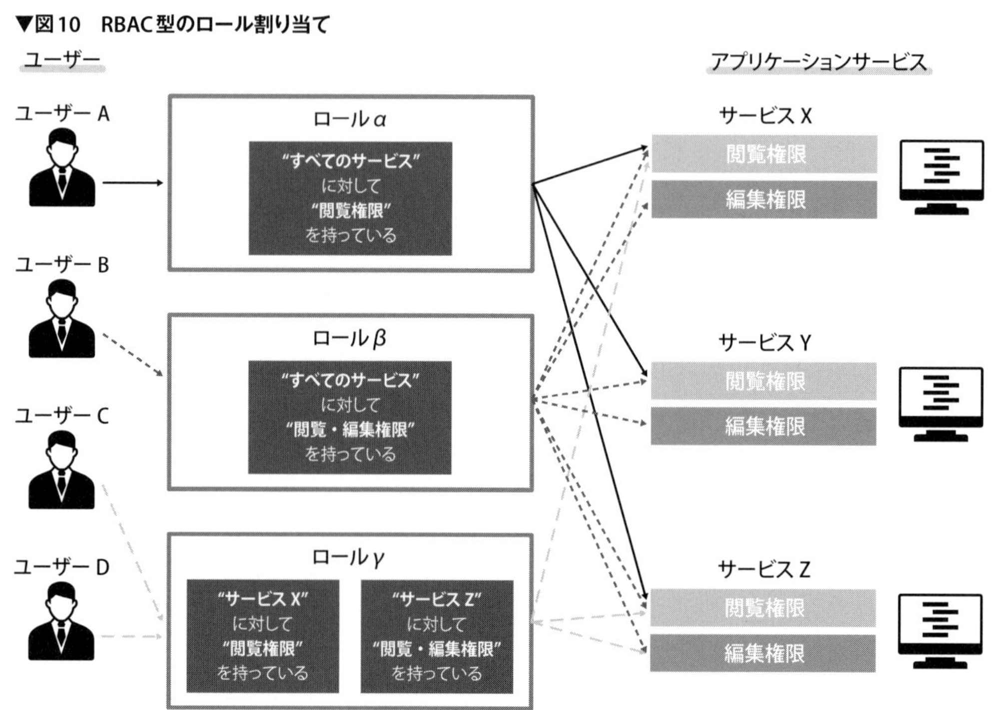

ルを仲介することによって、新規にユーザーIDを割り当てたり、パーミッションを変更したりする際に必要なロールを選択するだけでアプリケーションサービス側での作業を行う必要がなくなり、効率的な運用が可能となります(**図10**)。

このように、アプリケーションサービスなどのリソースに対するアクセス権限をロールとして1つにまとめ、それに対してユーザーを割り当てるしくみを「ロールベースアクセス制御(RBAC)」といいます。RBACを適切に利用することで、ユーザーごとに必要最低限のアクセス権限を割り当てられることはITセキュリティの観点でも重要です。

ただし、RBACを利用する際には、ロールの数はなるべく少なく設計するように注意してください。ユーザーごとに細かいアクセス制御を行おうとした結果、ロールの数が多くなると、結局のところ管理が煩雑となり本末転倒になってしまいます。ロールを作成する際には、事前に各アプリケーションサービスのパーミッションをどのように組み合わせるか考えることが重要です[注1]。

また、クラウドサービスなどスケーラビリティやより速いサービスの展開が求められるような環境ではユーザー自身が認証をトリガーするのではなく、APIなどを経由してほかのアプリケーションがそのサービスにアクセスするケースなどもあるでしょう。そのような場合には、クラウドサービスが提供するアクセス制御サービスを適宜組み合わせて利用することも検討しましょう。

クラウドサービスのアクセス制御サービスを利用することにより、クラウドサービス内で独自のタグを付与することで、そのタグが付与されたサービスにだけアクセスの許可を行うことができる属性ベースアクセス制御(Attribute Base Access Control:ABAC)などを活用するケースも多くなっています。

利用用途と環境に応じて、どのようにデジタルIDをパーミッションに割り当てるべきかを事前に検討しておくことを念頭に置いておきましょう。

利用する目的に合わせて認証方式を選択する

近年、ユーザーIDやパスワードの漏洩(ろうえい)による情報漏洩事故のニュースは毎日のように報じられるようになりました。アプリケーションサービスを公開する際には、提供するサービスが扱う情報の重要性に応じて、どの程度の認証の強度が求められるのかということを十分検討する必要があります。オンラインバンキングにおいてもユーザーIDと割り当てられる固定パスワードだけで、残高照会のみならず、振込などの処理ができてしまうとしたら、みなさんも少なからず不安に感じるのではないでしょうか。

属性の中からどのような特性を保持したクレデンシャルを選択するかによって認証の強度が影響されます。一般的にクレデンシャルの特性は大きく次の3つのカテゴリに分けられます。

- **ユーザーの記憶によるもの(Something you know)**
  代表的な例は、よく使われているパスワード
- **ユーザーが所持しているもの(Something you have)**
  ユーザーに配布されたワンタイムパスワード生成用のデバイスや、携帯のSMSやメールアドレスへ送付されるワンタイムパスワードなど
- **ユーザーの身体的な特徴に基づくもの(Something you are)**
  スマートフォンのログインでもよく使われる指紋や顔認証など

クレデンシャルがより他者に窃取、悪用されづらいものほど認証強度が高くなりますので、「Something you know」→「Something you

注1) 誌面の関係で詳細は解説できませんが、ロール管理についてより深い考察をしたい方は、日本ネットワークセキュリティ協会 デジタルアイデンティティ管理ワーキンググループが公開している「エンタープライズロール管理解説書(第3章)」(https://www.jnsa.org/result/2016/idm_guideline/data/Role-Management-v3-Final_20160602.pdf)を参照してみてください。

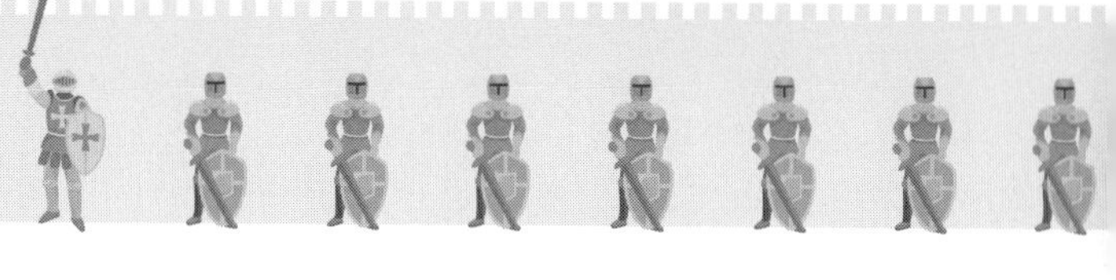

have」→「Something you are」の順番で認証強度が高くなる傾向があると言えるでしょう。また、上記のような認証を組み合わせることで認証強化を行うことも重要です。異なる特性を持つ2つ以上のクレデンシャルを組み合わせることで認証を強化することを「二要素認証」や「多要素認証」と呼んでいます（**図11**）。ここでポイントになるのは**異なる特性を持つ**という部分です。

オンラインバンキングがわかりやすい例でしょう。オンラインバンキングのマイページにログインする際には、まずユーザーIDとパスワード（Something you know）が要求されます。認証が成功すると、残高照会や入出金履歴の確認ができます。さらにそこから口座振込や口座振替を行う場合には、金融機関からオンラインバンキング開設時に提供されるワンタイムパスワードを生成するトークン（Something you have）を利用して、その時点で発行されるパスワードトークンで再認証を行います。このプロセスでは1回めの認証（Something you know）でサービスにログインを行い、認証強度を要する処理を行う際に本人確認をより厳密にできる認証（Something you have）が要求されています。これによってセキュリティの観点からユーザーの保護を実現しています。

一方、パスワードを入力したあと、さらに秘密の質問を入力するといった手順があるとします。これは多要素認証にはあたりません。なぜならパスワード、秘密の質問のどちらも、「ユーザーが知っている」という点では共通しており、クレデンシャルの要素としては同一のカテゴリに分類されるため、必ずしも本人確認のプロセスを強化していることにはならないとされているためです。このように認証に使うクレデンシャルの特性を問わず、認証のプロセスを2回以上要求する認証の方式は二段階認証または多段階認証と呼ばれます。ただし、二要素認証も認証のプロセスを2回要求されることになり、広義の意味としては二段階認証と呼ぶこともできるため、二要素認証と二段階認証について正しく理解をしておくことが重要となります。

ここまでアプリケーション開発を行う際に押さえておきたい認証・認可の概念とそのベースとなるデジタルIDの管理のあり方について解説しました。4-2節以降では、どのような技術要素を利用してこれらのしくみを実現しているかについて解説します。SD

▼図11　識別・認証・認可のプロセスにおける認証強度と認可の関係

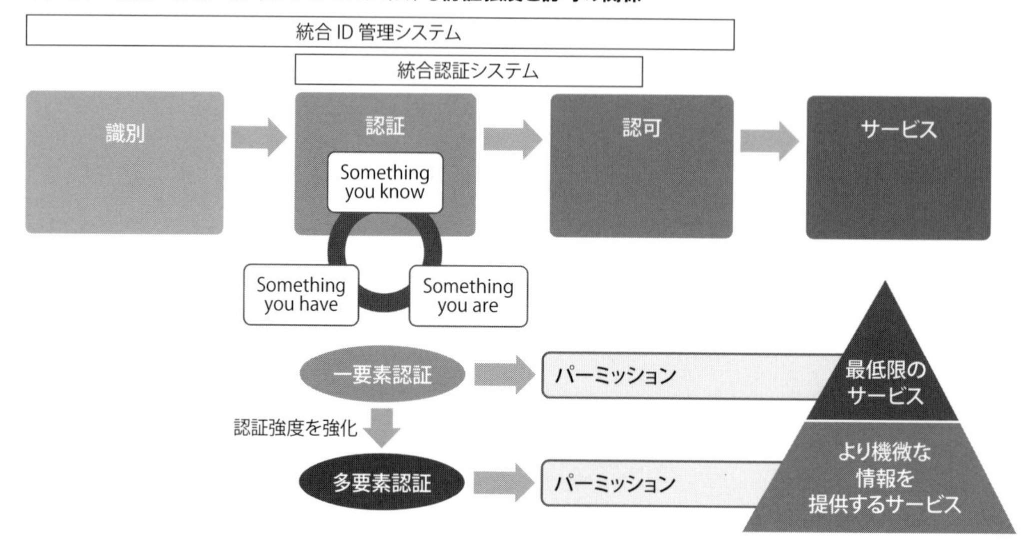

4-2

認証・認可のしくみとフロー

FIDOからOAuth、SAMLまで一挙に解説

Author 渥美 淳一（あつみ じゅんいち） ネットワンシステムズ株式会社 ビジネス開発本部
日本ネットワークセキュリティ協会（JNSA）デジタルアイデンティティWGメンバー
URL https://www.netone.co.jp/knowledge-center/netone-blog/author/197.html

現在はデジタルトランスフォーメーション全盛時代、API全盛時代といっても過言ではないでしょう。この時代においてはなおのこと、Webサービス、スマートフォンのアプリ、組織向けシステムのいずれでも、正しいユーザーに適切なアクセス権のみを与える必要があります。本節ではそれを実現するしくみについて解説します。

Webサービスに必要な認証・認可

インターネット上には企業サイトや広告サイト、ECサイトやSNSサイトなどが提供するWebサービスがあります。Webサービスを提供する多くのサイトは利用するユーザーを認証します。特別な会員のみ利用できるサービスもあるため、ユーザーを識別してサービスを提供する必要があるからです。なお、ここでは「Webサービス」と表現していますが、Webアプリも含みます。

Webサービスの認証・認可

Webサービスにアクセスするとログインを要求されます。多くのWebサービスがまずID（メールアドレスなど）とパスワードを要求します。送信するとID管理データベース（DB）を照合し、ユーザーを認証します。続いてそのユーザーの持つ属性情報からアクセス権を確認し、認可したあとサービスを提供します（**図1**）。

Webサービスの認証強化

パスワード認証のみではリスクがあります。たとえば、次のようなサイバー攻撃が流行しているからです。

- **パスワードリスト攻撃**
  不正入手したメールアドレスとパスワードの組み合わせでWebサービスへのログインを試みる攻撃
- **パスワードスプレー攻撃**
  攻撃対象のメールアドレスと、世間でよく使われている「123456」や「password」などのパスワードを組み合わせてWebサービスへのログインを試みる攻撃

そのため、追加の認証を要求するWebサービスがあります。たとえば、パスワード認証に成功したユーザーの属性情報から携帯電話番号を入手し、認証コードが書かれたSMS（ショートメッセージサービス）をその携帯電話番号に対して送信、ユーザーに認証コードの入力を要

▼図1　Webサービスの認証・認可

求します。すべての認証に成功した場合のみ、続けて認可処理が行われます(図2)。

ソーシャルログインの登場

以前まではWebサービスごとに認証・認可するのが一般的でしたが、昨今は特定のWebサービスで認証し、その結果をもってほかのWebサービスが認可するしくみが登場しました。これは「ソーシャルログイン」と呼ばれ、FacebookやInstagramといったSNSサービスの台頭をきっかけに普及しました。

ソーシャルログインの必要性

認証のため、WebサービスごとにIDとパスワードを毎回入力することも、複数のIDとパスワードを記憶しておくことも、どちらも非常に面倒です。そのためか、異なるWebサービスで同じIDとパスワードが使い回される傾向にあります。その結果、セキュリティレベルの低いWebサービスからIDやパスワード情報が盗まれ、ダークウェブと呼ばれる闇サイトなどを経由して流出する事件が発生するようになりました。この情報を入手した者は、ユーザーになりすましてさまざまなWebサービスに不正ログインを試みるようになります。たとえばECサイトに不正ログインが成功すれば、住所やクレジットカード番号を悪用できてしまいます。

前述のSMSによる認証コードを使えば不正ログインの低減を図ることはできますが、利便性の低下にもつながります。

こうした背景を受け、認証の回数を減らす手段としてソーシャルログインが注目されるようになりました。管理側にとっても、認証と認可を分離できることは責任範囲が狭くなり、管理負荷が軽減するというメリットがあります。すでに利用しているSNSが追加の認証を要求できる場合は、認証強化をそのSNSに委任できるため、Webサービス開発者は自前で認証機能を実装する必要がなくなります。

ソーシャルログインのしくみ

一般的なWebサービスは初めて利用するユーザーに新規登録を依頼してきますが、ソーシャルログインの場合は外部ソーシャルネットワークを使うことにより、Webサービス側のID管理データベースへの新規登録を大幅に簡素化することができます。

ソーシャルログイン対応のWebサービスは、ログイン画面に[＊＊＊でログイン]といったボタンを表示します。たとえば、Facebookにアカウントがある場合は[Facebookでログイン]ボタンをクリックすると、Facebookへのログイン(認証)が要求されます。認証成功後、Facebookから「そのWebサービスを許可しますか?」のように聞かれますので、許可するとソーシャルログインが可能になります(図3)。

FIDOの登場

パスワードによる認証がセキュリティ上危険

▼図2 Webサービスの認証強化

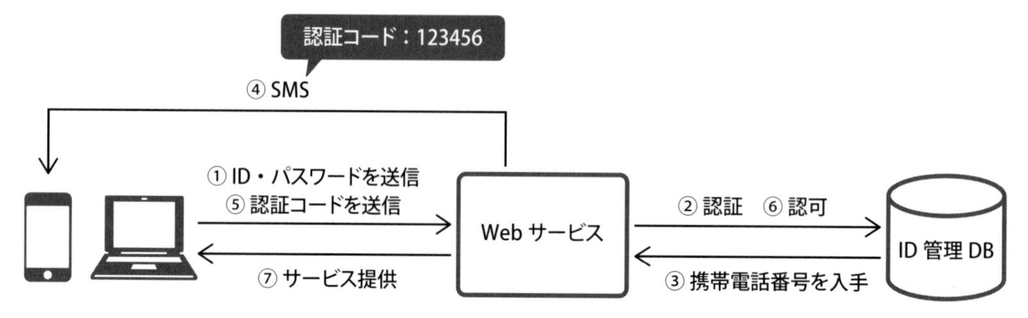

とみなされたこともあり、パスワードを使わない認証が待望されるようになりました。そこで近年注目されているのが「FIDO認証」です。FIDO（ファイド）はFast IDentity Onlineの略語で、2012年に発足したFIDOアライアンスというグローバルな非営利団体が生み出した、生体認証を中心とする新しいオンライン認証技術です。その名のとおり、高速なオンライン認証を実現します。

FIDOの必要性

どのWebサービスにおいても共通して問題視されるのが、ユーザーがパスワードを忘れてしまうケースです。多くの場合、オンラインショッピングで購入を断念されるなどの機会損失につながります。FIDOは、パスワードのような記憶に頼る認証方法に依存しないWebサービスを提供できることがメリットです。

また、標準化技術であることも強みです。顔認証、指紋認証などの生体認証技術は昔からありますが、顔認証カメラや指紋認証リーダーなどのデバイスが別途必要になる点、提供するベンダーによってしくみが異なる点など、広く普及するには高いハードルがありました。FIDOは標準化技術により、これらのハードルを低くするしくみを提供します。

FIDOのしくみ

FIDOは公開鍵暗号方式を使い、Webサービスの認証をシンプルかつセキュアにします。Webサービスは認証を行わず、FIDO認証サーバに認証処理を委任します。Webサービスの提供者は認証に必要な認証情報（パスワードや生体データなど）の保管が不要になり、認証情報が漏洩（ろうえい）するリスクを回避できます。代わりに、ユーザーが持っている認証器（Authenticator）

▼図3　ソーシャルログインのしくみ

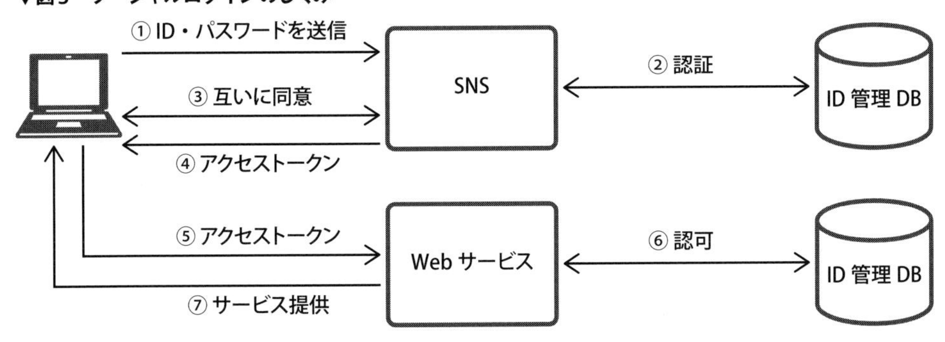

▼図4　FIDOのしくみ

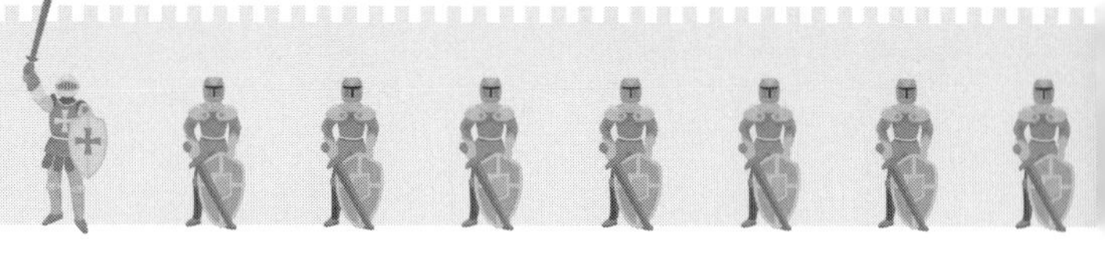

が認証情報を保管し、認証を行います。認証器にはPC／スマートフォン内蔵型や外付け型があります。

しくみとしては、ユーザーがログインするとき、まずFIDO認証サーバから「チャレンジ」が届きます。認証器は秘密鍵を使ってそのチャレンジに署名をし、FIDO認証サーバに送信します。FIDO認証サーバは事前に登録された公開鍵を使ってその署名を検証し、送られてきた認証結果が正しいものであることを確認します。このように、認証に必要な認証情報をインターネットに流さずにユーザーを認証できます（**図4**）。FIDOについては、4-4節でも説明します。

スマートフォンのアプリに必要な認証・認可

各種SNSやインターネットバンキングなど、多くのサービスがスマートフォンで使えるアプリ（以下、スマホアプリ）をApp Storeといったサイトに登録しています。スマホアプリは、Webサービスと同じ機能を提供するものや、限定的な機能のみを提供するものなどさまざまです。そしてスマホアプリがユーザーにサービスを提供するために必要なもの、それがAPI（Application Programming Interface）です。

APIの登場

スマホアプリがAPIを必要とする理由、それは、ユーザーが欲するすべてのデータをスマホ内に保管することが難しいためです。そこでデータをクラウドに保管し、スマホアプリからクラウドにアクセスするしくみが必要でした。それがAPIです。

また、公開されたAPIを利用することで、スマホアプリやサービスの開発速度が向上し、開発に要する工数の削減にもつながります。ただ、APIによってスマホアプリが爆発的に普及すると同時に、APIをターゲットにする攻撃も増加しました。

OAuth認可フレームワークの必要性

アプリにクレデンシャル（認証に使うユーザーの属性情報）を共有するよりもセキュアな方法が求められたため、「アプリ（OAuthクライアント）がユーザーの代わりにAPI（リソース）にアクセスすることを許す（権限移譲する）」というしくみが導入されました。それがOAuth認可フレームワーク（以下、OAuth）です。OAuthはOpen Authorizationの略で、その名のとおりAPIアクセスを認可するためのオープンスタンダードなしくみです。

たとえば、スマホで撮影した写真をFacebookとInstagramにスマホアプリを使ってアップしたいとき、ユーザーはそれぞれにログインする必要があり、面倒です。OAuthでは、一方のサービスにログイン（認証）し、他方のサービスも利用（APIアクセスを認可）できるようになりますので、パスワードをサービスごとに設定、送信する手間から解放されます。また、APIアクセスの認可対象リソースを細かく指定できるため、必要以上に権限を与えることを回避できる点もセキュリティを高める要素となっています。

OAuth 2.0のしくみ

2007年にリリースされたOAuth 1.0はおもにWebサービスを対象としたもので、現在はスマホアプリも対象とするOAuth 2.0が主流のバージョンになっています。またOAuth 2.0は、OAuth 1.0では複雑だったアクセストークンを受け渡すしくみを改善し、HTTPSを必須にすることで、アクセストークンの盗聴を防ぐようにしています。RFC 6749にてOAuth 2.0の4種類の認可フローが定義されています（**表1**）。

ユースケースによりますが、比較的よく使われているのがAuthorization Code Grantです。その名のとおり、Authorization Code（認可コード）という引換券を発行し、それと交換する形でアクセストークンを安全に受け渡せるからで

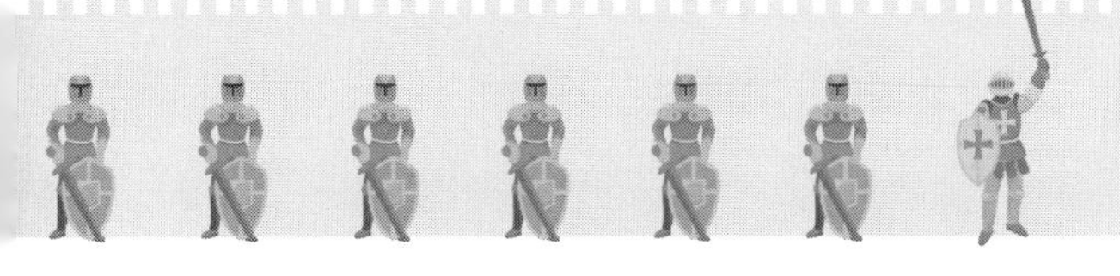

す。OAuth 2.0の目的は、IDとパスワードを受け渡すことなくAPIにアクセスできるようになることです。OAuth 2.0は認可のしくみであり、認証のしくみについては定義されていませんので、認証は認可サーバとなる各Webサービスが行い、そのしくみはWebサービスによって異なります。スマホアプリは認可サーバからアクセストークンを取得し、それをAPIに提出することで、許されたアクセスのみ可能になります(**図5**)。

スマホアプリは、認可サーバの「認可エンドポイント」から認可コードを発行してもらいます。次に、スマホアプリはアクセストークンを発行してもらうために、HTTPリクエストのペイロード部分に「`grant_type=authorization_code&code=<認可コード>`」という形で認可コードを入れ、認可サーバの「トークンエンドポイント」に提出します。こうして取得したアクセストークンをHTTPリクエストのヘッダ部分などに「`Authorization: Bearer <アクセストークン>`」のように入れ、APIに提出します。

OAuth 2.0、および後述するOpenID Connectプロトコルはこの Bearer トークンによる認証・認可をサポートしています。この「Bearer」には「持参人取引」という意味があります。このしくみでは、アクセストークンを送信しさえすれば、誰のものかは確認されずにAPIアクセスが許可されます。アクセストークンによるなりすましが可能ですので、「発行されたユーザーがトークンを利用していることの検証」および「トークン自体の真正性の検証」の2点を行うことが必要です。Bearerトークンの使用についてはRFC 6750にて定義されています。

▼表1 OAuth 2.0認可フローの種類

フロー	説明
Authorization Code Grant	認可コードと交換する形でアクセストークンを受け渡す
Implicit Grant	アクセストークンを直接受け渡す
Resource Owner Password Credentials Grant	ユーザーのIDとパスワードの受け渡しが必須
Client Credentials Grant	サーバ間でのシナリオで使うためユーザー認証がない

認証・認可における Webサービスと APIの違い

Webサービスは認証・認可のあと、HTTP Cookieによってユーザーを特定しています。HTTP Cookieによってユーザーのログイン状態を維持することで、専用のWeb画面を提供できます。一方APIは、トークンによって実行権限の有無を判定します。このトークンには、前述のアクセストークンと「リフレッシュトークン」があります。多くの場合、スマホアプリはこれら2つを同時に取得します。アクセストークンを提出することで、APIアクセスが認可されます。

ただし、アクセストークンには有効期限があります。万一アクセストークンが盗まれてしまった場合、有効期限がなければずっとなりすまし

▼図5 OAuth 2.0のしくみ

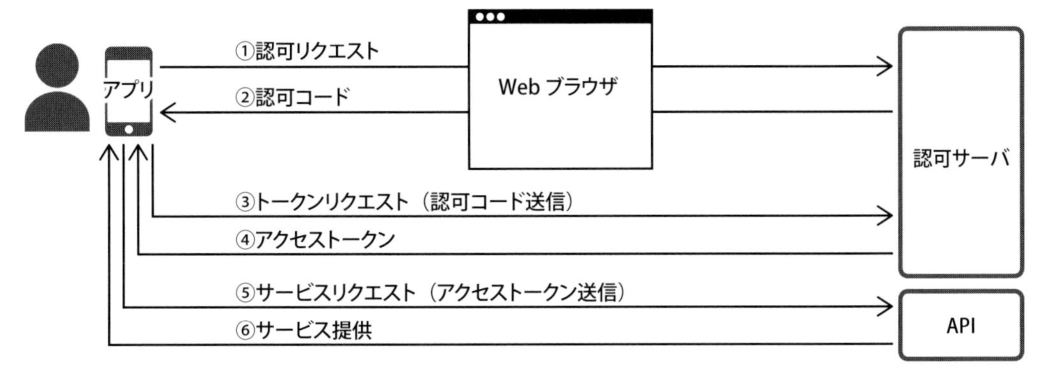

が可能になってしまうからです。リフレッシュトークンは、アクセストークンを更新するためのトークンです。APIは有効期限が比較的短いアクセストークンを使ってユーザーを特定し、アクセストークンが期限切れで使えなくなったら、有効期限が比較的長いリフレッシュトークンを提出し、再度アクセストークンを発行してもらうことで、長期にわたるアクセス維持を実現しています。これらのトークンの扱い方はAPI開発においてしばしば悩みの種となりますので、覚えておくと良いでしょう。

OpenID Connectプロトコルの必要性

OAuth 2.0は認可に特化したしくみであるため、認証結果を含むアイデンティティ情報を受け渡すしくみは実装されません。ユーザーを識別するには、認証情報をAPI側が確認する必要があります。そこで、認証結果を含むアイデンティティ情報も受け渡しできるようにOAuth 2.0を拡張したものが、OpenID Connectプロトコルです。OpenID Connectプロトコルは認証結果を含むアイデンティティ情報を「IDトークン」に入れて受け渡します。OpenID Connectプロトコルにより、OAuth 2.0のアクセストークンとIDトークンを同時に発行できます。

OpenID Connect 1.0のしくみ

2014年に標準化されたOpenID Connect 1.0が主流のバージョンになっています。誰(OpenIDプロバイダ)が、誰(ユーザー)を、誰(スマホアプリなど)のために認証したのか、また、そのユーザーの属性情報や認証した日時などの情報をAPI側が確認できるようになります。OpenID Connect 1.0では認証のフローとして、3つのフローを定義しています。OAuth 2.0のGrantに対し、OpenID Connect 1.0では「Flow」と呼ばれます(**表2**)。

▼表2 OpenID Connect 1.0フローの種類

フロー	説明
Authorization Code Flow	認可コードと交換する形でIDトークン(とアクセストークン)を受け渡す
Implicit Flow	IDトークンを受け渡す際、署名の検証が必須
Hybrid Flow	Authorization Code FlowとImplicit Flowを融合

OAuth 2.0とOpenID Connect 1.0の違い

あらためて整理しますと、OpenID Connect 1.0はOAuth 2.0を拡張したものですので、大まかなフローはOAuth 2.0と同じです。ただし、OAuth 2.0は認証について定義されていないのに対し、OpenID Connect 1.0は認証について定義されている点で異なります。スマホアプリがAPIにアクセスする際、OAuth 2.0は認可サーバとやりとりしてアクセストークンを取得するのに対し、OpenID Connect 1.0はOpenIDプロバイダとやりとりしてアクセストークンとIDトークンを取得します(**図6**)。

また、OAuth 2.0ではアクセストークンの形式について定義されていませんが、OpenID Connect 1.0ではIDトークンの形式について定義されています。IDトークンはJSON Web Token (JWT) の形式で提供されますが、加えてJSON Web Signature (JWS) の仕様もあります。JWTについてはRFC 7519、JWSについてはRFC 7515にて定義されています。OpenIDプロバイダから発行されるIDトークンの例を**表3**に掲載します。IDトークンは「ヘッダ」「ペイロード」「署名」で構成され、ピリオドでそれぞれが区切られています。Base64URLでエンコードされたペイロードをデコードすると、IDトークンによって受け渡す認証情報を確認できます。

さらに異なる点として、トークンを発行するまではOAuth 2.0もOpenID Connect 1.0も同じフローですが、後者はそのあとに「Userinfoエンドポイント」と呼ばれる、ユーザー情報を取得するためのAPIを実装する必要があります。このUserinfoエンドポイントにアクセスするときには、アクセストークンを提出します。そ

の際、ユーザー情報が応答されますが、その内容とIDトークンのペイロードにそれぞれ含まれる「ユーザー識別子」を比較することでアクセストークンが正しいかを検証できる点が、セキュリティの向上に貢献しています。

組織のシステムに必要な認証・認可

ここまではコンシューマーを対象とした認証・認可について解説しました。ここからはエンター

▼図6　OAuth 2.0(左)とOpenID Connect 1.0(右)

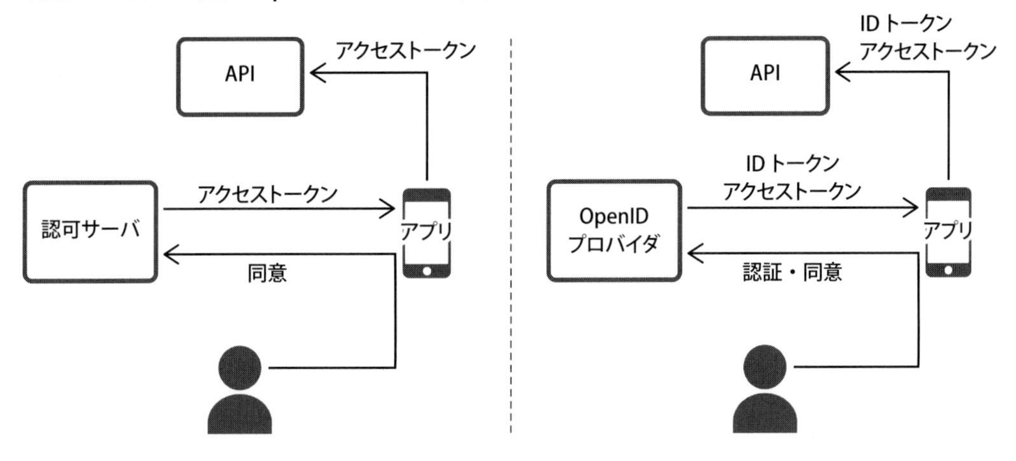

▼表3　OpenID Connect 1.0のIDトークンの構成

	IDトークン	デコード後に得られるJSONファイル
ヘッダ	eyJraWQiOiIxZTlnZGs3IiwiYWxnIjoiUl MyNTYifQ	{"kid":"1e9gdk7","alg":"RS256"}

ペイロード	ewogImlzcyI6ICJodHRwOi8vc2VydmVy
	LmV4YW1wbGUuY29tIiwKICJzdWIiOiAi
	MjQ4Mjg5NzYxMDAxIiwKICJhdWQiOiA
	iczZCaGRSa3F0MyIsCiAibm9uY2UiOiA
	ibi0wUzZfV3pBMk1qIiwKICJleHAiOiAx
	MzExMjgxOTcwLAogImlhdCI6IDEzMT
	EyODA5NzAsCiAibmFtZSI6ICJKYW5lI
	ERvZSIsCiAiZ2l2ZW5fbmFtZSI6ICJKY
	W5lIiwKICJmYW1pbHlfbmFtZSI6ICJE
	b2UiLAogImdlbmRlciI6ICJmZW1hbGU
	iLAogImJpcnRoZGF0ZSI6ICIwMDAwL
	TEwLTMxIiwKICJlbWFpbCI6ICJqYW5l
	ZG9lQGV4YW1wbGUuY29tIiwKICJwaW
	N0dXJlIjogImh0dHA6Ly9leGFtcGxlLm
	NvbS9qYW5lZG9lL21lLmpwZyIKfQ
		{
		"iss": "http://server.example.com",
		"sub": "248289761001",
		"aud": "s6BhdRkqt3",
		"nonce": "n-0S6_WzA2Mj",
		"exp": 1311281970,
		"iat": 1311280970,
		"name": "Jane Doe",
		"given_name": "Jane",
		"family_name": "Doe",
		"gender": "female",
		"birthdate": "0000-10-31",
		"email": "janedoe@example.com",
		"picture": "http://example.com/janedoe/me.jpg"
		}

署名	rHQjEmBqn9Jre0OLykYNnspA10Qql2r vx4FsD00jwlB0Sym4NzpgvPKsDjn_ wMkHxcp6CilPcoKrWHcipR2iAjzLvDN AReF97zoJqq880ZD1bwY82JDauCXEL VR9O6_B0w3K-E7yM2macAAgNCUwti k6SjoSUZ Rcf-O5lyglyLENx882p6MtmwaL1hd6q n5RZOQ0TLrOYu0532g9E xxcm-ChymrB4xLykpDj3lUivJt63eEGG N6DH5K6o33TcxklJNrCD4 XB1CKKumZvCedgHHF3IAK4dVEDSU oGlH9z4pP_eWYNXvqQOjGs-rDaQzUH l6cQQWNiDpWOl_lxXjQEvQ	ヘッダおよびペイロードの署名(バイナリデータ)

※https://openid.net/specs/openid-connect-core-1_0.html#id_tokenExampleより引用

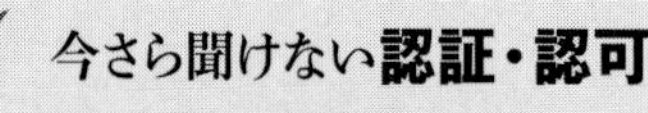
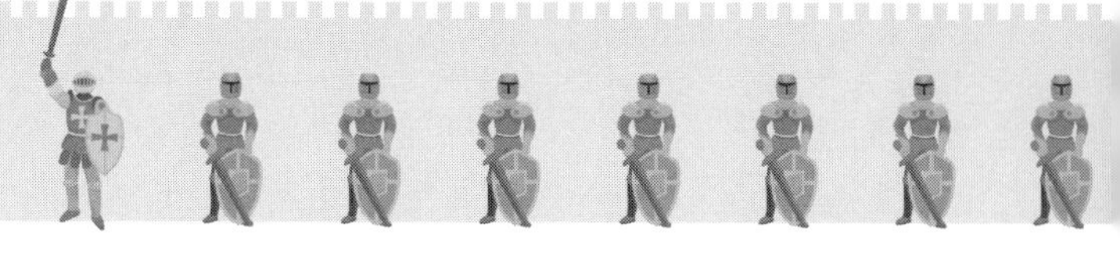

プライズほか組織を対象とした認証・認可について解説します。

コンシューマーとエンタープライズ

コンシューマーを対象としたWebサービスとは異なり、エンタープライズを対象としたシステムでは、組織に所属するメンバー(社員や従業員など)の情報に対して、アクセス管理、アクセス制御をすることが重要です。ユーザーやメンバーのID情報を適切に管理し、認証・認可、正しいアクセス権限を付与する考え方を「アイデンティティとアクセスの管理(Identity and Access Management、略してIAM)」と言いますが、コンシューマーのためのIAM(略してCIAM)とエンタープライズのためのIAM(略してEIAM)は区別して考える必要があります。

たとえば、前者はユーザーエクスペリエンスの向上が最重要課題の1つです。そのためにソーシャルログインやFIDOといった技術が生まれ、認証・認可にかかる負担軽減が求められています。それに対し後者では、もちろんユーザーエクスペリエンスも大事ですが、それ以上に組織統制、とくに企業ではコーポレートガバナンスが最重要課題です。EIAMでは、メンバーのIDの統合管理やメンバーによる特権IDの利用、特権アクセスの制御や監査を視野に入れて認証・認可と向き合う必要があります。

ローカル認証とは

組織の中にはシステムが数多く存在します。人事システムや経理システム、イントラネットサイト、メールサーバ、ファイルサーバ、プリンター、業務用PC、またそれらをつなぐネットワーク機器などです。メンバーが業務で利用する場合もあれば、各システムの管理者が特権IDでメンテナンスする場合もあります。以前はシステムごとにID管理を行い、システムごとに認証・認可する「ローカル認証」が一般的でした(**図7**)。そのため、システムによってIDやパスワードが異なるケースも多々ありました。組織内にユーザーやシステムが数えるほどしかないのであれば問題は少ないでしょうが、ユーザーやシステムが増えるほどID管理面やパスワード運用面などが問題になります。

▼図7 ローカル認証

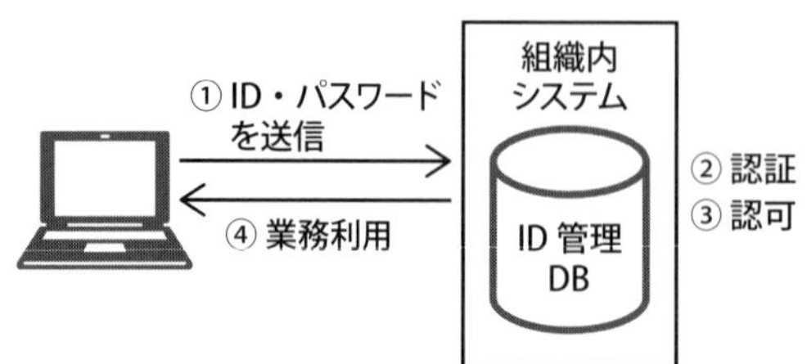

ディレクトリサービスの登場

そこで登場したのが、ディレクトリサービスと呼ばれるしくみです。組織内のメンバーやネットワークにつながるシステムなどのリソース、電話番号やメールアドレスなどの属性や設定情報、設置場所などの情報をまとめて管理し、必要なときに検索できるようにすることで、それらの管理者の負担を軽減するサーバソフトウェアです。

管理者などがこのディレクトリサービスにアクセスするための通信プロトコルとしては、LDAP(Lightweight Directory Access Protocol)が有名です。LDAPはそのしくみにおいて、管理するパスワードなどのデータを保護する機能がないため、通信を暗号化するTLS(SSL)プロトコル上で動作するLDAPSが使われるようになりました。ディレクトリサービスを提供するLDAPサーバとして有名なのは、Microsoft社が提供する「Active Directory」、オープンソースの「OpenLDAP」が挙げられます。

ディレクトリサービスの必要性

前述のとおり、ディレクトリサービスは管理者の負担軽減がおもな目的ですが、たとえばActive Directoryの場合、ID管理を一元化し、認証を統合、認証と認可を分離できるしくみが人気の1つです。Active Directoryには「ドメイン」と呼ばれる管理領域があり、その中のメンバー情報やメンバーが所属する部署（グループ）情報、メンバーやグループに許されるアクセス権限情報を一元的に管理して認証する「ドメインコントローラ」というサーバが中心にあります。

ドメインコントローラは複数台で冗長化できるので、1台に障害が発生してもほかのドメインコントローラがあれば機能を維持できるため、認証・認可に欠かせない可用性の高さも人気の理由です。組織のシステムでは、ユーザー単位ではなく部署単位でアクセス権を与えたいケースが多いですが、Active Directoryは登録されている部署名をもとにシステムへのアクセスを許可できます。一度のパスワード入力で複数システムの認可をクリアできるため、シングルサインオンを提供できます。

昔から需要の高いファイルサーバ機能も、このActive Directory機能も、どちらもWindows Serverの一機能ですので、親和性があります。ドメインコントローラで認証し、ファイルサーバで認可するしくみを容易に構築、運用できる点もメリットです。

ディレクトリサービスのしくみ

ここでもActive Directoryを例に挙げます。認証の機能を提供するドメインコントローラは、IDとパスワードによって組織のどのメンバーであるかを認証します。認証には「ケルベロス認証」を使用します。ケルベロス認証とはRFC 4120にて定義された「Kerberosバージョン5」によるオープンスタンダードな認証であり、Active Directoryでも推奨されています。

ドメインコントローラは認証をクリアしたメンバーにチケットを発行します。チケットには2つの種類があり、このときに発行されるのが「Ticket Granting Ticket」（TGT）と呼ばれるチケットです。これは認証済みであること、チケットをもらう資格を持っていることを証明するためのチケットで、メンバーのPCに保管しておきます。もうひとつは「Service Ticket」（ST）と呼ばれ、各サービス（ファイルサーバやWebサーバなど）にアクセスするときに必要なチケットです。STは有効期間内のTGTと引き換えに発行されます。各サービスはSTからユーザーを確認し、アクセスを認可します（図8）。

クラウドサービスの登場とSAML

Active Directoryのしくみにより、ドメインの中にあるシステムや「信頼関係」で結ばれたほかのドメインの中にあるシステムへのアクセス（シングルサインオン）が可能になります。信頼関係とは、異なるドメイン間で設定することにより、自身が所属するドメインで認証し、異なるドメインのシステムへのアクセス権を取得できる機能です。たとえば、別の組織で

▼図8　Active Directory（ケルベロス）の認証フロー

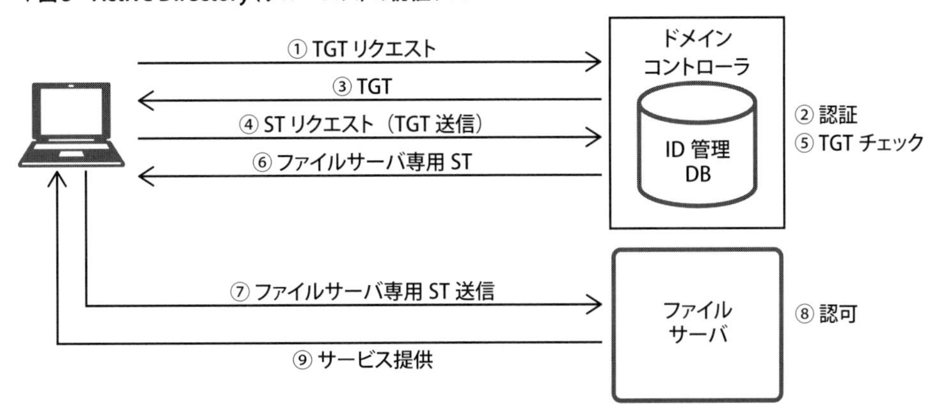

Active Directoryを使って認証・認可をしていた状態から、組織の吸収合併などが発生した場合に利用します。

こうして、組織が利用する複数のシステムでそれぞれIDとパスワードを登録、管理し、受け渡す必要がなくなりましたが、現在はここにクラウドサービスが加わりました。クラウドサービスの認証・認可はケルベロス認証とは異なります。そのため、組織が利用するクラウドサービスごとにIDとパスワードを登録、管理し、受け渡す必要が生じてしまいます。そこで注目されているのが、ケルベロス認証のチケットのようなしくみをクラウドサービス向けに提供する「SAML」(Security Assertion Markup Language)と呼ばれるプロトコルです。

SAMLプロトコルの必要性

SAMLプロトコルはOASIS(Organization for the Advancement of Structured Information Standard)という団体によって標準化されている技術です。SAMLプロトコルはその名のとおり、セキュリティアサーションと呼ばれる、ケルベロス認証のチケットのようなものをパスワードの代わりに受け渡すことでシングルサインオンを実現します。

このセキュリティアサーションは「SAMLアサーション」や「SAMLトークン」とも呼ばれます。セキュリティアサーションには、組織のメンバーのID情報や属性情報などがXMLフォーマットで記述されています。クラウドサービスでは認証せず、セキュリティアサーションに記述された情報をもとに認可のみを行いますので、認証と認可の分離によりID情報などの管理負荷が軽減されます。

この認証を一手に担い、セキュリティアサーションを発行するのが「Identity Provider」で、IdPのように略されます。IdPとして有名なのは、Microsoft社が提供する「Active Directory Federation Services」や、同じくMicrosoft社のIDaaS(Identity as a Service)である「Azure Active Directory」です。

これに対し、組織に目的のサービスを提供するクラウドサービスのことを「Service Provider」と呼び、SPと略されます。IdPとSPの間では信頼関係を結んでおく必要があります。具体的にはIdPの公開鍵をSPに渡しておきます。SPはIdPの公開鍵を持ち、正しい秘密鍵を使って署名されたセキュリティアサーションかどうかを検証することによって、内容の改ざんを防ぎ、認可に必要な情報をクラウドサービスに安全に届けられます。この技術は、SPが信頼するIdPに認証をお任せすることから、「ID連携」「IDフェデレーション(同盟)」「認証連携」などと呼ばれます。

セキュリティアサーションはケルベロス認証のSTと同じく、クラウドサービスごとに中身が異なります。その中身にSPが求める情報が適切に記述されていない場合、またタイムスタンプが有効ではない場合、ID連携に失敗します。セキュリティアサーションに含まれるSPが求める情報のことを「属性」と呼びます。属性とは、メールアドレス、所属組織、所属部門、役職などの情報です。SAMLプロトコルはHTTPS暗号化通信を経て送信されるセキュリティアサーションを厳しくチェックするためセキュアであり、メジャーなクラウドサービスや学術認証フェデレーション「学認」など、すでに多くのシーンで活用されています。

SAMLプロトコルのしくみ

SAMLプロトコルは2005年にリリースした2.0が主流のバージョンになっています。SAMLプロトコルの認証フローには大きく2つの方式があります。「IdP Initiated」と「SP Initiated」です。SPによって、両方対応する場合、どちらかの方式しか対応していない場合があります。

IdP Initiated

IdP InitiatedはWebブラウザを使ってIdP

のURLにアクセスするところから通信が始まります(図9)。まず、IdPはログイン画面を表示します。IDとパスワード、必要に応じてスマホアプリや多要素認証デバイスによる多要素認証が要求されます。パスワードの代わりに生体認証を要求できるIdPもあります。そして認証に成功すると、自分専用のIdPポータル画面が提供されます。この画面には組織から利用を許可されたSPのアイコン、たとえばMicrosoft Office 365やセールスフォース・ドットコムなどのアイコンが並ぶイメージです(図10)。ここでアクセスしたいSPアイコンをクリックすると、そのSP専用のセキュリティアサーションが発行され、同時にSPのURLに自動的にリダイレクトされます。そして、SPにセキュリティアサーションが送られます。SPはセキュリティアサーションの中身をチェックし、認可します。こうしてSPへのシングルサインオンが成立し、許可された操作のみ実行できます。

SP Initiated

これに対してSP Initiatedは、SPのURLにアクセスするところから通信が始まります(図11)。まず、SPへのログインが試みられます。このとき、IdPのURLに自動的にリダイレクトされる場合や、「シングルサインオンはこちら」のようなリンクをクリックしてIdPのURLにリダイレクトする場合があります。リダイレクト先ではIdPのログイン画面が表示され、IDとパスワード、多要素認証(または生体認証)を送信し、認証に成功しますと、そのSP専用のセキュリティアサーションが発行されると同

▼図9　SAMLプロトコル(IdP Initiated)認証フロー

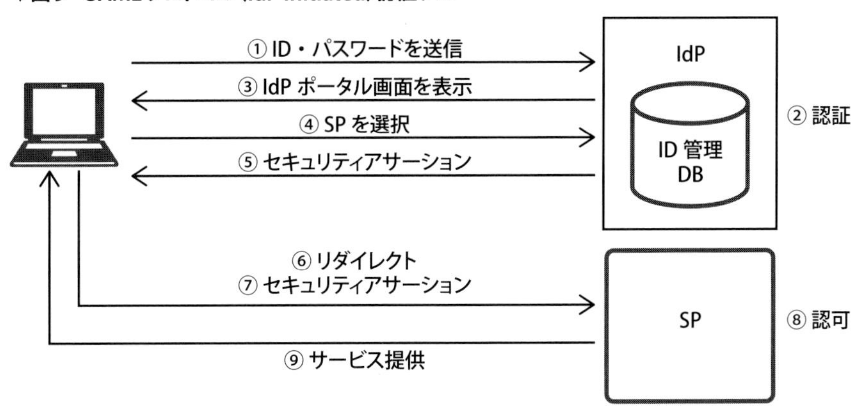

▼図10　IdPポータル画面イメージ(Webブラウザ)

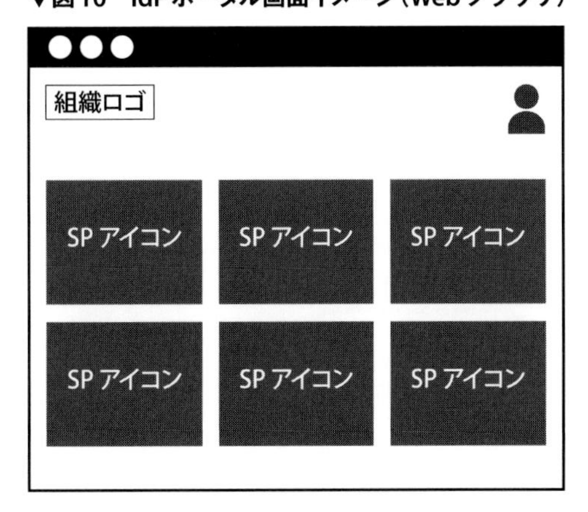

時に、SPのURLに再度リダイレクトされます。SPはセキュリティアサーションの中身をチェックし、認可します。こうしてSPへのシングルサインオンが成立し、許可された操作のみ実行できます。

SAMLプロトコルとOpenID Connectプロトコルの違い

SAMLプロトコルに対応しているクラウドサービスが多い中、OpenID Connectプロトコルを使う開発も始まっています。実は、両者はよく似ています。どちらも認証と認可を分離し、IdPまたはOpenIDプロバイダによって認証されたユーザー情報をサービス側(SPまたはRelying Party)に安全に受け渡すことが目的だからです。また、どちらもHTTPSを通信経路とします。

違いとして挙げられるのは、まずユーザー情報の記述フォーマットです。SAMLプロトコルはXMLフォーマットのセキュリティアサーション、OpenID ConnectプロトコルはJSONフォーマットのIDトークンです。受け渡す方法(通信プロトコル)としては、SAMLプロトコルもOpenID ConnectプロトコルもHTTPプロトコルがベースとなっています。人によると思いますが、個人的には、SAMLプロトコルのほうが難しいと感じています。また、XMLフォーマットはデータサイズが大きくなる傾向にあるため、通信量も大きくなりがちです。

SAMLプロトコルはWebブラウザベースのクラウドサービスでよく利用されているのに対し、OpenID ConnectプロトコルはWebブラウザ以外(スマホアプリなど)にも利用されています。今後もスマホアプリによるビジネスが加速し、デバイスを問わずストレスなく利用できるOpenID Connectプロトコルのほうが注目されることが予想されます。ただ、どちらも認証連携を実現し、パスワードなどの秘密情報をIdPやOpenIDプロバイダで一元管理できることは同じです。利用しているサービスからパスワードが漏洩するといったサイバー攻撃事件への対策になりますので、積極的に利用することをお勧めします。

最後に、「SAML」という用語はプロトコルを指す場合とアサーションを指す場合がありますので、今回はそれぞれを分けて表現しました。セキュリティアサーション(SAMLアサーション)を受け渡すプロトコルとして、SAMLプロトコルだけではなくWS-Federationプロトコルもありますが、現在はSAMLプロトコルが主流のため、今回は割愛しました。SD

▼図11 SAMLプロトコル(SP Initiated)認証フロー

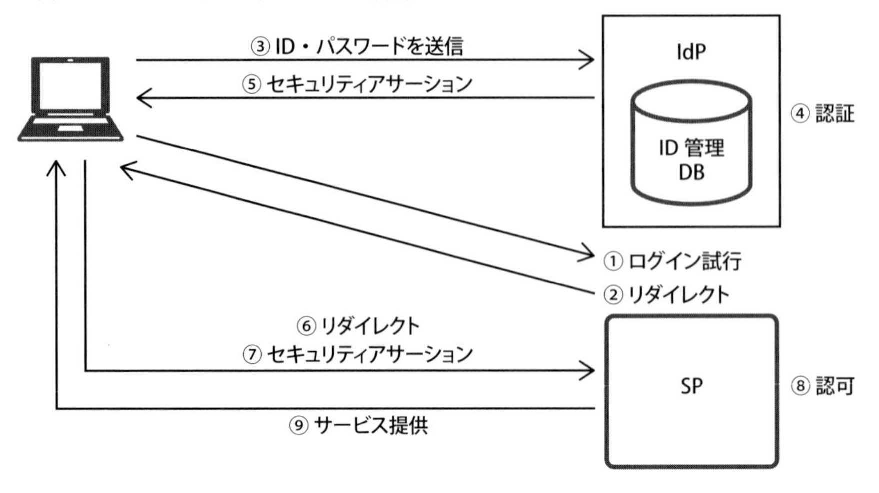

4-3

クラウド時代のID管理技術

アイデンティティ管理とそのしくみ

Author 宮川 晃一(みやかわ こういち) 日本電気株式会社(NEC) 金融システム統括部FDITグループ シニアプロフェッショナル
日本ネットワークセキュリティ協会(JNSA)デジタルアイデンティティWGリーダー クラウドセキュリティアライアンス(CSA)理事
URL https://www.jnsa.org/active/std_idm.html

4-1節でも述べたとおり、認証・認可を行うには、利用者のID情報を事前に登録しておく必要があります。なぜなら、ID登録が先にないと認証や認可を行うことができないからです。そこで、本節ではIDやパスワードといった認証基盤を一元的に管理する統合的なアイデンティティ管理(統合ID管理)について解説します。

認証・認可の前に必要なアイデンティティ管理

ID登録に必要な情報として最も単純な情報はIDとパスワードですが、それ以外にも認証・認可で利用する情報(属性情報)はさまざまです。このような属性情報を一元的に管理することを一般的に「アイデンティティ管理」と呼び、システム化されたものを「アイデンティティ管理システム」と呼びます。

管理主体(エンティティ)は各種コンテキストによって属性が変化する特徴があります。**図1**は、企業におけるアイデンティティ管理システムの例です。

アイデンティティ管理は、IDやパスワードなどのユーザーアカウントを一元的に管理することから、一般的には「ID管理」と同意に使われます。管理する情報としては、ID、パスワード、ユーザープロファイル、プロファイルに基づくアクセス権限などが対象となり、統合ID管理システムとも言われています(**図2**)。

▼図1 企業におけるアイデンティティ情報と属性

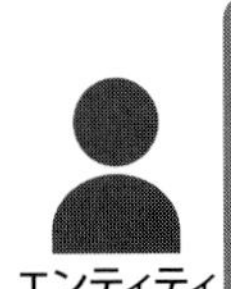

アイデンティティ情報

ID	氏名	部門名
役職	電話番号	勤務場所
役割	従業員番号	資格

アイデンティティ管理システムのしくみ

B2Eのアイデンティティ管理

まずは企業内社員向けのアイデンティティ管理(EIAM:Enterprize Identity and Access Management)です。EIAMにかかわるコンポーネントは大きく分けてID管理基盤とSSO基盤の2つに分類することができます。

ID管理基盤

ID管理基盤のコンポーネントは次のとおりです。

- IDプロセスサービス:デジタルIDの属性状態の各種情報
- IDリポジトリ:認証・認可に利用される属性の管理
- プロビジョニングサービス:ユーザーIDのライフサイクルマネジメントを実施
- ID源泉情報:人事データベースなど

IDプロセスサービス、IDリポジトリ、プロビジョニングサービスは、まとめて「統合ID管理システム」と呼ばれます。これらのプロセスは、ユーザーに対してアプリケーションサー

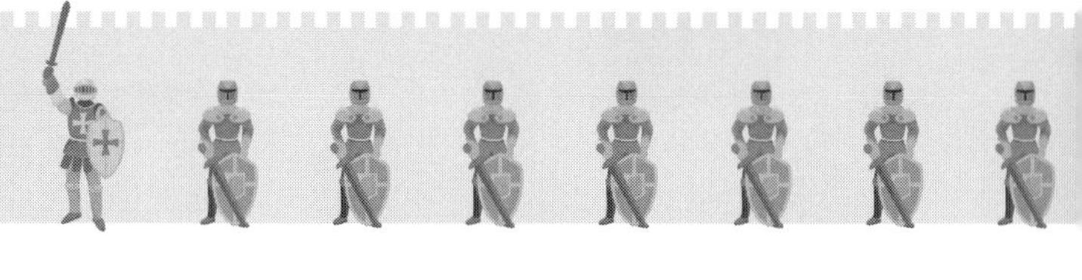

ビスの提供が開始される前には完了しておく必要があります。

SSO基盤

SSO基盤のコンポーネントは次のとおりです。

- アプリケーションサービス：認証・認可の結果に応じたアクセス権限の割り当て
- シングルサインオン：アプリケーション間の認証状態の共有
- 統合認証システム：ログインユーザーに対する認証の実施

複数のアプリケーションサービスから利用するアプリケーションごとに認証を行う場合は、シングルサインオン（SSO）ができる環境を準備することが一般的です。SSOについてはのちほど詳しく解説します。

それぞれのコンポーネントの相関関係は**図3**のようになります。採用する製品や環境によって必ずしも**図3**のようなシステム構成になるとは限りませんが、このような役割を行うコンポーネントが緊密に連携してデジタルIDの管理、認証・認可のプロセスが実現されるという点を理解しておくことが重要です。

統合ID管理システムによりユーザーIDおよびクレデンシャルが一元管理されることによって、次のようなことができるようになります。

- ID源泉情報からデジタルIDの情報を連携することで、常に最新のデジタルIDの状態をベースとした認証・認可
- ユーザーIDのステータスに変更（パスワード変更、パスワードロック、サービス権限の変更など）が必要な場合のアプリケーションサービスを問わない統一的な変更
- アプリケーションサービスが増えた場合のスムーズなデジタルIDの活用

▼図2　一般的な統合ID管理システムの概要図

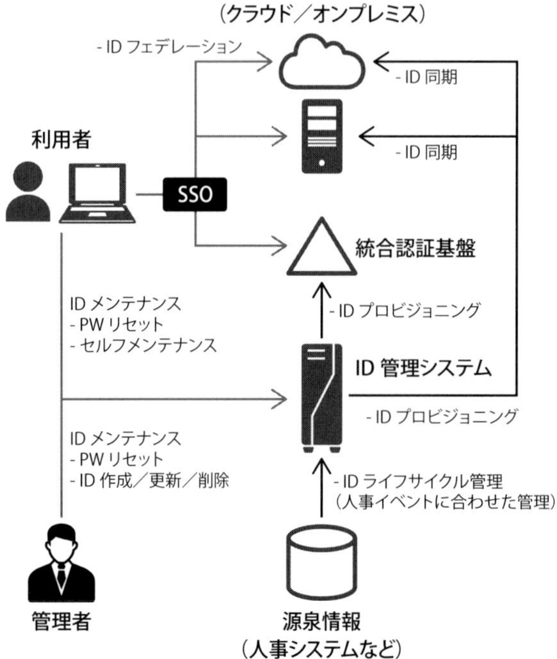

認可（アプリケーション）
- 利用者の権限制御
- 一般に制御自体はアプリケーション側で行い、認可に必要な属性情報は ID 管理システムを使って管理

認証（統合認証基盤）
- ID/PW などでログイン制御
- シングルサインオンの実現（フェデレーション含む）
- 一般に、認証に使う ID 情報は ID 管理システムを使って管理

ID プロビジョニング（ID 管理システム）
- ID 管理システムから統合認証基盤へ、認証に使う ID 情報を同期
- ID 管理システムからアプリケーションへ、認可に使う ID 情報を同期

ID ライフサイクル管理（ID 管理システム）
- ID 情報を源泉から取り込み、人事イベントに応じて認証基盤や各アプリケーションへ必要な ID 情報を同期
- 管理者や利用者自身で ID のメンテナンスを行う

B2Bのアイデンティティ管理

一般的にB2Bでのコラボレーションは、お互いに機密保持契約を締結し、定められた範囲の社員がそれぞれの企業情報にアクセスをさせたいとのニーズから要望されます。ただし、それぞれの企業がID管理をきちんと運用していることを前提としています。そのうえで、SAML注1などのフェデレーション技術を用いて他社企業の情報にアクセスします。このとき、アクセスを行う社員の属性情報によりアクセス制限をかけることができます。**図4**はA企業の社員がB企業にアクセスを行う場合の例です。

注1) SAMLについては4-2節を参照してください。

B2Cのアイデンティティ管理

B2Cのアイデンティティ管理（CIAM：Consumer Identity and Access Management）は、B2EやB2Bに比べて管理対象が広く規模が大きくなります。また、利用サービスもビジネスアプリケーションではなく、ECサイトの利用が主になります。そして、SNS認証をベースとした認証連携機能も必要になります（**図5**）。

B2Cのアイデンティティ管理は顧客情報に相当するデータを保持することから、国内の個人情報保護法やグローバル各国のプライバシーに関連するレギュレーションと適合するように

▼図3　認証・認可と統合ID管理に関わるシステムコンポーネント

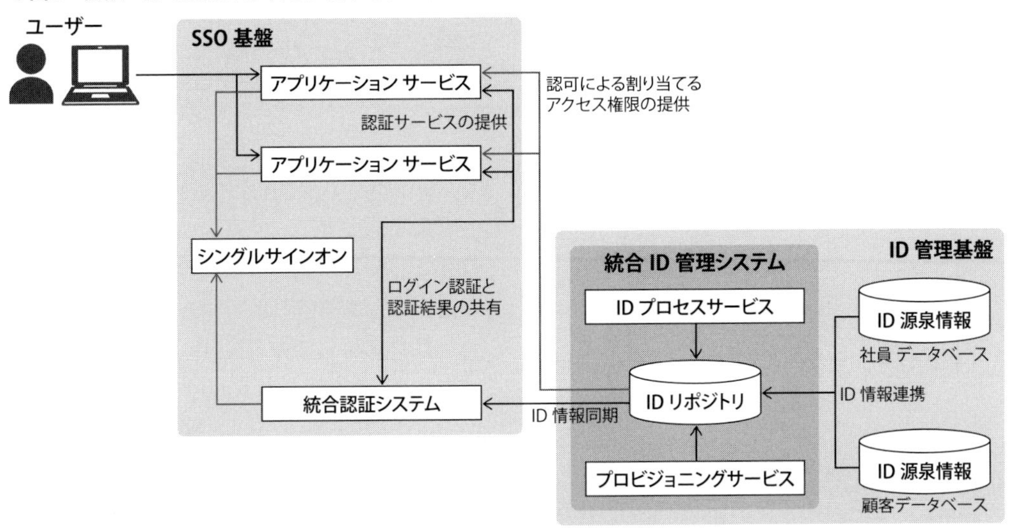

▼図4　B2Bの概要図

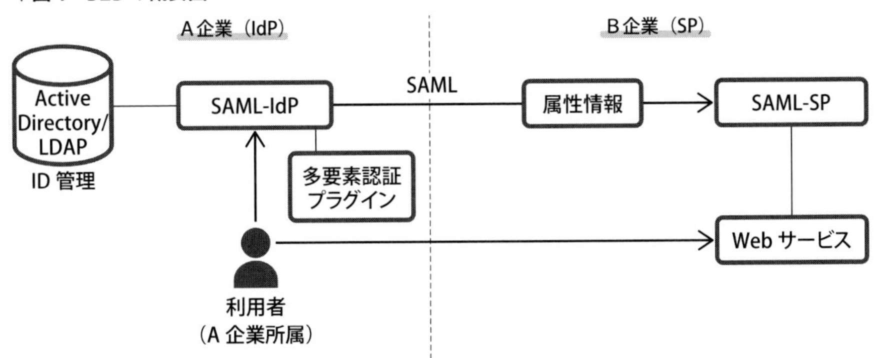

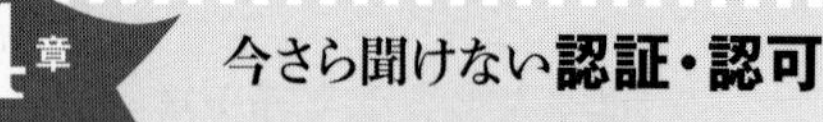

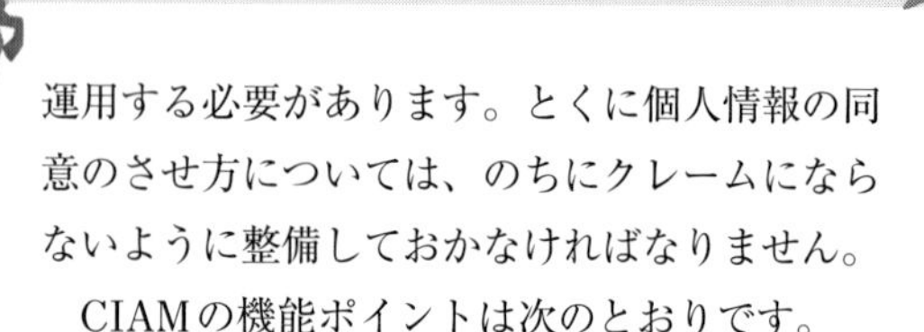

運用する必要があります。とくに個人情報の同意のさせ方については、のちにクレームにならないように整備しておかなければなりません。

CIAMの機能ポイントは次のとおりです。

- 認証画面のカスタマイズ(自社デザインの反映の容易さ)
- 脅威検知機能(普段と違う行動を検知してアラートを上げる機能など)
- プライバシー保護への細やかな配慮(同意管理・規約管理など)
- パスワードレス認証への対応具合(FIDO2.0への対応など)
- IoTデバイスなどでの利用を考えた汎用性(RFC 8628(Device Flow)への対応)
- スケーラビリティ
- 顧客の要望するIdPを選択できる
- アプリとの統合のしやすさ、SNSとの容易な連携(API連携)
- 各種フェデレーションプロトコル(SAML2.0/OpenID Connect)、プロビジョニングに対応(SCIM)

▼図5　B2C概要図

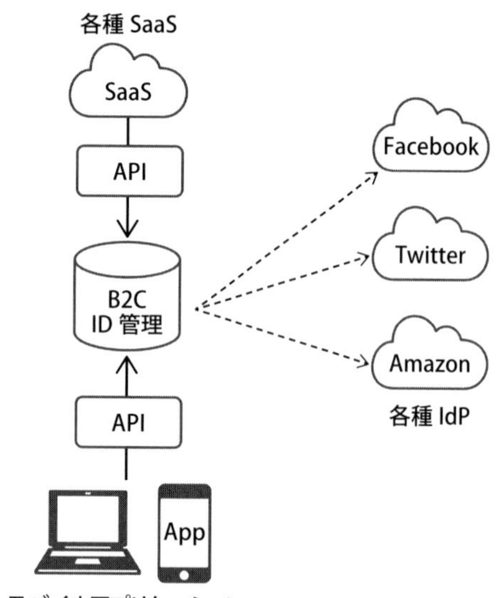

B2Eとの違いを**表1**にまとめました。

シングルサインオン

シングルサインオン(SSO)はログイン情報を受け渡しすることで、利用者が1回のログインで、クラウドサービスを含むさまざまなWebアプリケーションを利用(ログイン)できるようにするしくみのことを指します。

エージェント方式

エージェント方式は、SSOさせたいWebアプリケーションサーバにエージェントと言われるソフトウェアを導入する方式です(**図6**)。この方式はSSOサーバと認証·認可の情報をやり取りし、SSO対象のWebアプリケーションの認証の成否を制御します。一度SSOサーバとの認証が成功している場合、ほかのWebアプリケーションでも認証を自動で成功させます。このようなしくみにより、毎回IDとパスワードを入力することを不要にできます。

この方式では、すべてのWebアプリケーションにエージェントを導入する必要があります。対象のWebアプリケーションサーバの動作条件によって対応していない場合もありますし、

▼表1　B2EとB2CのID管理の違い

	B2E(EIAM)	B2C(CIAM)
管理対象のID	社員・契約社員・パートナー	顧客
IDの属性情報	社員DBの固定属性	固定+非構造データ(拡張性)
IDの登録の仕方	おもに人事DBとの連携	顧客自身によるセルフサービス
連携先システム・サービス	社内システムおよび契約済クラウドサービス	顧客が同意した外部サービス(SNSなど)
権限管理	ロールベース	顧客が同意した範囲

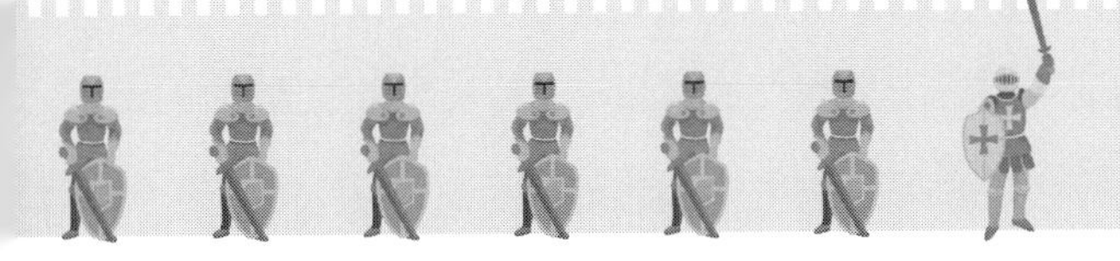

修正パッチが出た場合にはすべてのWebアプリケーションサーバに修正パッチを導入する必要があり、運用が煩雑になります。

リバースプロキシ方式

リバースプロキシ方式では、リバースプロキシと呼ばれる中継サーバで認証を行い、リバースプロキシ経由で対象のWebアプリケーションにアクセスします（**図7**）。直接Webアプリケーションにアクセスさせず、リバースプロキシ経由にするよう、ネットワークの設計を変更する必要があるため、リバースプロキシサーバがボトルネックになるケースがあります。ただし、Webアプリケーションにエージェントなどを導入する必要がないため、既存システムへの影響は少ないです。

代理認証方式

代理認証方式は、クライアントPCに常駐型のエージェントをインストールし、Webブラウザ上の認証画面を検出します。そして認証情報（ID、パスワードなど）をユーザーが入力するのではなく、エージェントに代理入力させることでSSOを実現します（**図8**）。この方式では通常SSOが難しいと言われているC/S側のアプリケーションにもSSOをさせることが可能で、導入自体もほかの方式と比べて容易です。

デメリットとしては、クライアントPCの全台に常駐型のエージェントを導入しなければならないことと、SSOサーバに全クライアント

▼図6　SSOエージェント方式

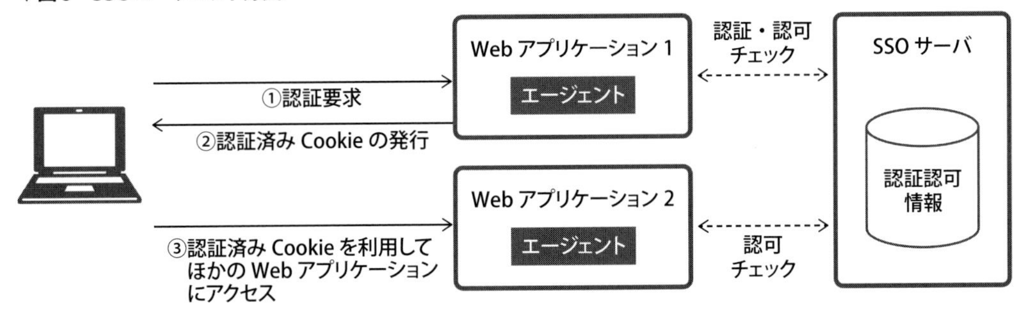

▼図7　SSOリバースプロキシ方式

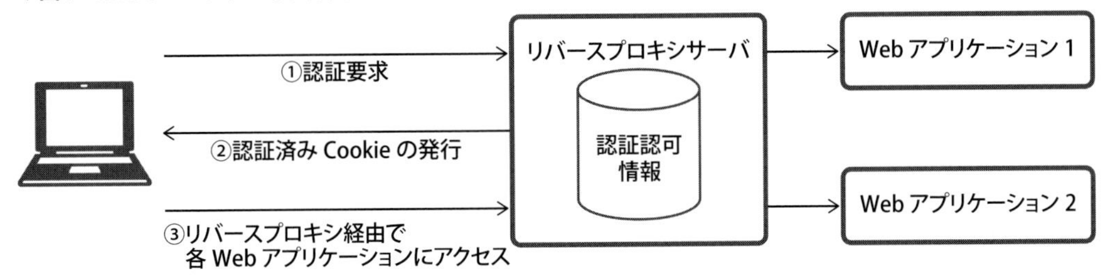

▼図8　SSO代理認証方式

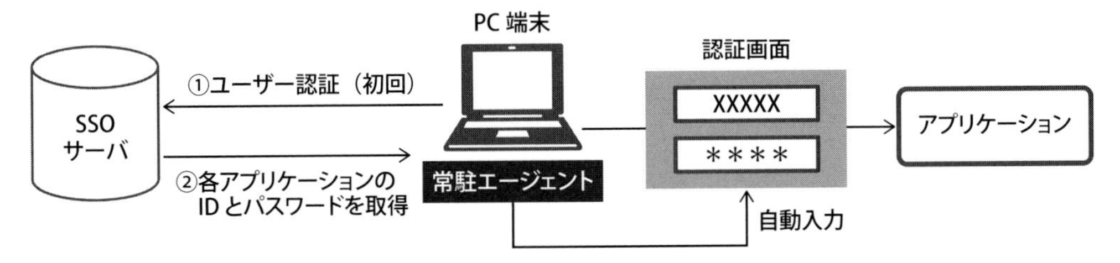

PCの通信を許可させる必要があるため、複数拠点などでの設置にはネットワーク上の制限が発生する場合があることなどが挙げられます。

フェデレーション方式

フェデレーション方式は、SAMLやOpenID ConnectによってSSOが実現されるものです。詳細は4-2節をご参照ください。

プロビジョニング

プロビジョニングとSSOの違い

もしかすると、同じIDとパスワードをプロビジョニング（ID同期）すればSSOになるのではと思っている方もいるかもしれません。しかしながら、シングルID／シングルパスワードとSSOは明らかに異なります。

シングルID／シングルパスワードはIDとパスワードが同一であるだけで、認証する回数は削減できませんが、SSOは認証する回数は初回の1回であり、以降の認証は行われず利便性の向上が期待できます。また、シングルID／シングルパスワードは実際には各アプリケーションが認証しているため、パスワード変更時にはすべてのアプリケーションのパスワードを一斉にプロビジョニングする必要があります。その点、SSOはSSOサーバが集中管理するため運用管理の面で有利です。

それぞれの違いを**図9**に示します。

プロビジョニングの標準プロトコル

イントラネット上でのプロビジョニングについては、一般的に連携システム側が用意しているさまざまなプロトコルで実装することが一般的です。しかし、クラウドサービスのようにインターネットを経由したプロビジョニングの場合は、クラウドサービス側でプロビジョニング用に用意してあるAPIかこれから紹介するSCIM（System for Cross-Domains Identity Management）注2が利用されることが増えてきました。

今までにも、プロビジョニングの標準化に関する仕様がいくつか出されましたが、どれも普

注2） http://www.simplecloud.info/

▼図9　シングルID／シングルパスワードとSSOの違い

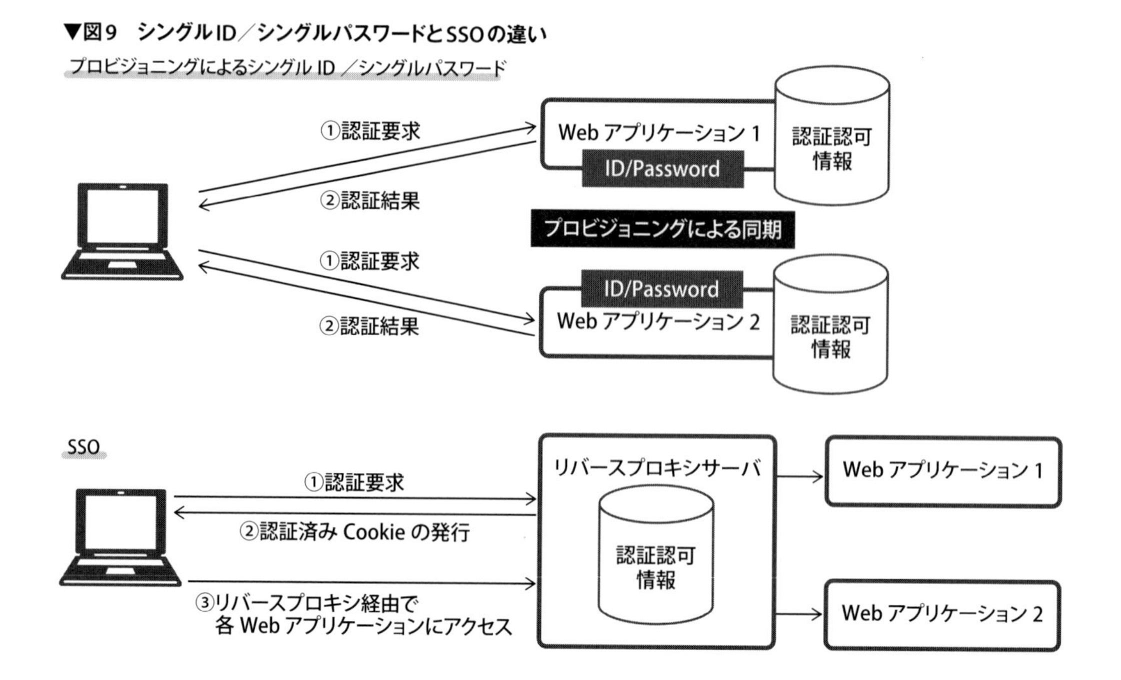

及には至りませんでした。しかし、2015年の9月にSCIM2.0がRFC化された(RFC 7642)ことでSCIMの認知が広がりました注3。

SCIMはプロビジョニングやデプロビジョニング用の情報を操作するときの標準的なプロトコルです。このため、相互運用性に優れ、簡易的な実装が可能です。また、容易にスキーマを拡張できます。なお、SCIMには認証・認可に関する仕様は定義されていませんので注意してください。

SCIMの標準スキーマには共通属性が次のように定義されています。

- id:サービスプロバイダによって定義されたリソースの一意の識別子
- externalId:プロビジョニングクライアントによって定義されたリソースの識別子
- meta:サービスプロバイダによって定義されたリソースのメタデータを含む読み取り専用のメタデータ

SCIMには「リソース」と「属性」という言葉が使われます。リソースは管理対象のオブジェクトを指し、SCIMサーバへのベースURL、リソースタイプ、特定リソースの識別番号注4からなるURLが存在します。属性はオブジェクトが持つ項目を示しています。

SCIMの実例

実際のリスクエスト(**リスト1**)とレスポンス(**リスト2**)の例を見てみましょう。構造的にわかりやすいので理解しやすいと思います。

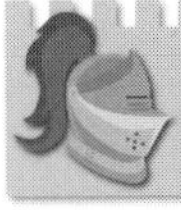

特権ID管理

特権ID管理とは、今まで解説してきた一般利用者向けのID管理とは異なり、システム構築や運用時に特定のオペレータが利用する、高い権限を持ったIDの管理を指します。具体的には、OSのAdministratorやroot、ミドルウェアであるDBMSのSYSやmanager、ネットワーク機器のenable IDなどもこれに相当します。また、最近ではクラウドサービスを利用する際の管理者IDも特権IDに含まれます。そのほかにも、一般的なアプリケーションで利用する管理者アカウントなども広い意味で特権IDの対象となります。

特権ID自体は利用者向けの一般IDと異なり、高い権限を保持していることから、一度第三者の手に渡ってしまうと、悪用される危険性があり、一般的には情報漏洩やシステム停止、情報改ざんや情報削除などの被害が発生します。このため、一般IDよりも高いレベルのセキュリティ管理策が必要になります。

特権IDの管理については、次の3つのポイントが重要です。

- 最小権限の原則
- 本人確認の強化
- トレーサビリティの確保

最小権限の原則

最小権限(Least Privileged)の原則は情報セキュリティの基本的な考え方です。特権IDは高い権限を有していることから、そのIDを使える人を必要最低限に絞ると同時に、その特権IDで使える権限を最小の単位に設定することで、仮に第三者の手に渡ったとしても被害の拡大を最小限にすることができます。

具体的には一般的なAdministratorやrootでは権限が広すぎることから、バックアップ専用ID、ネットワーク設定変更ID、ユーザー管理専用IDのように運用単位に分割する方法があります。また、これらの特権IDを利用できる端末を限定し、物理的に部屋を分けて入場を限りなく限定的にすることなどが挙げられます。

注3) http://www.rfc-editor.org/rfc/rfc7642
注4) 特定リソースの識別番号はサービスごとに異なります。

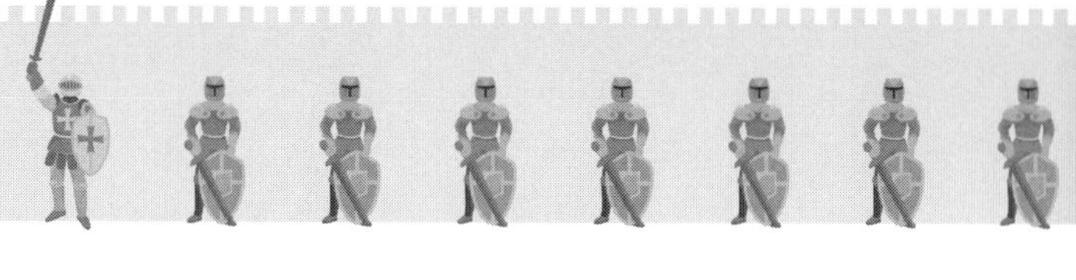

本人確認の強化

特権IDのなりすましを防ぎ、第三者の不正利用を防ぐために本人確認は重要です。本人確認には「特権IDの運用者が本当に本人であるかの確認」と「その運用者自身が本人であるか」という2つの考え方があります。前者は運転免許証などの身分証明書での確認、後者は生体認証を含む多要素認証による確認などです。

トレーサビリティの確保

特権IDの利用中にすべての操作および操作結果をログなどに記録しておくことは、事後の調査に非常に大きな威力を発揮します。具体的には、操作中の画面をすべて録画する方法や、キーボードから入力された文字列やその応答を

▼リスト1　SCIMリクエスト

```
POST /Users  HTTP/1.1
Host: example.com
Accept: application/scim+json
Content-Type: application/scim+json
Authorization: Bearer h480djs93hd8
Content-Length: ...
{
  "schemas":["urn:ietf:params:scim:schemas:core:2.0:User"],
  "userName":"bjensen",
  "externalId":"bjensen",
  "name":{
    "formatted":"Ms. Barbara J Jensen III",
    "familyName":"Jensen",
    "givenName":"Barbara"
  }
}
```

出典：https://www.rfc-editor.org/rfc/rfc7644.txt Page11

▼リスト2　SCIMレスポンス

```
HTTP/1.1 201 Created
Content-Type: application/scim+json
Location:
 https://example.com/v2/Users/2819c223-7f76-453a-919d-413861904646
ETag: W/"e180ee84f0671b1"

{
  "schemas":["urn:ietf:params:scim:schemas:core:2.0:User"],
  "id":"2819c223-7f76-453a-919d-413861904646",
  "externalId":"bjensen",
  "meta":{
    "resourceType":"User",
    "created":"2011-08-01T21:32:44.882Z",
    "lastModified":"2011-08-01T21:32:44.882Z",
    "location":
"https://example.com/v2/Users/2819c223-7f76-453a-919d-413861904646",
    "version":"W\/\"e180ee84f0671b1\""
  },
  "name":{
    "formatted":"Ms. Barbara J Jensen III",
    "familyName":"Jensen",
    "givenName":"Barbara"
  },
  "userName":"bjensen"
}
```

出典：https://www.rfc-editor.org/rfc/rfc7644.txt Page 12

記録する方法などいくつかありますが、あとからの検索性を考慮し、画面タイトルやURL、使用コマンドなどをテキストで保存しておくと便利です。また、録画データはデータ自身が大きくなるため、保存期間を短くするなど運用上の工夫が必要です。

操作ログは、記録していることを運用者に理解させることで抑止効果も期待できるため、事前の予防策としても有効です。

IDaaSとは

IDaaS（Identity as a Service）は、認証ならびにID管理、パスワード管理、SSO、アクセス制御などを提供するクラウドサービスです（**図10**）。IDaaSを利用することで、社内システムだけでなくクラウドサービスに対しても、認証連携、SSO、アクセス制御などが実施できるようになります。また、クラウドサービスのため接続先や利用ユーザー数に応じた課金体系をとっていることが多く、サブスクリプション型のサービスになっています。

代表的なIDasSとしては、Okta、Microsoft Azure Active Directory、Oracle Identity Cloud Service、One Login、TrustLogin、Auth0などがあります。

IDaaSを導入する場合は**表2**の機能項目で比較検討するとわかりやすいと思います。SD

▼図10　IDaaS概念図

▼表2　IDaaSの機能要件

機能	内容
認証	・ユーザー認証機能 ・多要素認証 ・FIDO
認可	・各種クラウドサービスへのアクセス権の付与 ・さまざまな条件によるクラウドサービスへのアクセスコントロール
シングルサインオン	・各種クラウドサービスへのシングルサインオン
ID管理	・IDaaSのID管理 ・各種クラウドサービスのID管理
ID連携	・IDaaSと各種クラウドとのID連携 ・オンプレミス上のID基盤とIDaaSとのID連携
監査	・IDaaSや各種クラウドサービスへの認証のログ ・IDaaS管理者の操作のログ

インターネット上で安全な認証・認可を実現するための取り組み

セキュリティとプライバシー保護を両立させるには

Author 富士榮 尚寛（ふじえ なおひろ） 伊藤忠テクノソリューションズ株式会社 西日本開発部
日本ネットワークセキュリティ協会（JNSA） デジタルアイデンティティWGメンバー
OpenIDファウンデーションジャパン代表理事 米OpenID Foundation eKYC & Identity Assurance WG共同議長
URL https://idmlab.eidentity.jp/ Twitter @phr_eidentity

本節では、安全に認証・認可を実現するための取り組みの1つとして「アイデンティティの信頼性の課題」について解説します。また、さらなる安全性を確保するうえで行われている取り組みの最新動向についても触れたいと思います。

IDの信頼性を担保するための取り組み

「On the Internet, nobody knows you' re a dog.（インターネットの上ではあなたが犬だということを誰も知らない）」という風刺画を“The New Yorker”が掲載したのが1993年。それから30年ほど経過した現在においても状況は改善していません。むしろ匿名性を盾にした個人間の攻撃の増加や、フィッシングによるID盗難、なりすましによる金銭的な被害はますます深刻化しています。

▼図1 The New Yorkerに掲載された風刺画

"On the Internet, nobody knows you're a dog."

出典：Peter Steiner, "On the Internet, nobody knows you're a dog." The New Yorker, 5. July 1993.

また、とくにコンシューマの世界ではソーシャルログインなど利便性の高いIDの利用が進む一方で、いわゆるGAFAM（Google、Apple、Facebook、Amazon、Microsoft）など、一部の大企業へ個人に関するデータや行動履歴が大量に集まり、分析と推測によるターゲティング広告などに利用されることによる「気持ち悪さ」や「プライバシー侵害」が発生するのでは、という懸念を利用者が持ち始めています。とりわけアイデンティティの信頼性やプライバシーといった課題は、昨今のコロナ禍による急激なオンライン化の波の中、今後さらに顕在化してくる課題の代表例ではないでしょうか。

アイデンティティの信頼性を考えるうえで非常に参考になるのが米国国立標準技術研究所（NIST：National Institute of Standards and Technology）が発行しているコンピュータセキュリティに関するガイドラインの1つであるNIST SP800-63 の“Digital Identity Guidelines”[注1]です。本ガイドラインではデジタルアイデンティティの払い出し、認証手段、ID連

注1） https://nvlpubs.nist.gov/nistpubs/SpecialPublications/NIST.SP.800-63-3.pdf
https://openid-foundation-japan.github.io/800-63-3-final/sp800-63-3.ja.html（日本語訳）

携(フェデレーション)の3点に関する信頼性の基準を定義しています。

NIST SP800-63では利用者のアイデンティティが登録されてからアプリケーションを利用するまでの流れを**図2**のようにモデル化しています。

身元確認強度の判定

図2の1.登録と本人確認のプロセスはいわば「デジタルアイデンティティの入り口」と言い換えることができ、本節のテーマでもある「安全な認証・認可を実現する」ための最も重要なプロセスです。このプロセスにおいて不正が行われると、偽アカウントが登録されてしまい、以後のプロセス全体の信頼性が大きく損なわれることになります。

そのためNIST SP800-63ではデータベースへ属性情報を登録する際の「身元確認」に関する保証レベル(IAL:Identity Assurance Level)を定め、重要性の高い業務へ関与する場合はより高いレベルの保証を求める、ということを行っています。このプロセスは大きく次の3つのサブプロセスに分類され、保証レベルに応じて要件が詳細に定義されています(**表1**)。

- Resolution(収集):確認に使う属性を利用者から収集する
- Validation(確認):収集した情報を信頼できる情報ソースへ確認する
- Verification(検証):登録対象者と照会・確認した属性情報がマッチするか検証する

効率化に向けた論点

昨今のコロナ禍の後押しもありさまざまな業務のオンライン化が望まれる中、アイデンティティ保証のプロセスに関する効率化を行うための技術が急激に浸透してきています。身元確認プロセスの効率化を行うにあたっての論点は大きく次の2点に集約されます。

1. いかにして非対面でアイデンティティ情報を確実に確認するか
2. いかにして確認済みアイデンティティ情報を確実に共有するか

1.に関しては国内ではLINE Payの「スマホでかんたん本人確認」やメルペイの「アプリでかんたん本人確認」などのいわゆるeKYC(electric Know Your Customer)のための要素

▼表1 レベル別実施例

IAL	要件
1	収集、確認、検証に関する要件なし
2	収集、確認した情報を対面もしくは非対面で検証する
3	収集、確認した情報を対面で検証する

▼図2 NIST SP800-63で定義されているデジタルアイデンティティモデル

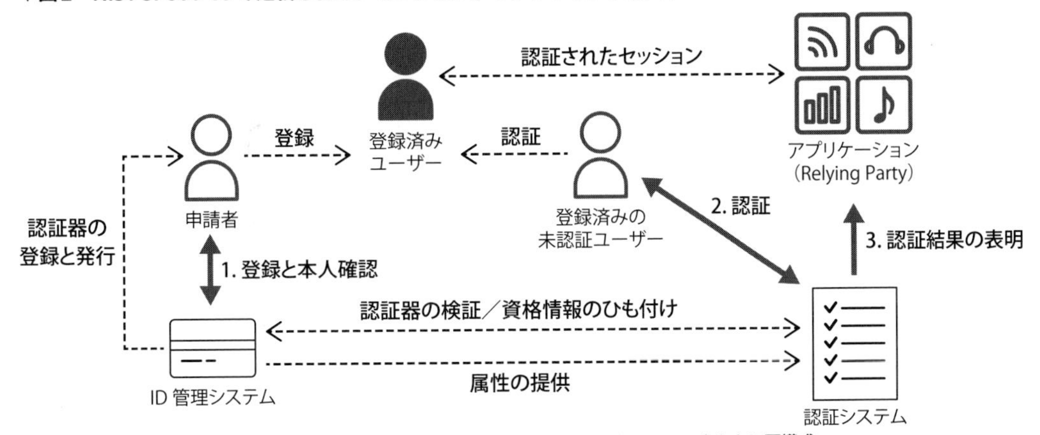

※NIST Special Publication 800-63-3 "Digital Identity Guidelines" pp.10 figure 4-1をもとに再構成

技術であるAI OCRや顔認識、免許証などの公的証明書内のICチップ内に格納されている情報の読み出し技術の実用化がキーポイントとなっています。なお、NIST SP800-63においても第4版のリリースに向けたパブリック・コメント募集注2の中に対面と同等の保証レベルを達成するためのアイデンティティ保証に関する機能や革新的なアプローチに関して言及されており、米国においても高い関心が持たれていることがわかります。

また2.については、従来各事業者が個別に行っていた身元確認業務を第三者に委託し、事業者は第三者の確認結果を利用することにより業務の効率化と同時に利用者にとっても高い利便性を提供しよう、という試みです。この分野における技術面での標準化の動向について主要なものを2点紹介します。

注2) https://csrc.nist.gov/publications/detail/sp/800-63/4/draft

▼リスト1 OpenID Connect for Identity Assuranceにおける確認済み属性情報の表現の例

```
{
  "verified_claims":
  {
    "verification":{  // 確認方法に関する情報
      "trust_framework":"ja_aml", // 根拠法。日本の犯罪収益移転防止法に基づき確認されたことを示す
      "time":"2020-07-31T18:25Z", // 身元確認が行われた日時
      "verification_process":"f24c6f-6d3f-4ec5-973e-b0d8506f3bc7", // 確認処理の識別番号
      "evidence":[{ // 確認に使われた方法、エビデンスに関する情報
        "type":"id_document", // 身元証明書類を利用
        "method":"pipp", // 対面(Physical in person proofing)で確認
        "time": "2020-07-31T11:30Z", // 身元確認書類の確認が行われた日時
        "document":{ // 身元確認書類に関する情報
          "type":"idcard", // IDカードを利用
          "issuer":{ // 身元確認書類の発行者に関する情報
            "name":"Osaka Pref", // 発行者の名称
            "country":"JA" // 発行国
          },
          "number":"1234567890", // IDカードの番号
          "date_of_issuance":"2018-03-23", // IDカードの発効日
          "date_of_expiry":"2023-03-22" // IDカードの失効日
        }
      }],
      "claims":{ // 確認された属性
        "given_name":"Naohiro", // 名
        "family_name":"Fujie", // 姓
        "birthdate":"1974-01-01", // 生年月日
        "place_of_birth":{ // 出生地
          "country":"JA",
          "locality":"Aichi"
        },
        "nationalities":[ "JA" ], // 国籍
        "address":{ // 住所
          "locality":"Osaka",
          "postal_code":"530001",
          "country":"JA",
          "street_address":"XX-XX Umeda, Kita-ku, Osaka"
        }
      }
    }
  }
}
```

OpenID Connect for Identity Assurance

OpenID Connect for Identity Assuranceは、筆者も共同議長を務めている米国OpenID Foundationのe KYC and Identity Assurance Working Groupによって策定が進められている注3OpenID Connectの拡張仕様です。本仕様ではOpenID Providerが行った身元確認の結果をOpenID Connectのプロトコルに載せてほかの事業者(Relying Party)へ伝達するためのしくみとなっており、id_tokenやuserInfoエンドポイントからのレスポンスの構造を拡張することで身元確認の方法や確認された結果としての属性の値を表現できるようになっています。

たとえば、**リスト1**のようなJSON形式で確認済みの属性情報が表現されます。従来のOpenID Connectには見られなかった表現としてverified_claimsエレメントが定義されているなど、身元確認をどのように行ったのか、結果確認された属性は何なのか、が表現されていることがわかります。

Verifiable Credentials

もう1つの注目すべき動向はW3C(World Wide Web Consortium)のVerifiable Credentials Working Groupが定義しているVerifiable Credentialsのデータモデルとスキーマの仕様です。Verifiable Credentials自体は単なるデータ構造に関する定義ですが、分散台帳を活用した分散型ID(DID:Decentralized Identifiers)や公開鍵基盤の技術と連携することにより、中央集権的なIdentity Providerへの問い合わせをすることなく発行された属性の真正性の検証を可能にする自己主権型アイデンティティを実現します。W3CやDIF(Decentralized Identity Foundation)のワーキンググループではこの特性を利用し、身元確認の結果の改ざんのリスクを極小化した状態で検証済み属性情報を共有するための取り組みを進めています。

注3) 執筆時点でImplementer's draft 2が公開されています。

なお、Verifiable Credentialsのデータ構造はOpenID Connect for Identity Assuranceのものとの類似点も多く、誰が、誰に対して、どのようなエビデンスで確認した属性なのかを表現することもできます。ですが、名称のとおりRelying Party(分散型IDの文脈におけるVerifier)側が能動的に受け取ったVerifiable Credentialsの検証を行うことを意識して作られています注4。

なお、ここまで紹介したように確認済みアイデンティティ情報を安全かつ確実に共有する方法についての技術的な検討や標準化は進んでいますが、実際には業界ごとの法規制など越えるべき壁が存在するのも事実です。しかしながら金融業界においては犯罪収益移転防止法の改正によりほかの金融機関における身元確認結果を利用して口座開設が可能になるなど、技術の進歩と法規制が歩調を合わせることで実現に向かっています。

筆者が代表理事を務めるOpenIDファウンデーションジャパンのKYCワーキンググループでは業界横断で身元確認情報を流通させるために必要な事項に関する現状の調査や課題の洗い出しなどを行っており注5、安全かつ効率的なアイデンティティ保証の実現に向けて活動をしています。

認証の安全性を担保するための取り組み

認証器強度の判定

NIST SP800-63ではユーザーの認証を行う際に利用する「認証器の強度」に関する保証レベル(AAL:Authenticator Assurance Level)

注4) さらに詳しく知りたい方はW3CのVerifiable Credentialsの定義に関する次のページを参照してください。
https://www.w3.org/TR/vc-data-model/
https://w3c-ccg.github.io/vc-json-schemas/

注5) https://www.openid.or.jp/news/2020/01/kycwg-report.html

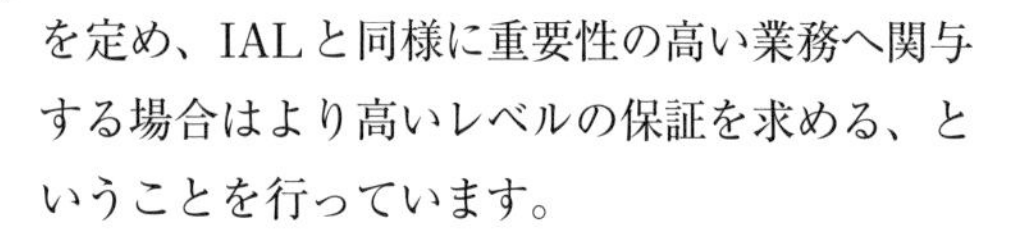

を定め、IALと同様に重要性の高い業務へ関与する場合はより高いレベルの保証を求める、ということを行っています。

AALにより求められる要件は多岐にわたりますが、主要な要件として、次のようなものが定められています注6。

- 利用可能な認証器の種類
- 認証システムによる認証器による認証結果の検証

FIDO (Fast IDentity Online)

パスワードの漏洩による不正アクセスは長年の課題であり、毎年のように大きな被害をもたらしています。たとえば、2019年に起こった7Payの不正アクセスの事件では多額の金銭的被害が発生し、ごく短い期間でのサービス停止にまで発展したことにより、結果的に多要素認証の重要性が大きく報道されることになりました。

このような状況の中において注目を集めているのがFIDOアライアンス注7が標準化を行い普及を推進している認証技術「FIDO」です。FIDO＝生体認証、という形で誤解されているケースが散見されますが、FIDO自体は生体認証に特化した認証技術ではなく、公開鍵暗号方式を利用したシンプルな認証技術です。大きな特徴はFIDO自体が単体で多要素認証となっている点です。鍵ペアをPCやスマホのようなプラットフォームやYubikeyのようなローミングデバイスごとに生成するため所持認証、そして認証時は鍵ペアの内の秘密鍵にアクセスするためにPINや指紋を使って認証する知識認証もしくは生体認証、という形で複数の要素による認証が行われます。

注6) 詳細な要件はNIST SP800-63Bを参照してください。 https://pages.nist.gov/800-63-3/sp800-63b.html
注7) https://fidoalliance.org/

FIDO認証器の登録の流れ

認証器の登録は次の流れで実行されます。

1. オンラインサービスの受け入れポリシーに適合し、デバイス上で利用可能なFIDO認証器の選択を促される
2. ユーザーは、指紋認証、2段階認証デバイスボタンの押下、安全な入力をサポートしたPINコードなどの方法で、FIDO認証器のロックを解除する
3. ユーザーのデバイスは、そのデバイスと、オンラインサービス、ユーザーアカウントに対して一意の新しい公開鍵／秘密鍵のペアを生成する
4. 公開鍵がオンラインサービスに送信され、ユーザーアカウントと関連付けられる。秘密鍵やデバイス上の認証で用いられる情報（生体情報の測定値やテンプレートなど）はデバイスにとどまる

先述のとおり、上記の登録は認証器（デバイス）単位で実行する必要があるため、当該デバイスを利用できる状況でないと認証ができず、パスワードのように盗難やなりすましを行うのが困難となります。

なお、認証器として利用できるデバイスにはプラットフォームとローミングの2種類があり、さまざまなベンダーがFIDOアライアンスに加盟して対応を発表しています（**表2**）。

▼表2　認証器の種別と例

認証器の種別	説明	例
プラットフォーム	OS自体がFIDOに対応した認証器として動作	Windows 10(Windows Hello)
		Android 7～
		iOS/macOS/iPadOS
ローミング	USBやNFCなどに対応した持ち運び可能な認証器	Yubikey
		Google Titan

FIDO認証によるログインの流れ

登録した認証器を利用したログインは次の流れで実行されます。

1. オンラインサービスは、サービスの受け入れポリシーに適合した、登録済みのデバイスでログインするように、ユーザーにチャレンジを送信する
2. ユーザーは、登録時と同じ方法を使って、FIDO認証器のロックを解除する
3. デバイスは、サービスから提供されたユーザーアカウント名を使い正しい秘密鍵を選択し、サービスから提供されたチャレンジに署名する
4. クライアントデバイスは、署名付きのチャレンジをサービスに応答する。サービスは、保管している公開鍵を用いて応答の検証を行い、ユーザーをログインさせる

先述のとおり、デバイスの所持、PINや指紋によるデバイス（認証器）のロック解除の複数の要素による認証が実行されることがわかります。

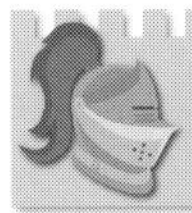

認可の安全性を担保するための取り組み

いくら強度の高い手段で認証されていたとしても、認証結果や属性情報をアプリケーションに伝達する過程で書き換えられてしまうと、正しく認可を行うことができません。そこで、認証システムで認証された結果をアプリケーション（Relying Party）へ伝達する際のID連携（フェデレーション）の強度を定義します。

ID連携において重要となるのは、認証システムからアプリケーションへ渡される認証結果表明の保護です。認証結果表明というと聞き慣れない言葉ですが、実際の例としてはOpenID Connectにおけるid_tokenや、SAMLプロトコルにおけるSAML Assertion（SAMLトークン）が代表的なものです。簡単にイメージするために以後、トークンと呼びたいと思います。

トークンを保護するために考えなければならないのは、「トークンと登録済みユーザーのひも付き強度」と「トークンの改ざん・搾取耐性」

▼表3　トークンの種別とユーザーとのひも付き

トークンの種類	説明	ユーザーとのひも付き
ベアラ（Bearer）トークン	トークンの発行先と異なるユーザーでもトークンを持っていれば利用が可能。実世界における電車のチケットなどが該当	なし
Holder-of-Key（HoK）トークン	トークンの発行先となるユーザーだけが利用可能。実世界における航空券などが該当	あり

▼表4　トークンの改ざん・搾取に対する対策

対応	対応内容
デジタル署名	認証システムがトークン発行時にデジタル署名を行い、アプリケーションがトークンを受け取ったときに署名確認を行う 例）SAMLトークン内のアサーション署名
一意性の担保	トークンを一意に識別するための識別子を付与し、トークンのリクエストとの間との整合性を確認する 例）SAMLトークン内のInRespondTo
有効期限の設定	トークンの中に有効期間に関する属性を保持する 例）OpenID Connectでのid_token内のiat、exp
リプレイ（再利用）防止	トークンのリクエストに使い捨てのランダム値を含めておき、トークンを発行する際に同じ値をトークン内に含めることで整合性を確認する 例）OpenID Connectでのid_token内のnonce
トークン秘匿	トークンを暗号化することで情報を秘匿する 例）SAMLでのXML Encryption、OpenID ConnectでのJSON Web Encryption（JWE）

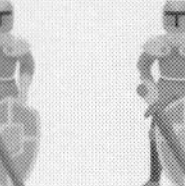

の2点です。

まず、トークンとユーザーのひも付けを理解するためにはトークンの種類について理解する必要があります(**表3**)。

トークンの改ざんに対する対策には一般的にデジタル署名を用いますが、リプレイなどに対する考慮も必要となります(**表4**)。

ID連携強度の判定

NIST SP800-63ではID連携を行う際に利用する「ID連携強度」に関する保証レベル(FAL：Federation Assurance Level)を定め、IAL、AALと同様に重要性の高い業務へ関与する場合はより高いレベルの保証を求める、ということを行っています。

FALの定義では先に挙げた「トークンとユーザーとのひも付き」「トークンの改ざん対策(署名、暗号化)」を中心に要求されています(**表5**)。

FAPI (Financial-grade API)

ID連携は認証システムとアプリケーションの分離を行うことにより認証情報の分散を防ぐことを可能にし、集中的に認証システムを保護することで相対的にセキュリティレベルの向上に寄与してきました。金融などの重要なシステムにおいて利用するうえではさらにさまざまな追加の対策が講じられてきました。ここでは、OpenID Foundationで策定が進められているFAPIにおける対応について紹介したいと思います。

FAPIとはその名のとおり、もともとは金融機関におけるAPIアクセスの保護を目的として、OAuthのフレームワークを利用するセキュリティ・プロファイルとして策定が進められてきました。その後、高度なセキュリティが要求されるAPIアクセスのユースケースは金融機関に限った話ではないことから「Financial-grade」という形で「grade」というキーワードが付加され、今ではより汎用的に利用されることを目標に検討が進められています。

もともとRFC 6749で定義されているOAuth 2.0 Authorization Frameworkは先述のとおり認可に関するフレームワークです。そのため金融機関など保護対象のAPIが提供する情報やトランザクションの価値が高く、かつ広く一般利用者から使われるシナリオにおいては基本的なフレームワークの上に構成される具体的なプロファイルが必要となります。たとえば、トークンの受け渡しをする際の送信者、受信者の認証やメッセージ認証(トークン自体を含むメッセージの保護)については標準のフレームワークに比べて厳密な保護が必要です。

このような状況に対してOpenID FoundationのFAPI Working Groupでは、読み取り専用API(FAPI Part 1)と更新可能API(FAPI Part 2)の2種類のAPIに対してセキュリティプロファイルを定義しています。

読み取り専用APIの保護に向けたPart 1では、認可要求・認可応答・トークン要求を結び付けてcode injection攻撃に対応するためのPKCE(RFC 7636)を採用することにより、認可要求時に認証システム側で実施される送信者認証がトークン要求時にも有効であることを保証しています。

更新可能APIの保護に向けてより高いレベルのセキュリティが必要となるPart 2では、OpenID ConnectのHybrid Flow、もしくはJARM[注8]を採用することにより、認可応答が認可要求と同一のセッションに対応することの検証を可能にしています。

▼**表5　FALの定義**

FAL	トークンとユーザーのひも付き	トークン署名	トークン暗号化
1	ベアラトークン	必要	不要
2	ベアラトークン	必要	必要
3	Holder-of-Keyトークン	必要	必要

注8) JWT Secured Authorization Response Mode for OAuth 2.0

保証レベル選定の課題

NIST SP800-63では、実行する業務処理のリスクによって求めるIAL、AAL、FALを変えることにより、過不足のない対策を講じることを求めています。各プロセスにおいて重視されるポイントは何なのかを正しく理解し、採用する技術を正しく選択することが非常に重要です（**表6**）。

また、最近のドコモ口座に代表される、フィンテックサービスと口座情報の不正な関連付けの問題を考えると、自社サービス内だけでなく社外のサービスとの連携を含むトータルのリスク評価と対策が求められていることがわかります。

今回の問題では金融機関側では十分なレベルで本人確認を行ったうえで口座開設をしていることからIALは十分であったと言えますが、フィンテックサービスとの連携を行う際の当人認証が簡易であった＝AALが十分ではなかったことが判明しています。さらにフィンテックサービス側のIALが金融機関側に依存しており、自社サービス側での身元確認が不十分だったことが連鎖したことで、個々のサービス単位では十分なはずの保証レベルがトータルで見たときに破綻をきたした事案と言うことができると思います。

今回の件ではフィンテックサービスや金融機関が対応を進めていると報じられているとおり、金融機関側ではWeb口座振替設定時の当人認証への多要素認証の導入などAALを向上する取り組みを、フィンテックサービス側ではeKYCの導入など自社サービス側でもIALを向上するための取り組みを行うことが重要です。またサービス間を連携する際に連携先のサービスが十分なレベルのIALやAALを担保していることを相互に確認できるしくみの必要性についても議論が始まっており、今後の動向にも注目していきたいところです。

プライバシーの課題

安全な認証・認可を実現することにより、なりすましを防ぐのと同時に非常に重要なのが、利用者のプライバシーの保護です。インターネット上でのプライバシーに関する議論は非常に幅が広く、欧州におけるGDPRや米国カリフォルニア州におけるCCPAなど各種個人情報にかかる法令への対応など技術以外の考慮事項も多数存在します。そのため、ここではID連携（フェデレーション）モデルにおける利用者のアプリケーション（Relying Party）へのアクセス履歴の把握問題と分散型アイデンティティ技術による解決の方向性についてのみ解説したいと思います。

冒頭でも述べたとおり、さまざまなサービスがインターネット上に提供されている現代においては、各サービスごとにアイデンティティを作成することによる不便さに対応するためにGoogleやFacebookなどの大手事業者の持つアイデンティティと連携してサービスを利用する、ID連携モデルが主流となっています。ただ、ID連携モデルにおいては利用者がサービスを利用する際にID提供元への認証要求が発生するため、今から利用者が何をしようとしているのかをID提供元が把握可能、場合によってはプライバシー侵害が発生しやすい状況となります（**図3**）。

▼表6　アイデンティティの信頼性向上のためのプロセス・ポイント・関連技術のまとめ

プロセス	重要視されるポイント	関連する技術動向
登録と本人確認	登録対象に関する本人確認と登録情報の保証	eKYC、OpenID Connect for Identity Assurance、Verifiable Credentials
認証	なりすましの防止	多要素認証、FIDO
認証結果の表明	認証結果の真正性の担保	FAPI

この課題を解決するために注目を集めているのが、先のアイデンティティ保証レベルの解説の際にも少し触れた自己主権型アイデンティティと分散型IDです。

 自己主権型アイデンティティ

自己主権型アイデンティティはその名のとおり、利用者自身が自己のアイデンティティに関して主権を持つという概念であり、利用者が自身のアイデンティティ情報の流通を完全にコントロールできる世界観を目標としています。たとえば、利用者がサービスを利用する際に、どの属性を提供するかを完全にコントロールでき、かつID提供元などほかの事業者に知られることなくサービスを利用できる、という世界観です。現実世界における財布と会員証という比喩で表現されることもあり、世の中に出てきている実装においても、Identity Walletと呼ばれるコンポーネントに信頼できる発行元から発行された検証可能なVerifiable Credentialsを格納する、というモデルとなっています。

このモデルでは本項の主題となるID発行元

▼図3　ID連携モデルにおけるID提供元による行動把握の課題

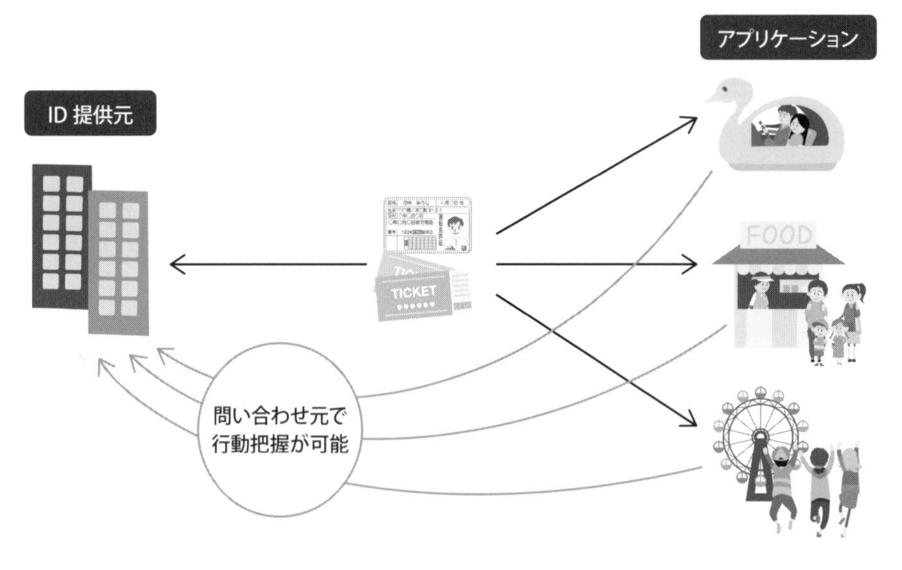

▼図4　自己主権型アイデンティティが目指す現実世界におけるお財布モデル

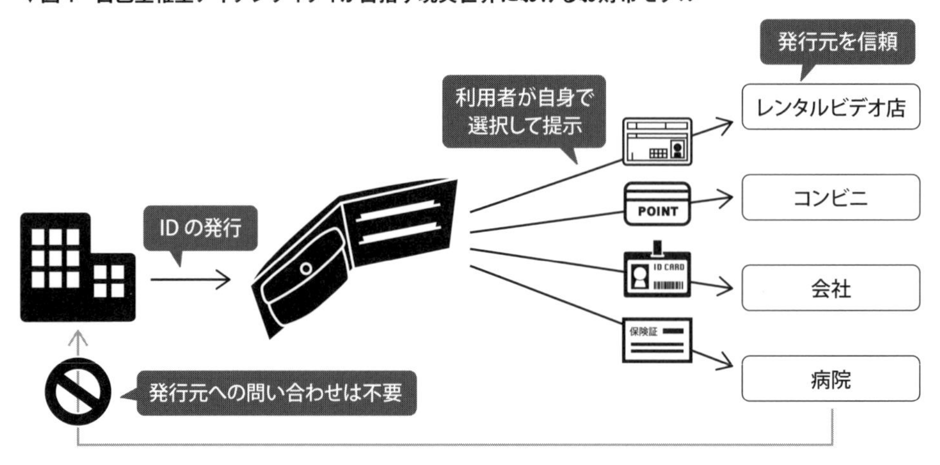

による行動把握によるプライバシー侵害と非常に強い関係を持っており、現実世界で財布の中に入っている会員証や免許証を店舗へ提示する際に、毎回発行元へ問い合わせを行うことなく信頼可能とする、という姿をデジタル世界で実現することを目指しています(**図4**)。

分散型ID

この世界を実現するためには、少なくとも一部の事業者によって管理されることなくグローバルで識別可能な識別子および識別子自体の検証手段が提供されることが必要です。そのために必要となるのが分散型IDです。分散型IDはグローバルな識別子の仕様で、ブロックチェーンを始めとする分散台帳を利用することで一部の事業者の都合による識別子の抹消・改ざんを防ぐことを目標としています。Verifiable Credentialsと同様にW3Cにより、識別子(DID)のフォーマットとデータモデルと表現方法(DID Document)について定義が行われています[注9]。

なお、DID Documentには当該の分散型IDの持ち主によるデジタル署名を検証するために必要な公開鍵が含まれており、さらに分散台帳上に公開されているため、本項の主題であるID提供元への問い合わせを行うことなく持ち主によって発行・署名された各種データの真正性確認を行うことができます。

たとえば、先に紹介したVerifiable Credentialsには発行元の分散型IDが含まれており、発行元によるデジタル署名が施されているため、Verifiable Credentialsを受け取ったサービスは、内包される分散型IDから分散台帳上に公開されている公開鍵を取得、発行元に問い合わせをすることなくVerifiable Credentialsの真正性を検証できます(**図5**)。

まとめ

本節では、オンラインにおけるアイデンティティの信頼性に関する課題、プライバシーの課題の2点について概要と関連する技術動向について触れてきましたが、技術仕様の策定に関する議論が進んでいる最中であり実際の製品やソリューションへの実装が一部始まっている、という状態にとどまります。本記事により読者のみなさんが少しでも興味を持ち、各技術仕様の策定への積極的な関与を目指していただければ幸いです。SD

注9) DID Core Spec:https://www.w3.org/TR/did-core

▼図5 分散型IDとVerifiable Credentialsによる自己主権型アイデンティティの実現

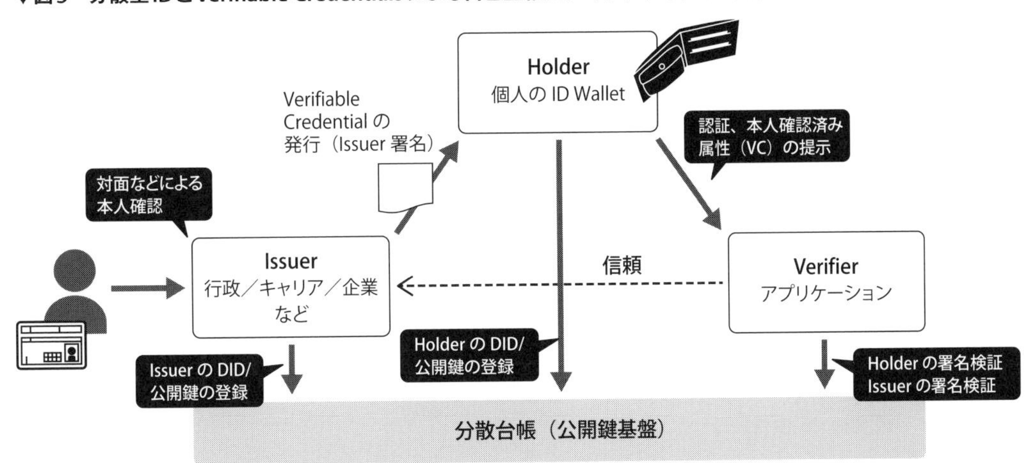

ID／パスワードを直接やりとりせず、アクセストークンを用いて安全に認可を行うしくみがOAuthです。IDトークンによる認証を行うOpenID Connectと併用して、シングルサインオンの基盤として用いられます。これらは特定のソフトウェアで実現できるものではなく、あくまでも仕様です。また、OAuth/OpenID Connectの仕様に準拠したAPIを利用する場合、利用者もその仕様について理解を求められます。
本章ではIETF（Internet Engineering Task Force）が発行するRFCの仕様を確認しながら、おもにAPI利用者側の観点で「OAuth/OpenID Connectの基本概念」「トークン発行処理の流れ」「発行したトークンの適切な取り扱い方」を学びます。OAuth/OpenID Connect準拠のAPIを利用するときに備えて、仕様の全体像を把握しておきましょう。

第5章

後回しにしていませんか？ 挫折しない OAuth/OpenID Connect入門

APIを守る認証・認可フローのしくみ

Author 川﨑 貴彦（かわさき たかひこ） 株式会社Authlete 代表取締役社長
Twitter @darutk Qiita TakahikoKawasaki

第5章 挫折しない 後回しにしていませんか？ OAuth/OpenID Connect入門
APIを守る認証・認可フローのしくみ

5-1 OAuthとは、OpenID Connectとは

図解で見る アクセストークン／IDトークンのやりとり

認証・認可を支える2つの仕様——アクセストークンを使ってWeb APIの利用を制限するOAuth 2.0、IDトークンを使ってユーザー認証およびID連携を行うOpenID Connect——について、それぞれどのようにセキュリティを実現しているか、トークンの流れに注目して解説します。

OAuthとは

世の中には何らかの機能をWeb APIという形で提供するサーバが多数存在します。文脈によって、Web APIはHTTP APIやエンドポイントなど、さまざまな呼ばれ方をされます。本来API(Application Programming Interface)という用語はかなり一般的なものなのですが、経済に与える影響が広く認知され、IT業界以外でも言及される機会が増えるのに伴い、Web APIを単にAPIと呼ぶことも多くなりました。以降、本章でもAPIと呼びます。

おもにセキュリティ上の理由から、APIの利用可否を実行時に判定するしくみが導入されることがあります。たとえば、APIを利用するプログラムのIPアドレスを特定の範囲に制限する、事前登録されたX.509クライアント証明書による相互TLS接続を要求する、ベーシック認証をかける、などのしくみです。

このようなしくみのうち、アクセストークンの提示を要求する方法がOAuth 2.0という技術仕様で定義されています[注1]。APIの実装は、提示されたアクセストークンの有効性を確認し、有効であればAPI本来の機能を提供し、無効であれば機能提供を拒否するという動作をします(**図1**)。

アクセストークンによるAPI利用制限を機能させるためには、APIを利用するプログラムに

注1) 2007年12月に1.0、2009年6月に1.0a、2010年4月にRFC 5849となったOAuth 1.0は、後継のOAuth 2.0(RFC 6749)の策定により廃止されています。両者に互換性はなく、技術的にはまったく別物のプロトコルです。なお、OAuth 1.0系しかサポートしていないサービスもあるので、関連技術文書を読む際は注意してください。

▼図1　アクセストークンによるAPI利用制限

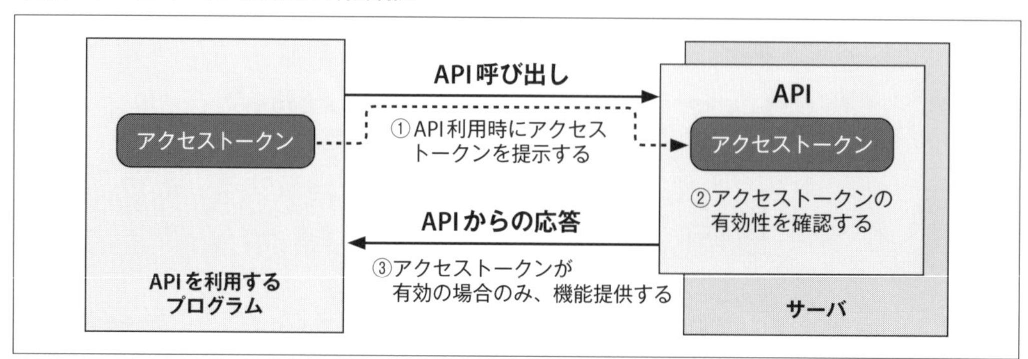

あらかじめアクセストークンを渡しておく必要があります。ここで、ほかのAPI利用制限方法と異なるOAuth 2.0の特徴的な点は、渡す前にユーザーにその許可を求めることです。ユーザーが許可した場合のみ、プログラムはAPI利用に必要なアクセストークンの発行を受けられます。ユーザーの同意確認を行い、アクセストークンを発行するサーバを、OAuth 2.0では認可サーバと呼んでいます(**図2**)。

APIの提供する機能が、ユーザーの同意をとってしかるべきものである場合――たとえば、ユーザーの個人情報を提供する機能であったり、ユーザー名義でSNSに投稿する機能であったりする場合――OAuth 2.0のしくみが有用です。

OpenID Connectとは

インターネット上ではさまざまなオンラインサービスが提供されています。その多くは利用に際し、サービスのWebサイトや専用アプリケーションへのログインを求めます。典型的なログイン方法は事前設定されたログインIDとパスワードの入力ですが、より高度なセキュリティやユーザーの利便性のため、近年では多様なログイン方法が提供されるようになってきています。

ログインを求めるサービスはいずれも、提示されたログイン情報からユーザーを特定したうえで、当該ユーザーのみが提示可能な情報がそこに含まれていることを確認し、それをもって情報提示者が当該ユーザーであると認めます。この手続きを一般的にユーザー認証と呼びます。

利用するサービスの数が増えるにつれ、サービスごとに行うログイン情報登録作業の回数も増えていきます。繰り返される登録作業や登録した情報の管理は煩わしいうえ、ユーザーに同一パスワードの使い回しを動機付けてしまう側面もあり、セキュリティ的にもよろしくありま

▼図2　ユーザーの同意に基づくアクセストークン発行

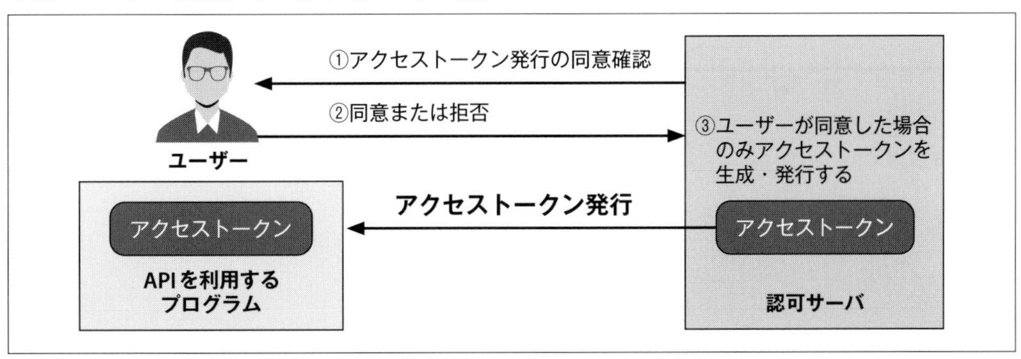

▼図3　シングルサインオンの概念

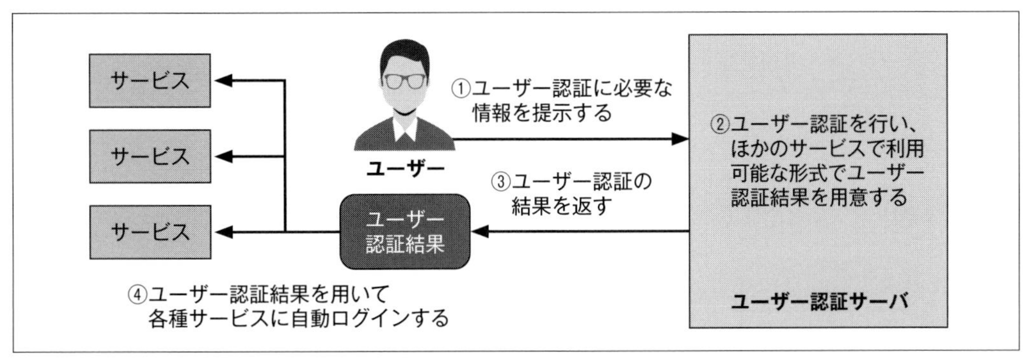

せん。そこで、ユーザー認証の結果をほかのサービスでも使い回すことによってユーザー認証の回数を減らす方法が考案されるようになりました。いわゆるシングルサインオンと呼ばれるものです(**図3**)。

また、ユーザー認証の結果と同時にユーザー属性情報もサービス間で伝播(でんぱ)させると、各サービスでの新規ユーザー登録の簡素化や、登録されているユーザー情報の更新などに役立ちます。このようなしくみをアイデンティティ連携(ID連携)と呼びます。

ID連携の実現方法はいくつか存在しますが、近年ではOpenID Connectという技術仕様を用いる方法が主流となっています。OpenID Connectは、ユーザー認証方法については仕様の範囲対象外と明記しているため、ユーザー認証方法を定義してはいません。一方でユーザー認証の結果やユーザー属性情報の表現方法については規定しており、そのデータ形式をIDトークンと呼んでいます。

IDトークンには認証されたユーザーの一意識別子が含まれています。また、任意項目ではあるものの、氏名やメールアドレスなど、当該ユーザーの属性情報も含まれています。IDトークンには必ずユーザー認証を行ったサーバの署名が付くので、その署名を検証することで、当該サーバによりユーザー認証が行われたこと、およびIDトークンに含まれている情報が改ざんされていないことを保証できます。

ユーザー認証を行い、IDトークンを発行するサーバを、OpenID ConnectではOpenIDプロバイダと呼んでいます。

OAuth 2.0とOpenID Connectの関係

アクセストークンとIDトークンの用途は大きく異なるものの、それらの発行処理の流れはよく似ています。どちらも、サーバとユーザーが対話をし、そのあとサーバがトークンを生成、そのトークンを対象プログラムに渡す、という流れになっています。

このため、1つの処理の中でアクセストークンとIDトークンの両方を同時に発行しようと思えば、それは実現可能です。もとい、歴史的経緯から言えば説明の順序が逆で、史実としては「アクセストークン発行処理(OAuth 2.0)の流れの中でIDトークンも発行できるように策定されたのがOpenID Connectという技術仕様である」ということになります。

この結果、ほとんどの場合、1つのサーバが認可サーバの役割とOpenIDプロバイダの役割を兼ねるという実装になります(**図4**)。

概念的な説明をする際はサーバの呼称を使い分けたほうが良いと思いますが、実装としては統合されていることもあり、本章では以降、文脈によらず呼称を認可サーバに統一します。 SD

▼図4 認可サーバとOpenIDプロバイダの兼任

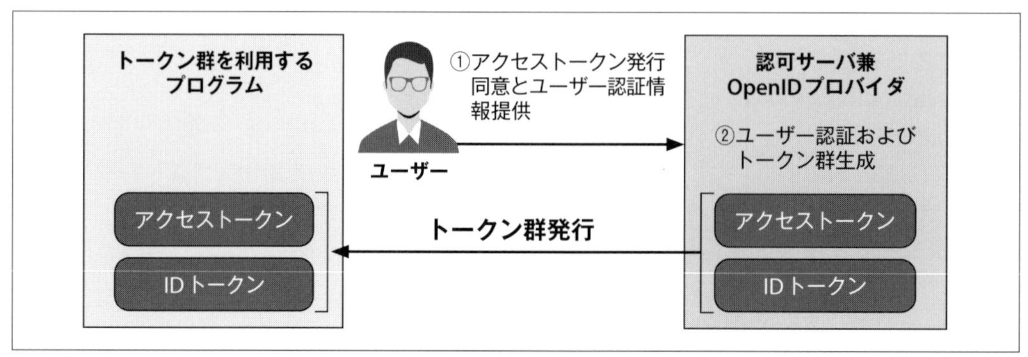

5-2 知ってておきたい仕様と規格

トークン発行手順と照らし合わせて理解する

5-1節でOAuth 2.0とOpenID Connectが持つそれぞれの役割と、そのアーキテクチャを予習しました。本節では、代表的なトークン発行手順「認可コードフロー」に沿って、RFCの仕様に準拠したAPIにおけるトークン発行処理の流れを追っていきます。

認可コードフロー

トークン発行処理の流れにはいくつかバリエーションがありますが、誌面の都合上、最もよく使われる認可コードフロー(**図1**)に絞って話を進めることにします。

認可コード、アクセストークン、IDトークン発行の流れ

認可コードフローは、トークンを利用したいプログラム(以降クライアント)が認可サーバの認可エンドポイントに対して認可リクエストと呼ばれるHTTPリクエストを投げるところから始まります。認可リクエストを受け取った認可サーバはユーザーとやりとりし、ユーザー認証や同意確認処理を行ったあと、クライアントに対して認可コードという一時的なトークンを発行します。

その後、クライアントは認可サーバのトークンエンドポイントにトークンリクエストと呼ばれるHTTPリクエストを投げます。そのリクエストには認可コードを含めておきます。トーク

▼図1　IDトークン発行を伴う認可コードフロー

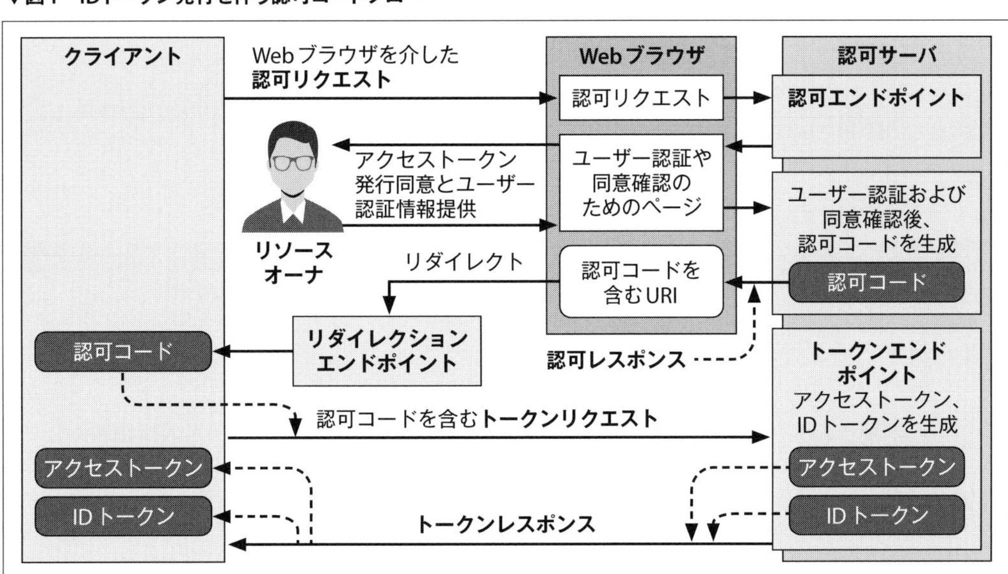

ンリクエストを受け取った認可サーバは、認可コードと引き換えにアクセストークンを発行します。また、認可リクエストで要求されている場合、併せてIDトークンも発行します。

Webブラウザを介したやりとり

認可リクエストを処理する際、認可サーバはユーザーとやりとりしますが、このやりとりはWebブラウザを介して行われます。このため、認可リクエストはクライアントから直接認可サーバに送られるのではなく、Webブラウザを介して間接的に送られます。OAuth 2.0の目的が、クライアントをユーザー認証に介在させることなくクライアントにAPIアクセス権限を与えることにあるので、Webブラウザを介した間接的なやりとりはOAuth 2.0の設計として意図したものということになります。

リダイレクト

ただ、認可リクエストを間接的に送る影響で、クライアントは認可サーバからの応答を直接受け取ることができません。このため、クライアントに認可コードを渡すには工夫がいりますが、そこで用いられるのがリダイレクトです。Webブラウザは300番台の特定のHTTPステータスコードを受け取ると、Locationヘッダで指定されたURIに遷移します。URIのスキームがhttpやhttpsの場合、結果的にWebブラウザは該当するURIにHTTPリクエストを投げることになります。認可サーバはこのしくみを用いて、クライアントが指定したURIに認可コードを渡します。このURIは、仕様ではリダイレクションエンドポイントと呼ばれています。

リダイレクションエンドポイントが受け取った認可コードをどのようにクライアントに渡すかは、クライアントの実装依存です。

認可リクエストと認可レスポンス

認可リクエストの仕様

OAuth 2.0仕様の中心となるのは、IETF(Internet Engineering Task Force)のRFC 6749、The OAuth 2.0 Authorization Framework[注1]です。認可リクエストの基本的なリクエストパラメータは同仕様で定義されています。同様に、OpenID Connect仕様の中心となるのはOpenID Connect Core 1.0(以降OIDC Core[注2])です。同仕様は、新たな認可リクエストパラメータを追加しているほか、既存の認可リクエストパラメータに追加要件を設けています。

認可リクエストパラメータはほかの仕様でも追加されており、すべてをリストアップするとかなりの数になってしまうので、ここでは主要なパラメータのみを**表1**で紹介します。

注1) URL https://www.rfc-editor.org/rfc/rfc6749
注2) URL https://openid.net/specs/openid-connect-core-1_0.html

▼表1 主要な認可リクエストパラメータ

パラメータ	説明
client_id	認可リクエスト送信元であるクライアントの識別子。事前に認可サーバにより割り当てられた値
response_type	要求するトークンの種類(複数可)。認可コードフローの場合はcodeという値をとる
scope	アクセストークンに付与するスコープ(権限)のリスト(空白区切り)。スコープ名は認可サーバの実装が独自に決めるが、ごく少数の標準スコープ名がOIDC Coreで定義されている。IDトークン発行を要求する場合はopenidというスコープを含める
redirect_uri	リダイレクションエンドポイントのURI
state	CSRF対策用の文字列。詳細はRFC 6749 10.12節を参照のこと
code_challenge	認可コード検証用文字列のハッシュ値。P.146のコラム3「PKCE」を参照
code_challenge_method	認可コード検証用文字列のハッシュ法。P.146のコラム3「PKCE」を参照

これらのパラメータを含むHTTPリクエストが認可リクエストとなります。**リスト1**は認可リクエストの例です。

 認可レスポンスの仕様

認可コードなど、認可サーバがクライアントに返したいパラメータ群は、URIに付属するパラメータ群としてリダイレクションエンドポイントに渡っていきます。

表2は認可コードフローの認可リクエストに対する成功応答時に用いられるパラメータ群です。これらのパラメータを添えつつ、リダイレクションエンドポイントのURIへリダイレクトするようWebブラウザにうながすHTTPレスポンスが、認可レスポンスとなります。**リスト2**は認可サーバからWebブラウザに返される認可レスポンスの例です。

リダイレクションエンドポイントの実装では、CSRF対策としてstateパラメータが意図した値であることを確認します。また、認可サーバが認可レスポンスパラメータissをサポートしているなら、Mix-up攻撃[注3]対策としてissの値が認可サーバの識別子と一致することも確認します。その後、発行された認可コード(codeの値)をクライアントに渡します。なお、スマートフォンアプリがApp-Claimed httpsスキーム(RFC 8252 7.2節[注4]参照)を用いる場合など、リダイレクションエンドポイントがクライアントの一部となる実装パターンも珍しくはありません。

トークンリクエストとトークンレスポンス

いくつかの例外を除き、アクセストークンは認可サーバのトークンエンドポイントから発行されます。発行フローの種別により、トークンリクエストに含めるべきパラメータは微妙に異なります。**表3**は認可コードフローのトークンリクエストのパラメータを示しています。

これらのパラメータをapplication/x-www-

注3) 複数の認可サーバとやりとりを行うクライアントに対する攻撃のこと。攻撃者の影響下にある認可サーバを悪用し、ほかの認可サーバが発行した認可コードやアクセストークンを窃取しようとします。

注4) URL https://www.rfc-editor.org/rfc/rfc8252#section-7.2

▼リスト1　認可リクエストの例

```
GET /authorization?client_id=213488672826&response_type=code
  &scope=openid+email&state=duk681S8n00GsJpe7n9boxdzen
  &redirect_uri=https://client.example.org/callback
  &code_challenge=E9Melhoa2OwvFrEMTJguCHaoeK1t8URWbuGJSstw-cM
  &code_challenge_method=S256 HTTP/1.1
Host: as.example.com
```

▼リスト2　認可レスポンスの例

```
HTTP/1.1 302 Found
Location: https://client.example.org/callback
  ?code=x8D2zQgmG__WUaZVxiu7AEdeuW_25o4RkHrNKxGeKXw
  &state=duk681S8n00GsJpe7n9boxdzen
  &iss=https://as.example.com
```

▼表2　認可コードフローの認可リクエストに対する成功応答時のパラメータ

パラメータ	説明
code	発行された認可コード
state	認可リクエストのstateと同じ値
iss	認可サーバの識別子

▼表3　認可コードフローのトークンリクエストのパラメータ

パラメータ	説明
client_id	クライアントの識別子。次項の「クライアント認証」を参照
grant_type	発行フローの種別。認可コードフローの場合はauthorization_codeという値をとる
redirect_uri	認可リクエストにredirect_uriリクエストパラメータを含めていた場合、同じ値を指定する
code_verifier	認可コード検証用文字列。P.146のコラム3「PKCE」を参照
code	認可レスポンスに含まれている認可コード

▼リスト3　認可コードフローのトークンリクエストの例

```
POST /token HTTP/1.1
Host: as.example.com
Content-Type: application/x-www-form-urlencoded

client_id=213488672826&grant_type=authorization_code
&redirect_uri=https://client.example.org/callback
&code_verifier=dBjftJeZ4CVP-mB92K27uhbUJU1p1r_wW1gFWFOEjXk
&code=x8D2zQgmG__WUaZVxiu7AEdeuW_25o4RkHrNKxGeKXw
```

▼リスト4　トークンレスポンスの例(id_tokenプロパティは可読性のため一部改行を入れています)

```
HTTP/1.1 200 OK
Content-Type: application/json;charset=UTF-8
Cache-Control: no-store
Pragma: no-cache

{
  "access_token": "i_1X-euOC6-45zdObsQty7hgDMW9RUTjSGb0pzP69X0",
  "refresh_token": "RnxcnFmOufZBpyqRGOtgf5LEzYvyPVnUgw7yAeGsSTA",
  "scope": "email openid",
  "id_token": "eyJraWQiOiJTRC0yMDIxLTEwIiwiYWxnIjoiRVMyNTYifQ.
               eyJlbWFpbCI6ImpvaG5AZXhhbXBsZS5jb20iLCJpc3MiOi
               JodHRwczovL2V4YW1wbGUuY29tIiwic3ViIjoiMTAwMSIs
               ImF1ZCI6WyIyMTM0ODg2NzI4MjYiXSwiZXhwIjoxNjI4Mz
               k4NTEwLCJpYXQiOjE2MjgzOTQ5MTB9.
               46wrzNIBOpgpn6sDKDvZQ9qgP9hcdPDyHrP7pGjQ7hga0P
               oCqb_dGyS5K-kRgN6RmZwcXYDCa-eg3t8TSHMCkQ",
  "token_type": "Bearer",
  "expires_in": 86400
}
```

▼表4　トークンレスポンスのJSONプロパティ

プロパティ	説明
access_token	発行されたアクセストークン
refresh_token	発行されたリフレッシュトークン
scope	アクセストークンにひも付くスコープ群
id_token	発行されたIDトークン
token_type	アクセストークンのタイプ
expires_in	アクセストークンの有効期間秒数

※リフレッシュトークンの詳細については、5-3節を参照

form-urlencoded形式で含むHTTP POSTリクエストがトークンリクエストとなります。**リスト3**は認可コードフローのトークンリクエストの例です。

トークンエンドポイントからの応答、すなわちトークンレスポンスはJSON形式で返ってきます。**表4**はトークンレスポンスに含まれる標準的なJSONプロパティ、**リスト4**はトークンレスポンスの例を示しています。

クライアント認証

クライアントにはクライアントタイプ(RFC 6749 2.1節参照)という属性があり、パブリックもしくはコンフィデンシャルのどちらかの値をとります。コンフィデンシャルクライアントは、トークンエンドポイントにアクセスする際、クライアント認証を要求されます(**図2**)。クライアント認証はちょうどユーザー認証と同じような概念で、当該クライアントのみが提示可能な情報をトークンリクエストに含めることで、トークンエンドポイントにアクセスしているプログラムが正当なクライアントであることを証明する手続きです。

クライアントID、クライアントシークレットを用いる方法

クライアント認証の方法はいくつか存在しますが、いずれもクライアントを特定するための情報を何らかの形で含んでいます。逆に言えば、クライアント認証が行われない場合、そのままではクライアントを特定する情報がトークンリクエストに含まれないことになってしまいます。そこで、パブリッククライアントがトークンリクエストを行う際は、リクエストパラメータclient_idを用いて、クライアント識別子をトークンリクエストに含めます。**リスト3**のトークンリクエストにclient_idリクエストパラメータが含まれているのはそのためです。

RFC 6749ではクライアントIDとクライアントシークレット[注5]を提示する方法をクライアント認証方式の例として示しています。これらの

注5) 用語としては「クライアントシークレット」ですが、意味・実体は「パスワード」と同じです。

▼図2 トークンエンドポイントでのクライアント認証

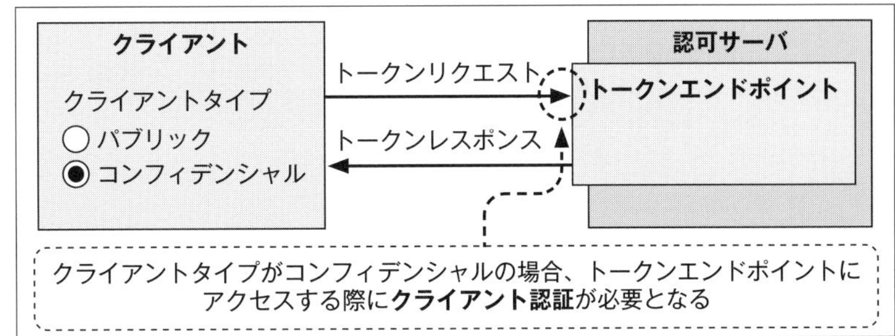

組をベーシック認証[注6]、もしくはclient_idやclient_secretリクエストパラメータを用いて提示します。RFC 6749ではこれらのクライアント認証方式に名前を付けていませんが、OIDC Coreの第9章では、前者にclient_secret_basic、後者にclient_secret_postという名称を割り当てて参照しています。

たとえばクライアントIDをs6BhdRkqt3、クライアントシークレットを7Fjfp0ZBr1KtDRbnfVdmIwとしたとき、これらをコロン(:)で連結した文字列をBASE64でエンコードすると、czZCaGRSa3F0Mzo3RmpmcDBaQnIxS3REUmJuZlZkbUl3という文字列が生成できます。認証スキームBasicにこの文字列を続け、Authorizationヘッダの値として用いれば、それがclient_secret_basic方式のクライアント認証となります。**リスト5**が最終的に生成されるAuthorizationヘッダを示しており、これはちょうどRFC 6749 2.3.1節で挙げられている例と同一となります。

クライアント認証方式の実際

しかし近年ではセキュリティ上の理由から、クライアントシークレットのような共有鍵を用いたクライアント認証方式、とくに通信経路上を共有鍵が流れていく方式は避けられる傾向にあります。より高度なAPIセキュリティの標準仕様としてデファクトスタンダードとなったFinancial-grade API(FAPI)では、client_secret_basicとclient_secret_postは使用不可とされており、代わりに後述のJWTを用いる方式(RFC 7523[注7])やX.509証明書を用いる方式(RFC 8705[注8])が利用されます。

IDトークン、JWT、JWS/JWE

IDトークンはJWT(JSON Web Token)の一種です。JWTは汎用的なデータフォーマットの1つで、署名添付やデータ暗号化ができる点が特徴となっています。追加されたおもな仕様差分は、IDトークンではユーザー認証やユーザー属性に関する情報の表現方法(たとえばauth_timeやgiven_nameといった標準クレーム)が定義されており、署名が必須となっていることです。

JWTの実体はJWS(JSON Web Signature)もしくはJWE(JSON Web Encryption)のどちらかです(**図3**)。JWSはデータに署名を添付したいとき、JWEはデータを暗号化したいときに用いるデータフォーマットです。署名も暗号化も行いたい場合、JWSをデータとみなしてJWEで包む、もしくはその逆[注9]を行います。

JWS/JWEに対するJWTの追加要件は、JWTでは保持するデータ(ペイロード)の形式がJSONでなければならないことです。一方、

注6) HTTPアクセス制御手法の1つで、ユーザーIDとパスワードの組をBASE64エンコードしてHTTPリクエストヘッダに含める方法をとります。詳細はRFC 7617を参照。

注7) URL https://www.rfc-editor.org/rfc/rfc7523

注8) URL https://www.rfc-editor.org/rfc/rfc8705

注9) JWT仕様では署名および暗号化の順番を決めていませんが、IDトークン仕様は「署名後に暗号化する」という順番を定めています。

▼リスト5 クライアント認証方式client_secret_basicの例

```
Authorization: Basic czZCaGRSa3F0Mzo3RmpmcDBaQnIxS3REUmJuZlZkbUl3
```

▼図3　IDトークン、JWT、JWS/JWEの継承関係

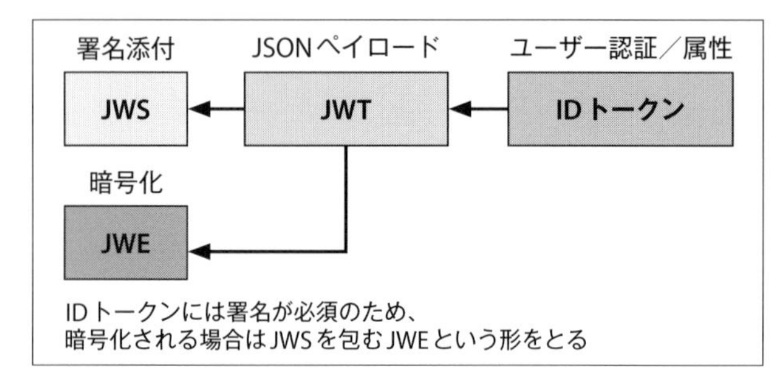

JWS/JWEではペイロードの形式に縛りはなく、バイナリデータでもかまいません。

JWS/JWEのシリアライズ方法には、コンパクト形式とJSON形式の2つが定義されていますが、JWTは常にコンパクト形式のJWS/JWEとなります。このことはJWTの仕様書であるRFC 7519注10の冒頭で述べられています。

JWSのコンパクト形式は、RFC 7515注11の7.1節で**リスト6**のように定義されています。この定義から、「ヘッダ、ペイロード、署名の3つがそれぞれBASE64URLでエンコードされ、ピリオドで連結されている」ことがわかります。**リスト4**のid_tokenプロパティの値(eyJで始まる文字列)がJWSコンパクト形式のIDトークンの例となっています。**リスト7**は、ペイロード部をBASE64URLでデコードして得られるJSONです。

ペイロード内のエントリはクレームと呼ばれます。OIDC Coreは、JWT仕様で定義されているissやsubといったクレームを上書き定義しているほか、auth_timeなど、IDトークン固有のクレームも追加で定義しています。**表5**はOIDC Core第2章で定義されているクレーム群です。

加えて、given_nameやemailなどのユーザー属性に関するクレームが第5章で定義されているほか、at_hash(アクセストークンのハッシュ値)やc_hash(認可コードのハッシュ値)といった特殊用途のクレームも定義されています。SD

注10) URL https://www.rfc-editor.org/rfc/rfc7519
注11) URL https://www.rfc-editor.org/rfc/rfc7515

▼リスト6　JWSのコンパクト形式の定義

```
BASE64URL(UTF8(JWS Protected Header)) || '.' ||
BASE64URL(JWS Payload) || '.' ||
BASE64URL(JWS Signature)
```

▼リスト7　IDトークンのペイロードの例

```
{
  "email": "john@example.com",
  "iss": "https://example.com",
  "sub": "1001",
  "aud": [
    "213488672826"
  ],
  "exp": 1628398510,
  "iat": 1628394910
}
```

▼表5　OIDC Core第2章で定義されているクレーム

クレーム	説明
iss	JWT発行者識別子。IDトークンでは認可サーバの識別子を示し、httpsをスキームとするURL
sub	主体識別子。IDトークンでは認証されたユーザーの一意識別子を示し、最長255文字のASCII文字列
aud	JWT利用者識別子。複数の値をとり得る。IDトークンでは必ずクライアント識別子を含む
exp	JWT有効期間終了時刻。Unixエポックからの経過秒数
iat	JWT発行時刻。Unixエポックからの経過秒数
auth_time	ユーザーが認証された時刻。Unixエポックからの経過秒数
nonce	認可リクエストパラメータnonceの値。 クライアントセッションとIDトークンのひも付けやリプレイ攻撃対策のために用いられる
acr	ユーザー認証が満たした認証コンテキスト。OIDC Coreは具体的な値を定義していない。 英国、豪州、ブラジルのオープンバンキングではurn:openbanking:psd2:sca、urn:cds.au:cdr:3、urn:brasil:openbanking:loa3といった値が定義された例がある
amr	ユーザー認証方法。OIDC Coreは具体的な値を定義しなかったが、2017年にRFC 8176 Authentication Method Reference Valuesが策定された。たとえばfaceは顔認証、fptは指紋認証を表す
azp	IDトークンの発行対象。特殊なケースでしか用いられない

コラム1 認可リクエスト・レスポンスのJWT化

やりとりするパラメータ群が通信経路上で改ざんされていないことや、パラメータの出どころが意図した通信相手であることを保証するため、認可リクエストや認可レスポンスをJWT化することがあります。

認可リクエストのJWT化の仕様は、OIDC Core第6章、およびそれをもとに策定されたRFC 9101 JWT-Secured Authorization Request(JAR)で定義されています。リクエストパラメータ群を1つのJWTにまとめ、そのJWTを**リストA**のようにrequestパラメータの値として渡すか(値渡し)、そのJWTが置かれている場所を指すURIをrequest_uriパラメータの値として渡します(参照渡し)。

認可レスポンスのJWT化の仕様は、JWT Secured Authorization Response Mode (JARM)で定義されています。レスポンスパラメータ群が1つのJWTにまとめられ、responseパラメータの値として返されます。認可サーバがJARMをサポートしていれば、認可リクエストにresponse_mode=jwtパラメータを追加することで認可レスポンスをJWT化させることができます(**リストB**)。

▼リストA　認可リクエストJWT化の例(JAR仕様書より抜粋)

```
https://server.example.com/authorize?client_id=s6BhdRkqt3&
  request=eyJhbGciOiJSUzI1NiIsImtpZCI6ImsyYmRjIn0.ewogICAgImlzcyI6
  ICJzNkJoZFJrcXQzIiwKICAgICJhdWQiOiAiaHR0cHM6Ly9zZXJ2ZXIuZXhhbXBs
  ZS5jb20iLAogICAgInJlc3BvbnNlX3R5cGUiOiAiY29kZSBpZF90b2tlbiIsCiAg
  ICAiY2xpZW50X2lkIjogInM2QmhkUmtxdDMiLAogICAgInJlZGlyZWN0X3VyaSI6
  ICJodHRwczovL2NsaWVudC5leGFtcGxlLm9yZy9jYiIsCiAgICAic2NvcGUiOiAi
  b3BlbmlkIiwKICAgICJzdGF0ZSI6ICJhZjBpZmpzbGRraiIsCiAgICAibm9uY2Ui
  OiAibi0wUzZfV3pBMk1qIiwKICAgICJtYXhfYWdlIjogODY0MDAKfQ.Nsxa_18VU
  ElVaPjqW_ToI1yrEJ67BgKb5xsuZRVqzGkfKrOIX7BCx0biSxYGmjK9KJPctH1OC
  0iQJwXu5YVY-vnW0_PLJb1C2HG-ztVzcnKZC2gE4i0vgQcpkUOCpW3SEYXnyWnKz
  uKzqSb1wAZALo5f89B_p6QA6j6JwBSRvdVsDPdulW8lKxGTbH82czCaQ50rLAg3E
  YLYaCb4ik4I1zGXE4fvim9FIMs8OCMmzwIB5S-ujFfzwFjoyuPEV4hJnoVUmXR_W
  9typPf846lGwA8h9G9oNTIuX8Ft2jfpnZdFmLg3_wr3Wa5q3a-lfbgF3S9H_8nN3
  j1i7tLR_5Nz-g
```

▼リストB　認可レスポンスJWT化の例(JARM仕様書より抜粋)

```
HTTP/1.1 302 Found
Location: https://client.example.com/cb?
response=eyJhbGciOiJSUzI1NiIsInR5cCI6IkpXVCJ9.eyJpc3MiOiJodHRwczov
L2FjY291bnRzLmV4YW1wbGUuY29tIiwiYXVkIjoiczZCaGRSa3F0MyIsImV4cCI6MT
MxMTI4MTk3MCwiY29kZSI6IlB5eUZhdXgybzdRMFlmWEJVMzJqaHcuNUZYU1FwdnI4
YWt2OUNlUkRTZDBRQSIsInN0YXRlIjoiUzhOSjd1cWs1Zlk0RWp0dlBfR19GdHlKdT
ZwVXN2SDlqc1luaTlkTUFKdyJ9.HkdJ_TYgwBBj10C-aWuNUiA062Amq2b0_oyuc5P
0aMTQphAqC2o9WbGSkpfuHVBowlb-zJ15tBvXDIABL_t83q6ajvjtq_pqsByiRK2dL
VdUwKhW3P_9wjvI0K20gdoTNbNlP9Z41mhart4BqraIoI8e-L_EfAHfhCG_DDDv7Yg
```

コラム2 OpenID Connect for Identity Assurance 1.0

世界的なeKYC(electronic Know Your Customer)の潮流の中、eKYC結果の流通方法を整備する機運が高まり、2019年11月にOpenID Connect for Identity Assurance 1.0の実装者向け草稿の第一版が策定・公開され、今も策定作業が続いています。同仕様によりverified_claimsという特別なクレームが追加され、本人確認で得られた個人情報と併せて、その確認方法や用いた公的書類、関連法規等の情報も表現可能となりました。

日本においても、2018年11月30日の改正により『犯罪による収益の移転防止に関する法律』(犯罪収益移転防止法／犯収法)に「オンラインで完結する自然人の本人特定事項の確認方法の追加」が行われ、eKYCの根拠法が整いました。同仕様には、トラストフレームワークの一種として日本の犯収法を表すjp_amlという値が登録されています。

コラム3 PKCE

攻撃者が認可レスポンスのリダイレクト先を自分に向けさせて認可コードを窃取(せっしゅ)し、その認可コードを用いてトークンリクエストを実行し、アクセストークンを取得する「認可コード横取り攻撃」という攻撃が存在します(**図A**)。

攻撃者によるトークンリクエストに対してアクセストークンを発行しないようにするため、トークンエンドポイントの実装では、認可コードの発行を要求したプログラムとトークンリクエストを行っているプログラムが同一であることを確認します(**図B**)。このために用いられるのが、認可リクエストのcode_challenge、code_challenge_methodリクエストパラメータと、トークンリクエストのcode_verifierリクエストパラメータです。

クライアント側では、認可リクエストに先立ち、特定の条件を満たす文字列(正規表現にするなら`^[A-Za-z0-9._~-]{43,128}$`)を認可コード検証用文字列として生成します。その文字列のSHA-256ハッシュ値を計算し、BASE64URLでエンコードします。そのようにして得られた文字列をcode_challengeリクエストパラメータの値として認可リクエストに含めます。また、code_challenge_method=S256も認可リクエストに含め、SHA-256をハッシュ法として用いたことを示します。そして、トークンリクエストの際、認可コード検証用文字列をcode_verifierリクエストパラメータの値としてトークンリクエストに含めます。

サーバ側では、認可リクエストに含まれているハッシュ値とハッシュ法を、生成した認可コードにひも付けて覚えておきます。そして、トークンエンドポイントの実装において、トークンリクエストに含まれている認可コード検証用文字列のSHA-256ハッシュ値を計算し、その値が覚えておいたハッシュ値と一致するかどうかを確認します。一致しなければトークンリクエストを拒否します。

この仕様はRFC 7636 Proof Key for Code Exchange by OAuth Public Clients(PKCE)で定義されています。

▼図A 認可コード横取り攻撃

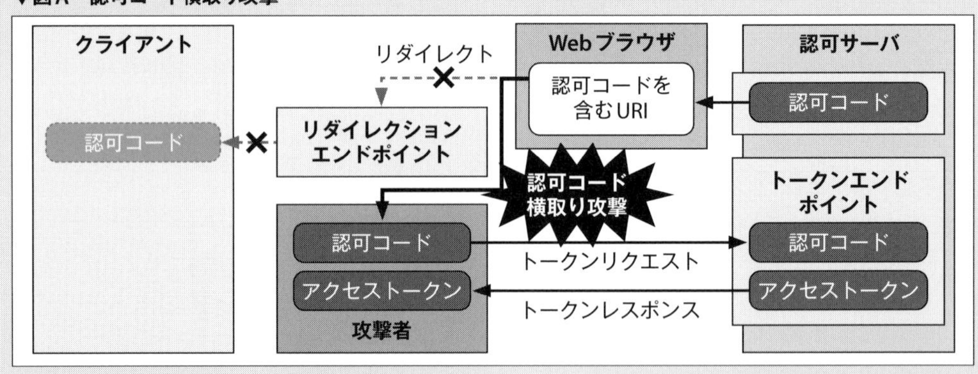

▼図B PKCEのしくみ

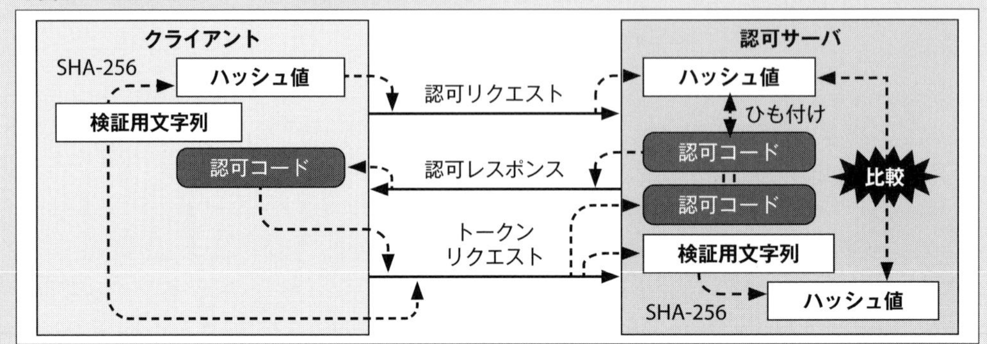

5-3 トークンハンドリングの基本

トークンを安全に保つための再発行／検証／失効のしくみ

セキュリティリスク軽減のためには「有効期限が切れていないか」「必要な権限を持っているか」「情報が改ざんされていないか」といったトークンの状態を、随時確認するためのしくみが必要です。本節では発行済みのトークンをどのように管理していくべきか、求められる仕様とその実現方法について解説します。

アクセストークンの使い方

アクセストークンで保護されたAPIにアクセスする際は、発行したアクセストークンを何らかの方法で提示しなければなりません。提示方法はいく通りでも考案することはできますが、RFC 6750注1で定義されている方法を用いるのが一般的です。

RFC 6750はアクセストークンの受け渡し方法として、HTTPヘッダを使う方法、フォームパラメータを使う方法、クエリパラメータを使う方法の3つを定義しています。しかし、フォームパラメータを使う方法ではAPIコールのContent-Typeがapplication/x-www-form-urlencodedに限定されてしまったり、クエリパラメータを使う方法ではアクセストークンが漏洩(ろうえい)しやすかったり、といった理由によりHTTPヘッダを使う方法が推奨されています。

HTTPヘッダを使う方法ではAuthorizationヘッダが用いられます。**リスト1**はAuthorizationヘッダを用いてアクセストークンを提示する例です。ヘッダの値として、認証スキームBearerのあとにアクセストークンを続けて指定します。

トークンレスポンスに含まれるtoken_typeプロパティの値がBearerであれば、それはアクセストークンの使い方がRFC 6750に準拠することを意味するので、先ほど示した方法でアクセストークンを提示することができます。

アクセストークンの有効期限切れなどの理由でアクセスを拒否する場合、たいていのAPI実装は400番台のHTTPステータスコードを持つ応答を返します。加えて、実装が厳密にRFC 6750に準拠している場合、エラー応答にWWW-Authenticateヘッダが含まれます。**リスト2**はRFC 6750に挙げられているアクセス拒否時の

注1） URL https://www.rfc-editor.org/rfc/rfc6750

▼リスト1　Authorizationヘッダを用いたアクセストークンの提示例

```
Authorization: Bearer i_1X-euOC6-45zdObsQty7hgDMW9RUTjSGb0pzP69X0
```

▼リスト2　アクセス拒否時の応答例

```
HTTP/1.1 401 Unauthorized
WWW-Authenticate: Bearer realm="example",
                  error="invalid_token",
                  error_description="The access token expired"
```

応答例です。

リフレッシュトークンを利用したアクセストークンの再取得

認可サーバの実装依存ではありますが、アクセストークンと併せてリフレッシュトークンと呼ばれるトークンも発行されることがあります。トークンレスポンスにrefresh_tokenというプロパティが含まれていれば、その値がリフレッシュトークンです。

アクセストークンの有効期限が切れてしまった場合、引き続きAPIを利用したければ、クライアントはアクセストークンを再取得せねばなりません。このとき、もしもリフレッシュトークンの発行を受けているのであれば、それを認可サーバに提示することで新しいアクセストークンの発行を受けることができます。

逆に、リフレッシュトークンの発行を受けていなければ、ユーザーとのインタラクションを伴うアクセストークン発行フロー、たとえば認可コードフローを再度行わなければなりません。

リフレッシュトークンをトークンエンドポイントに提示することで、新しいアクセストークンの発行を受けることができます。そのトークンリクエストでは、それがリフレッシュトークンフローによるものであることを示すため、grant_typeリクエストパラメータの値をrefresh_tokenとします。

表1と**リスト3**はそれぞれ、リフレッシュトークンフローのトークンリクエストのパラメータとその使用例となります。

リフレッシュトークンフロー後に、それまで使用していたアクセストークンが有効期限切れ前であっても無効になるかどうかは、認可サーバの実装依存です。また、使用後にリフレッシュトークンが無効になるのか、継続利用可能なのかも実装依存です。トークンの有効期限延長の有無など、実装依存の箇所はほかにもあるので、必要に応じて利用する認可サーバの説明文書を参照してください。

ユーザー情報エンドポイント

OIDC Coreの5.3節[注2]でユーザー情報エンドポイントの仕様が定義されたことにより、それまで各社が独自の方法で提供していたユーザー情報を取得するAPIの仕様が統一されました。

openidスコープを持つアクセストークンを、前項で紹介した方法でユーザー情報エンドポイントに提示することで、そのアクセストークン

注2) URL https://openid.net/specs/openid-connect-core-1_0.html#UserInfo

▼表1　リフレッシュトークンフローのトークンリクエストのパラメータ

パラメータ	説明
client_id	クライアントの識別子。5-2節の「クライアント認証」を参照
grant_type	発行フローの種別。リフレッシュトークンフローの場合はrefresh_tokenという値をとる
refresh_token	リフレッシュトークン
scope	新しく発行されるアクセストークンに付与するスコープ(権限)のリスト(空白区切り)。 省略すればリフレッシュ前と同じスコープ群が新規アクセストークンに付与される。 明示的に指定してもよいが、リフレッシュ前のスコープ群に含まれていないスコープを含めることはできない。つまり、権限を減らす方向でしか指定できない

▼リスト3　リフレッシュトークンフローのトークンリクエストの例

```
POST /token HTTP/1.1
Host: as.example.com
Content-Type: application/x-www-form-urlencoded

client_id=213488672826&grant_type=refresh_token
&refresh_token=RnxcnFmOufZBpyqRGOtgf5LEzYvyPVnUgw7yAeGsSTA
```

にひも付くユーザーの情報を取得できます。

図1はcurlコマンドを用いてユーザー情報エンドポイントに対してAPIコールを行う例です。

クライアントのメタデータであるuserinfo_signed_response_algやuserinfo_encrypted_response_alg（OpenID Connect Dynamic Client Registration 1.0参照[注3]）が設定されていない限り、ユーザー情報エンドポイントからの応答はJSON形式で返ってきます。**リスト4**は応答に含まれるJSONの例です。

ユーザー情報エンドポイントからの応答や、IDトークンに含まれるユーザー属性情報の種類は各サービスが定めていますが、氏名やメールアドレスなど多くのサービスで共通に使われるであろう属性は、OIDC Coreの5.1節[注4]で「標準クレーム」として定義されています。

IDトークンの署名検証

暗号化されていなければ、すなわちJWS形式であれば、IDトークンから情報を取り出すのは簡単です。ピリオドで区切られた3つのフィールドの2番めのフィールドをBASE64URLでデコードすれば、ペイロード部分がJSON形式で得られます（**図2**）。

しかし、この情報を信頼して利用するためには、IDトークンの署名を検証しなければなりません。署名検証を行うためには、署名検証用の鍵が必要です。署名アルゴリズムが対称鍵系であれば鍵はクライアントシークレットですが（OIDC Core 10.1節[注5]を参照）、非対称鍵系であれば鍵は公開鍵であり、初期状態ではクライアントの手元にはないので、しかるべき場所から取得しなければなりません。

認可サーバは、認可サーバが生成するJWTの署名を検証するための公開鍵や、クライアントがJWTを暗号化する際に利用可能な公開鍵を、何らかの方法で公開しているはずです。標準的な方法としては、公開鍵群を含むJWKセット文書（RFC 7517第5章）を認可サーバ上で公開しています（**図3**）。JWKセット文書のURLは、認可サーバの設定情報を記したディスカバリ文書（OpenID Connect Discovery 1.0）と呼ばれるJSONファイル内で、jwks_uriプロパティの値として示されています。ディスカバリ文書自体は、認可サーバの識別子（https:で始まるURL）に/.well-known/openid-configurationを付けた

注3） URL https://openid.net/specs/openid-connect-registration-1_0.html

注4） URL https://openid.net/specs/openid-connect-core-1_0.html#Claims

注5） URL https://openid.net/specs/openid-connect-core-1_0.html#Signing

▼図1　ユーザー情報エンドポイントに対するAPIコールの例

```
$ curl -H "Authorization: Bearer i_1X-euOC6-45zdObsQty7hgDMW9RUTjSGb0pzP69X0" ⏎
https://as.example.com/userinfo
```

▼リスト4　ユーザー情報エンドポイントからの応答に含まれるJSONの例

```
{
  "email": "john@example.com",
  "email_verified": true,
  "sub": "1001"
}
```

▼図2　IDトークンのペイロード部のデコード

```
$ ID_TOKEN=eyJra(..略..).eyJlb(..略..).46wrz(..略..)HMCkQ  ←ピリオドで3つのフィールドに区切られたIDトークン
$ echo $ID_TOKEN | ruby -apF\\. -rbase64 -e'$_=Base64.urlsafe_decode64 $F[1]'
{"email":"john@example.com","iss":"https://example.com","sub":"1001", ⏎
"aud":["213488672826"],"exp":1628398510,"iat":1628394910}  ←デコードされたペイロード部
```

▼図3　IDトークン署名検証用鍵の取得

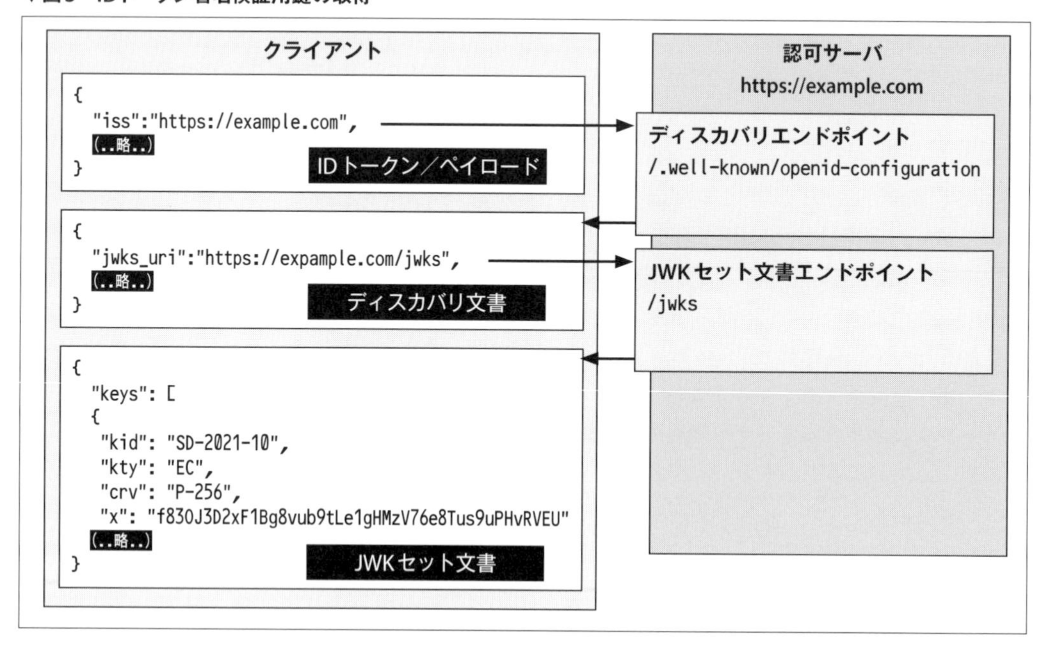

場所に置かれています。そして、認可サーバの識別子は、IDトークンのペイロードに含まれるissクレームで示されています。

署名検証用の鍵を特定する

JWKセット文書はJSONファイルです。トップレベルにkeysというプロパティを持ち、その値はJSONオブジェクトの配列です。配列の各要素は鍵を表しており、JWK(JSON Web Key)と呼ばれます。それらのJWKのうちのどれかがIDトークンの署名を検証するための鍵です。そのため、複数の候補の中から目的のJWKを特定しなければなりません。最も簡単で典型的なのは、IDトークンの鍵識別子(Key ID)と一致する鍵識別子を持つJWKが、JWKセット文書内に1つだけ存在するケースです。IDトークンの鍵識別子はJWSヘッダ内のkidであり、JWKの鍵識別子も同じくkidで示されています。**図4**の例では「SD-2021-10」が鍵識別子となっています。

しかし、鍵識別子は仕様上任意項目ですので、必ずしも存在しているわけではありません。鍵識別子が存在しない場合は、IDトークンの署名アルゴリズム(alg)や、JWKの鍵タイプ(kty)/アルゴリズム(alg)/用途(use)などの情報から候補を絞り込む処理が必要です。

署名検証用の鍵を特定できたあとの実際の検証コードは、各プログラミング言語/ライブラリにより異なります。**リスト5**は、Nimbus JOSE + JWTライブラリを用いたIDトークン署名検証プログラム(Java)の例です。

署名検証後、ほかの項目の検証も必要となります。本稿では説明を割愛しますが、OIDC CoreにIDトークンの検証に関する細かい規定があるので、そちらをご参照ください。

アクセストークンの検証

アクセストークンの実装方法は、識別子型と

▼図4　IDトークンのヘッダ部のデコード

```
$ echo $ID_TOKEN | ruby -apF\\. -rbase64 -e'$_=Base64.urlsafe_decode64 $F[0]'
{"kid":"SD-2021-10","alg":"ES256"}
```

内包型の2つに大別できます(図5)[注6]。識別子型の実装では、有効期限や権限などのアクセストークンにひも付く情報を認可サーバのデータベース内に保存し、そのデータレコードを一意に特定する識別子をアクセストークンとしてクライアントに発行します。

一方、内包型の実装ではひも付く情報をアクセストークン自体の中に埋め込みます。

APIの実装は、提示されたアクセストークンが有効かどうか確認しなければなりません。具体的には、有効期限が切れていないか、必要な権限を持っているか、といったことを確認します。

この確認作業にあたってアクセストークンの詳細情報が必要となりますが、その取得方法はアクセストークンの実装によって大きく異なります。

▼リスト5　IDトークン署名検証プログラムの例

```
import com.imbusds.jose.*;
import com.nimbusds.jose.crypto.*;
import com.nimbusds.jose.jwk.*;

public class SignatureVerificationExample
{
    private static final String ID_TOKEN =
        "eyJraWQiOiJTRC0yMDIxLTEwIiwiYWxnIjoiRVMyNTYifQ." +
        "eyJlbWFpbCI6ImpvaG5AZXhhbXBsZS5jb20iLCJpc3MiOi"  +
        "JodHRwczovL2V4YW1wbGUuY29tIiwic3ViIjoiMTAwMSIs"  +
        "ImF1ZCI6WyIyMTM0ODg2NzI4MjYiXSwiZXhwIjoxNjI4Mz"  +
        "k4NTEwLCJpYXQiOjE2MjgzOTQ5MTB9."                 +
        "46wrzNIBOpgpn6sDKDvZQ9qgP9hcdPDyHrP7pGjQ7hga0P"  +
        "oCqb_dGyS5K-kRgN6RmZwcXYDCa-eg3t8TSHMCkQ";

    private static final String PUBLIC_KEY =
        "{" +
          "\"kty\": \"EC\"," +
          "\"crv\": \"P-256\"," +
          "\"kid\": \"SD-2021-10\"," +
          "\"x\": \"f83OJ3D2xF1Bg8vub9tLe1gHMzV76e8Tus9uPHvRVEU\"," +
          "\"y\": \"x_FEzRu9m36HLN_tue659LNpXW6pCyStikYjKIWI5a0\"" +
        "}";

    private static boolean verify(
        String jwsStr, String jwkStr) throws Exception
    {
        JWSObject   jws      = JWSObject.parse(jwsStr);
        JWK         jwk      = JWK.parse(jwkStr);
        ECKey       pub      = jwk.toECKey().toPublicJWK();
        JWSVerifier verifier = new ECDSAVerifier(pub);

        return jws.verify(verifier);
    }

    public static void main(String[] args) throws Exception
    {
        boolean result = verify(ID_TOKEN, PUBLIC_KEY);
        System.out.println("result = " + result);
    }
}
```

内包型の実装であれば、アクセストークンの中身を覗けば情報が得られます。一方、識別子型の実装の場合、情報は認可サーバのデータベー

注6）これらを組み合わせるハイブリッド型もあります。

▼図5　アクセストークン実装の分類

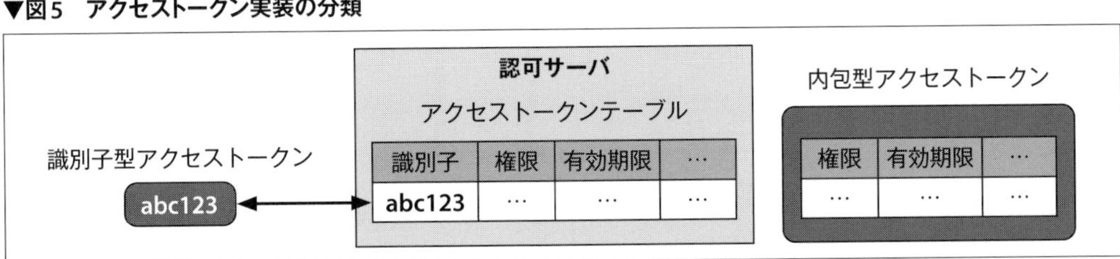

ス内にあるので、情報を取得するために認可サーバに問い合わせなければなりません。APIの実装と認可サーバが密結合していてデータベースを共有しているならば、APIの実装は直接データベースを覗(のぞ)くことによって情報を取得できます。しかし、商用システムではそのような単純な構成を採ることは稀(まれ)で、一般的には、APIの実装はリソースサーバと呼ばれる認可サーバとは別のサーバに置かれ、アクセストークンを保持するデータベースを共有しません。このような構成の場合、認可サーバは、外部からのアクセストークン情報の問い合わせに対応する窓口としてイントロスペクションエンドポイントを提供します。

イントロスペクションリクエスト/レスポンス

APIの実装はイントロスペクションエンドポイントにアクセストークンを提示し、回答としてアクセストークンの情報を得ます(図6)。問い合わせと回答はそれぞれイントロスペクションリクエスト、イントロスペクションレスポンスと呼ばれ、これらの仕様はRFC 7662 OAuth 2.0 Token Introspection注7で標準化されています。

イントロスペクションリクエストのHTTPメソッドはPOST、Content-Typeはapplication/x-www-form-urlencodedです。リクエストパラメータtokenは必須で、値としてアクセストークンまたはリフレッシュトークンを指定します。リクエストパラメータtoken_type_hintは任意で、値はaccess_tokenかrefresh_tokenのどちらかです。ただし、token_type_hintはイントロスペクションエンドポイントの実装を最適化するためのヒントに過ぎず、tokenで指定したトークンの種類と異なっていてもエラーにはなりません。

イントロスペクションレスポンスのHTTPステータスコードは、リクエストに不備がない限り200 OKです。レスポンスのフォーマットはJSONで、含まれ得るプロパティとして表2のものが定義されています。

イントロスペクションレスポンス内のactive

注7) URL https://www.rfc-editor.org/rfc/rfc7662

▼表2 イントロスペクションレスポンスのプロパティ

プロパティ	説明
active	有効性を示す真偽値
scope	スコープのリスト
client_id	クライアント識別子
username	ユーザー識別名
token_type	トークンタイプ
exp	有効期間終了時刻
iat	発行時刻
nbf	有効期間開始時刻
sub	主体識別子
aud	トークン利用者
iss	トークン発行者
jti	トークン識別子

▼図6 イントロスペクションエンドポイント

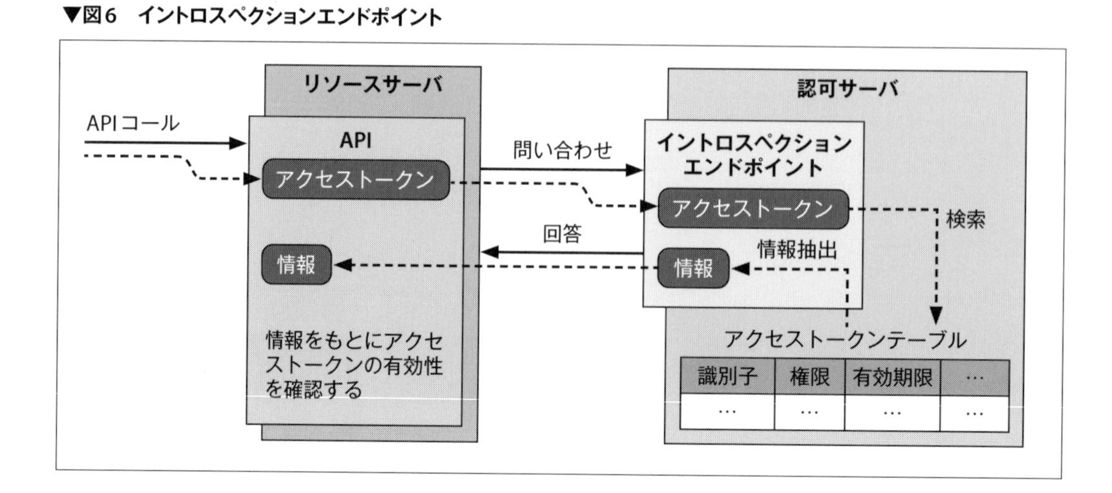

プロパティはアクセストークンが有効かどうかを示す真偽値で、このプロパティだけは常にレスポンスに含まれることが保証されています。有効／無効の定義は認可サーバの実装によりますが、イントロスペクションリクエストの仕様を見れば、認可サーバ側でできることはせいぜい有効期間内かどうかの確認のみです。ですので、それ以上のこと、たとえばアクセストークンにひも付くスコープがAPIアクセスに必要なスコープをカバーしているかどうかの確認はAPI実装側で実施しなければなりません。

その他の検証項目

本稿では詳細は触れませんが、APIアクセス時に利用されたX.509クライアント証明書がアクセストークンにひも付くものかどうか(RFC 8705 OAuth 2.0 Mutual-TLS Client Authentication and Certificate-Bound Access Tokens)、APIがアクセストークンの対象リソースとして指定されているか(RFC 8707 Resource Indicators for OAuth 2.0)、DPoP Proof JWTの署名が有効かつ、その公開鍵がアクセストークンにひも付くものかどうか(OAuth 2.0 Demonstrating Proof-of-Possession at the Application Layer)、APIが認可詳細のロケーションに含まれているか(OAuth 2.0 Rich Authorization Requests)など、アクセストークンの有効性についてはほかにも確認すべき項目があります。

これらの確認を各API実装で実施するのは大変ですので、認可サーバの実装によっては有効性確認作業のほとんどを肩代わりする独自のイントロスペクションAPIを提供しています。そのような独自APIは、アクセストークンに加えて、たとえばX.509クライアント証明書やDPoP Proof JWTもリクエストパラメータとして受け取り、証明書や公開鍵のハッシュ値計算および一致確認を行ってくれるため、API実装側の負担が減ります。

内包型アクセストークンの検証

内包型アクセストークンは、暗号化されていない限りそのフォーマットは公知となってしまいます。そのため、何かしら工夫をしなければ簡単に偽造されてしまいます。偽造されていないことを確認できるまでは、アクセストークンに埋め込まれている情報を利用することはできません。

偽造を検出する一般的な方法は、生成したデータに署名を付け、データ利用時にその署名を検証するというものです。内包型アクセストークンの場合でいうと、認可サーバが署名付きアクセストークンを生成し、APIの実装がその署名を検証する、という手順となります。署名付きデータの汎用形式として使い勝手が良く、OAuth/OIDC関連仕様の各所で使われていることもあり、アクセストークンの実装を内包型とする認可サーバの実装は、そのフォーマットとしてJWTを選ぶことが多いです。実際、RFC 8705など、それを前提とする記述を含む標準仕様も存在します。

いずれにしても、内包型アクセストークンの検証は偽造されていないことの確認から始まります。フォーマットがJWTなのであれば、その署名を検証する作業から始まります。その後、有効期限が切れていないか、必要なスコープを含んでいるか、といった識別子型アクセストークンと同じ項目を確認していきます。

内包型アクセストークンのトレードオフ

イントロスペクションエンドポイントに問い合わせることなく情報を取得できるため、内包型のほうが識別子型よりもパフォーマンスが良いと思われがちです。しかし、有効性の確認項目に「失効されていないか」も含めると事情が変わってきます。

漏洩などのセキュリティ上の理由により、発行時に設定された有効期間終了時刻よりも前にアクセストークンを失効させたい場合、内包型ではPKI(Public Key Infrastructure)のCRL[注8](Certificate Revocation List)やOCSP[注9](Online Certificate Status Protocol)に相当するしくみを運用する必要があります。仮にOCSPレスポンダ相当の「アクセストークンの失効状態を返すAPI」を認可サーバが提供するとした場合、それは機能的にイントロスペクションエンドポイントと同等以下のAPIとなります。そして、そのAPIに問い合わせに行く手間は、イントロスペクションエンドポイントに問い合わせに行く手間と同じです。

情報漏洩の危険度、失効状態管理の手間、発行後の属性変更不可、データサイズ、関連トークン群の一括取得・削除処理不可、等々の内包型の欠点を鑑みれば、基本的には識別子型のほうが実装としては好ましいと言えます。イントロスペクションエンドポイントに問い合わせることなく情報を取り出せることは内包型の優位な点ですが、この利点を享受したければ失効状態の確認処理を省く必要があり、それはつまり、アクセストークンの失効を諦めるということです。必然的に、内包型を採択するシステムでは「漏洩時のリスクを抑えるため、アクセストークンの有効期間を極めて短くする」ことが大前提となります。これらをふまえたうえで、それでも内包型を採択せざるを得ない理由があるとすれば、それは何らかの理由により「リソースサーバが認可サーバと通信できない」場合です。

アクセストークンの失効

アクセストークン／リフレッシュトークンを失効させる方法がRFC 7009 OAuth 2.0 Token Revocationで定義されています。リボケーションエンドポイントに対しアクセストークンまたはリフレッシュトークンを渡すことで、そのトークンを失効させることができます。

リボケーションエンドポイントに対するリクエスト(リボケーションリクエスト)のHTTPメソッドはPOST、Content-Typeはapplication/x-www-form-urlencodedで、失効対象のトークンはtokenリクエストパラメータで指定します。イントロスペクションリクエストと同様に、token_type_hintリクエストパラメータでトークンの種類に関するヒントを与えることもできます。**リスト6**はRFC 7009 2.1[注10]節から抜粋したリボケーションリクエストの例です。

トークンの失効に成功した場合、リボケーションエンドポイントからのレスポンス(リボケーションレスポンス)のHTTPステータスコードは200 OKになります。なお、すでに無効になっているトークンを渡してもエラーにはならず、200 OKが返ってきます。

トークンを失効させたときに関連するトークン群も一緒に失効されるかどうか、とくに、リフレッシュトークンを失効させたときに関連するアクセストークン群も一緒に失効されるかどうかは実装依存です。

RFC 7009ではトークンを1つずつ削除する方法しか定義されていません。しかし、実際にサービスを構築する際に必要となるのは、トークンを個別に失効させる機能ではなく、あるユーザーが特定のクライアントに対して発行を許可したトークン群をまとめて失効させる機能である場合がほとんどです。認可サーバの実装によってはそのような一括失効用の独自APIを提供しているので、必要に応じてお使いの認可サーバの説明文書を参照してみてください。SD

▼リスト6　リボケーションリクエストの例

```
POST /revoke HTTP/1.1
Host: server.example.com
Content-Type: application/x-www-form-urlencoded
Authorization: Basic czZCaGRSa3F0MzpnWDFmQmF0M2JW

token=45ghiukldjahdnhzdauz&token_type_hint=refresh_token
```

注8) 期限切れ前に失効した証明書群のシリアル番号一覧。CRLが運用されていれば証明書内にCRL配布場所が記載されています。

注9) 単一の証明書の失効状態をリアルタイムに問い合わせるしくみ。OCSPが運用されていれば、証明書内にOCSPレスポンダ(サーバ)の場所が記載されています。

注10) URL https://www.rfc-editor.org/rfc/rfc7009#section-2.1

定期購読のご案内

1 年購読（12 回）　15,138 円（税込み）

※1 冊あたり 1,262 円（6%割引）

月額払い　1 冊 1,342 円（税込み）

申し込み方法

Gihyo Digital Publishing

https://gihyo.jp/dp/subscription/

- Gihyo Digital Publishing への会員登録（無料）が必要です。
- お申し込み後、ご入金手続き（PayPal 経由）が完了次第、すぐにダウンロードが可能です（最新号は発売日以降）。
- ご購入いただいた PDF、EPUB には、利用や複製を制限するような機構（DRM）は含まれていませんが、購入いただいた方を識別できるユニーク ID とメールアドレスなどの個人情報を付加しています。

Fujisan.co.jp

https://www.fujisan.co.jp/sd/

- ご利用は Fujisan.co.jp の利用規約に準じます。

定期購読受付専用ダイヤル

0120-223-223

BACK NUMBER

▶2023年1月号

▶2022 年 12月号

▶2022 年 11月号

▶2022年10月号

▶2022年 9月号

表紙・目次デザイン	トップスタジオデザイン室（轟木 亜紀子）
記事デザイン	トップスタジオデザイン室 マップス（石田 昌治） SeaGrape

■お問い合わせについて

本書に関するご質問は記載内容についてのみとさせていただきます。本書の内容以外のご質問には一切応じられませんので、あらかじめご了承ください。
なお、お電話でのご質問は受け付けておりませんので、書面またはFAX、弊社Webサイトのお問い合わせフォームをご利用ください。

〒162-0846　東京都新宿区市谷左内町21-13
株式会社技術評論社 第5編集部
『Software Design別冊
今さら聞けない暗号技術＆認証・認可』係

FAX　03-3513-6179
URL　https://gihyo.jp/book/2023/978-4-297-13354-2

ご質問の際に記載いただいた個人情報は回答以外の目的に使用することはありません。使用後は速やかに個人情報を廃棄します。

SoftwareDesign別冊

今さら聞けない暗号技術＆認証・認可

――Web系エンジニア必須のセキュリティ基礎力をUP

2023年3月18日　初版　第1刷発行
2023年6月　9日　初版　第2刷発行

発行者	片岡　巌
発行所	株式会社技術評論社 東京都新宿区市谷左内町21-13 電話　03-3513-6150　販売促進部 　　　03-3513-6170　第5編集部
印刷／製本	港北メディアサービス株式会社

定価はカバーに表示してあります。

造本には細心の注意を払っておりますが、万一、乱丁（ページの乱れ）や落丁（ページの抜け）がございましたら、小社販売促進部まで送りください。送料負担にてお取り替えいたします。

ISBN 978-4-297-13354-2 C3055
Printed in Japan